"十三五"职业教育国家规划教材
"十二五"职业教育国家规划教材
经全国职业教育教材审定委员会审定

中国职业技术教育学会自动化技术类专业教学研究会规划教材
"全国职业院校技能大赛"高职赛项教学资源开发成果
2010年国家级《自动化生产线安装与调试》精品课程建设成果
国家级教学成果特等奖——技能赛项与教学资源开发成果

Installation & Testing of
Automatic Production Line (3rd Edition)

自动化生产线安装与调试

（第三版）

吕景泉　主编　　李　文　副主编
李　军　汤晓华　张文明　参编

中国铁道出版社有限公司
CHINA RAILWAY PUBLISHING HOUSE CO., LTD.

内 容 简 介

本书经全国职业教育教材审定委员会审定，为“十二五”职业教育国家规划教材，“十三五”职业教育国家规划教材，“十四五”职业教育国家规划教材，并由中国职业技术教育学会自动化技术类专业教学研究会（简称“中国职业教育学会自动化教学研究会”）推荐使用。

本书是基于工作过程导向、面向全国职业院校技能大赛、服务于高职机电类职业能力培养的融纸介、光盘、专题网站于一体的立体化综合实训教学资源性教材。

本书主要内容包括教学设计、自动化生产线简介、自动化生产线核心技术应用、自动化生产线各单元安装与调试、自动化生产线安装与调试、自动化生产线技术拓展知识等内容。其主要特点是以全国职业院校技能大赛自动线安装与调试指定的典型工作任务为载体，将总任务分解为若干个任务进行循序渐进的讲述。编写紧扣“准确性、实用性、先进性、可读性”原则，将学习、工作融于轻松愉悦的环境中，力求达到提高学生学习兴趣和效率以及易学、易懂、易上手的目的。

本书适合作为高职高专相关课程的教材，并可作为相关工程技术人员研究自动化生产线的参考书。

图书在版编目（CIP）数据

自动化生产线安装与调试 / 吕景泉主编. — 3 版. — 北京 ：中国铁道出版社，2017.6（2024.3 重印）
“十二五”职业教育国家规划教材
ISBN 978-7-113-23198-9

Ⅰ. ①自… Ⅱ. ①吕… Ⅲ. ①自动生产线－安装－高等职业教育－教材②自动生产线－调试方法－高等职业教育－教材 Ⅳ. ①TP278

中国版本图书馆 CIP 数据核字（2017）第 130369 号

书　　名：自动化生产线安装与调试
作　　者：吕景泉

策　　划：秦绪好　祁　云　　　**编辑部电话：**（010）63549458
责任编辑：祁　云
编辑助理：绳　超
封面设计：刘　颖
封面制作：白　雪
责任校对：张玉华
责任印制：樊启鹏

出版发行：中国铁道出版社有限公司（100054，北京市西城区右安门西街 8 号）
网　　址：http://www.tdpress.com/51eds/
印　　刷：番茄云印刷（沧州）有限公司
版　　次：2008 年 12 月第 1 版　2009 年 12 月第 2 版　2017 年 6 月第 3 版　2024 年 3 月第 20 次印刷
开　　本：787 mm×1 092 mm　1/16　**印张：**14.25　**字数：**337 千
印　　数：83 001 ～ 85 000 册
书　　号：ISBN 978-7-113-23198-9
定　　价：49.00 元（附赠光盘）

作者简介

吕景泉简介

二级教授，工程硕士，职业技术教育博士，正高级工程师，天津中德应用技术大学原副校长，现任天津职业技术师范大学副校长。国务院政府特贴专家，国家级高等学校教学名师，国家级机电专业组群教学团队负责人，主持完成并获得职业教育领域首个国家级教学成果“特等奖”，获国家级教学成果一等奖1项、国家级教学成果二等奖4项，获全国黄炎培职业教育理论杰出研究奖。2006—2012年教育部自动化类教学指导委员会主任，全国职业院校技能大赛工作委员会成果转化工作组主任委员，全国职业院校技能大赛成果转化中心负责人，国家职业教育教学资源开发与制作中心牵头人。从事职业教育教学实践30年，专注职业教育理论“宏观”“中观”和“微观”研究20余年。专注国际和国内技能赛项研制与资源开发10余年，开发国赛赛项、国际赛项、产业赛项14项。

李文简介

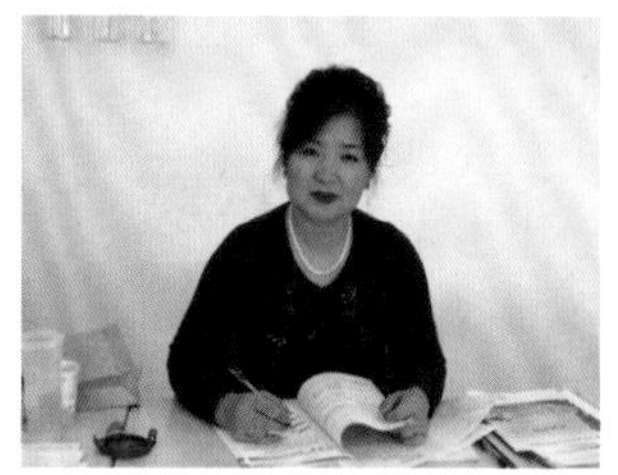

天津中德应用技术大学教授，公开发表论文20余篇，主持策划并出版数十部系列规划教材，曾赴新加坡以及中国香港特别行政区进修学习，获得多种职业资格和技术教育证书。企业经历5年，参与技术开发和改造项目十余项，获专利一项。长期从事职业教育，对现代职业教育理论研究和教育教学实践有一定研究。

主要兼职和荣誉有：

- 享受国务院特殊津贴专家
- 国家级“机械设计与制造系列课程”教学团队负责人
- 国家级精品课程“机械制图与测绘”负责人
- 第四届省级高等学校教学名师
- 省级教学成果一等奖“机械设计与制造专业及群教学资源开发及应用”负责人
- 省级品牌专业“机械设计与制造”负责人

李军简介

教授，现任北京交通运输职业学院副院长。长期从事职业教育教学工作，主讲课程10余门，主编教材5本，发表论文10余篇，主持国家级课题项目20余项。国家级精品课程“机床电气设备及升级改造”负责人，国家级“城市轨道交通专业教学资源库”主要负责人，首届交通运输行业教学名师。

主要兼职和荣誉有：

- 2013年至2021年教育部交通运输行指委城市轨道运输专指委委员、秘书长
- 交通运输部全国职业技能竞赛组委会委员、学生竞赛专家组成员
- 北京市总工会颁发“李军创新工作室”负责人
- 北京市专业教学创新团队负责人

作者简介

汤晓华简介

武汉市物新智道科技有限公司，总经理；原天津机电职业技术学院副校长，教授。天津市有突出贡献专家，深圳市国家领军人才，全国电力行业教育教学指导委员会委员，中国职教学会教学工作委员会常务委员。曾在德国、日本、新加坡以及中国香港等大学访问；国家级精品课程“水电站机组自动化运行与监控”负责人；省级精品课程“可编程控制器应用技术”负责人。公开发表学术论文40多篇，参与5项国家级、省市级教育科学规划课题，省级科技进步奖项2项，主持企业技改项目10余项，获发明专利2项，实用新型专利8项；主编教材8部，其中《工业机械人应用技术》《风力发电技术》等5部教材为“十二五”“十三五”职业教育国家规划教材。获国家教学成果奖5项，其中国家特等奖1项（排名第三）、国家一等奖2项、国家二等奖2项，省级教学成果奖8项。2008—2014年参与全国职业院校技能大赛裁判工作，任赛项专家组成员；2015年任全国职业院校技能大赛专家组组长。

张文明简介

常州纺织服装职业技术学院副校长，控制工程教授，入选江苏省“333高层次人才培养工程”，江苏省特色专业机电一体化技术专业带头人，省重点专业群建设负责人，主持“工控系统安装与调试”国家级精品资源库课程建设，主编《可编程控制器及网络控制技术》，获“十二五”职业教育国家规划教材；《嵌入式组态控制技术（第三版）》，获江苏省高等学校重点教材，获“十二五”“十三五”职业教育国家规划教材，2021年获国家教材委员会首届全国优秀教材一等奖。

主要兼职和荣誉有：

- 江苏省特色专业建设点机电一体化技术专业带头人
- 国家级精品课程“工控系统安装与调试”负责人
- 江苏省精品课程“工控组态与触摸屏技术”负责人
- 江苏省精品课程“可编程控制器技术”负责人
- 主编的《组态软件控制技术》教材被评为江苏省精品教材
- 江苏省优秀教育工作者

PREFACE 第三版前言

党的二十大报告中指出，高质量发展是全面建设社会主义现代化国家的首要任务。建设现代化产业体系，坚持把发展经济的着力点放在实体经济上，推进新型工业化，加快建设制造强国、质量强国、航天强国、交通强国、网络强国、数字中国。推动制造业高端化、智能化、绿色化发展。

本书经全国职业教育教材审定委员会审定，为“十二五”职业教育国家规划教材，“十三五”职业教育国家规划教材，“十四五”职业教育国家规划教材，并由中国职业技术教育学会自动化技术类专业教学研究会（简称“中国职业教育学会自动化教学研究会”）推荐使用。

本书是基于工作过程导向、面向全国职业院校技能大赛、服务于高职机电类职业能力培养的立体化综合实训教材（前两版是由教育部高职高专自动化技术类教学指导委员会规划并指导编写的）。

按照《国务院关于大力发展职业教育的决定》关于要“定期开展全国性的职业技能竞赛活动”的要求，2008 年至今教育部和天津市人民政府、人力资源和社会保障部、住房和城乡建设部、交通运输部、工业和信息化部、农业部、国务院扶贫办、中华全国总工会、共青团中央和中华职教社等部委在天津市举办了多届全国职业院校技能大赛。通过大赛活动初步形成了“普通教育有高考，职业教育有大赛”的局面。它是我国教育工作的一项重大制度改革和创新，也是新时期职业教育改革与发展的重要推进器。

全国职业院校技能大赛高职组“自动化生产线安装与调试”的成功举办，检验了高职学生的团队协作能力，计划组织能力，自动线安装与调试能力，工程实施能力，职业素养，交流沟通能力，效率、成本和安全意识，引导了高职院校机电类专业教学改革发展方向，促进了工学结合人才培养模式的改革与创新。

“自动化生产线安装与调试”竞赛项目涉及的技术应用范围符合《普通高等学校高等职业教育（专科）专业目录（2015）》自动化类（5603）中机电一体化技术、电气自动化技术和生产过程自动化等专业的核心能力要求，它将机电类专业中的各种专业核心技术和技能应用于一条高仿真度的柔性化自动生产线，突出强调技术的综合应用。

编写背景

全国职业院校技能大赛开展以来，大家都在思考，技能大赛成功举办的成果如何引导高职教育教学改革方向，如何引领高职专业和课程建设，如何发挥更大的辐射作用？为此，在教育部高职高专自动化类教学指导委员会（现称中国职业技术教育学会自动化技术类专业教学研究会）的大力支持下，由该项竞赛技术策划和竞赛项目裁判长吕景泉教授牵头，组建了校企人员相结合的教学资源开发团队。他们由大赛的技术裁判人员、学校的专业带头人（国家和省级教学名师）、行业、企业人员组成。团队开展调研，深度交流，结合现状，提出了以技能大赛指定设备为载体，针对其安装、调试、运行等过程中应知、应会的核心技术进行了基于工作过程的教材体系开发；团队成员与校企人员的通力协作，中国铁道出版社分别在2008年、2009年出版了《自动化生产线安装与调试》的两个版本。该教材的出版开启了高职院校特色教材、立体化教材围绕工作任务整体教学资源出版的新气象，得到相关教育行政领导和广大职业院校教师的高度认可和广泛应用。

随着“自动化生产线安装与调试”综合实训项目不断被全国广大高职院校引入机电类专业综合实训项目教学，2009年8月28日，教育部高职高专自动化类教学指导委员会的课程建设工作团队启动了进一步完善项目的教学载体、进一步强化项目资源包建设、进一步推动立体化教材建设工作。

2009年12月举办全国高职院校“自动化生产线安装与调试”技能大赛，来自全国各省、自治区直辖市的55个院校代表队同场竞技并展示教学改革成效。竞赛装置采用亚龙科技集团YL-335B自动化生产线实训考核装置，该装置是“2008年全国职业院校技能大赛”高职组“自动化生产线安装与调试”项目指定竞赛设备亚龙YL-335A的升级产品，具有极强的设备兼容性。该设备是经教育部高职高专自动化技术类教指委组织相关院校专家与行业企业工程技术人员共同交流、细化工艺、完善设计开发的综合性实训设备。同时，围绕该实训设备，校企人员历经一年的努力工作，已经开发成功课程资源包，全面服务于高职机电类专业的综合实践教学实施。

历经十届大赛，自动化生产线教学装备始终坚持生产工艺流程升级，YL-335B向下兼容YL-335A，同样由供料、加工、装配、输送及分拣等5个工作单元组成。亚龙YL-335B在设备的可扩展性、单站实施教学的独立性、组态的灵活性和设备运行的可靠性等方面作了相应改进；相关知识点、技能点做了适度增加，基本涵盖了高职高专自动化技术类专业的核心技术内容，利于高职院校机电类专业综合实训课程的教学设计和实施，为基于工作过程的课程改革提供了适宜的载体。

本书前两版发行量逾10万册，并被译为英文发行到东盟国家，对东盟技能大赛的赛项设计产生了重要影响，同时也是东盟国家学生来华参与中国全国职业院校技能大赛的基础。此次改版，作者团队进行了认真的修订，内容更加翔实，进一步丰富了职业教育教学资源。

教材特点

将YL-335B自动化生产线安装与调试的工作过程，分解为若干个任务进行了循序渐进的讲述。编写紧扣“准确性、实用性、先进性、可读性”原则。诙谐的语言、精美的图片、生动卡通人物、完整的实况录像及过程仿真等的综合运用，将学习、工作融入轻松愉悦的环境中，力求达到提高学生学习兴趣和效率以及易学、易懂、易上手的目的。

教材通篇贯穿了两项国家级教学成果奖的推广应用，将行动导向教学、专业核心技术一体化模式进行了大胆的尝试。

基本内容

由彩色纸质教材、多媒体光盘和教学资源包三部分组成。教材共由〇～五篇组成：第〇篇项目引导，主要介绍了本书教学的指导思想和教学设计；第一篇项目开篇，主要针对大赛情况及典型自动化生产线进行了介绍；第二篇项目备战，主要针对典型自动化生产线应具备的“知识点、技术点、技能点”进行了综合讲解；第三篇项目迎战，主要内容是以典型自动化生产线为载体，针对其五个工作站的安装与调试工作过程进行了讲述；第四篇项目决战，主要针对典型自动化生产线总体调试中的设备安装、气路连接安装、电路设计和电路连接、技能考核评分标准、注意事项等问题进行了讲述；第五篇项目挑战，主要针对典型自动化生产线讲述自动化生产线发展趋势及先进技术的运用进行了简要介绍。多媒体光盘含大赛实况、自动化生产线安装调试步骤、元器件实物图片、教学课件、教学参考及设备运行过程仿真等。同时，为“教”和“学”提供了生动、直观、便捷、立体的教学资源包。

应用价值

为使基于工作过程的教学理念能在高职院校得以有效推广，教材在教学中的作用不容忽视，本教材在前两版的基础上，对如何编写基于工作工程的立体化教材又进行了大胆、有益的尝试，将对今后教材的编写体例、内容等方面起到一定引领、示范的作用。同时，为拥有典型自动化生产线实训设备的院校提供直观、便捷、立体的教学资源包。

本教材具体编写分工如下：吕景泉教授、李文教授等共同负责编写第〇篇，姚吉副教授对本篇的编写提供了帮助和支持；吕景泉教授、汤晓华教授共同负责编写第一篇；汤晓华教授负责编写第二篇；张文明教授负责编写第三篇；李军教授负责编写第四篇；李文教授负责编写第五篇。张同苏高级工程师对于全书的编写提供了各种资料和指导，编制了任务书和程序清单；李波高级工程师结合现场设备进行了程序调试等工作。全书由吕景泉教授策划、系统指导并与李文教授、汤晓华教授共同统稿。

在本教材的编写过程中，得到了中国铁道出版社有限公司、中国亚龙科技集团和天津中德应用技术大学、北京交通职业技术学院、天津机电职业技术学院、常州纺织服装职业技术学院等单位的大力支持，在此表示衷心的感谢！同时也要感谢天津应用技术大学国家级精品课程“模块化生产系统安装与调试”负责人杨健副教授、国家级精品课程“生产线控制技术”负责人杜东教授，中国亚龙科技集团工程师陈钰生、徐鑫奇、冯显俊。

限于编者的经验、水平以及时间限制，书中难免在内容和文字上存在不足和缺陷，敬请批评指正。

编　者

2024年3月

CONTENTS 目录

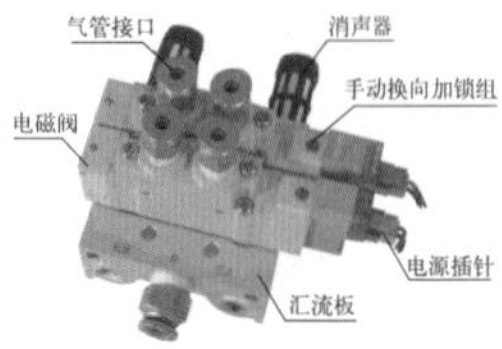

第三篇 项目迎战——自动化生产线各单元安装与调试

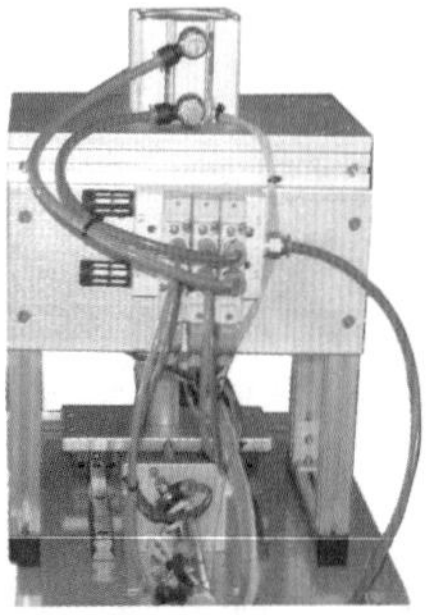

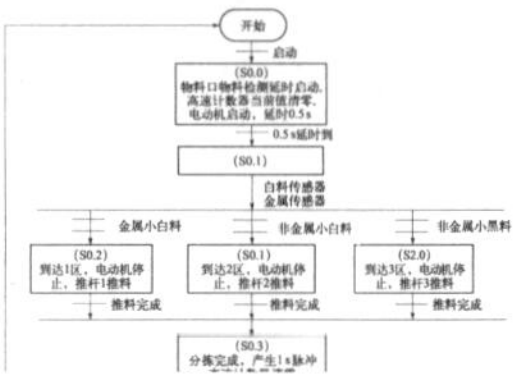

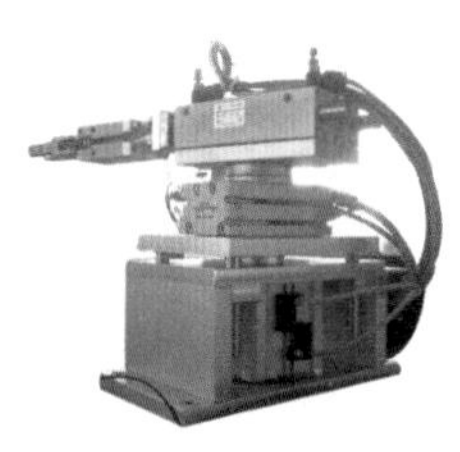

第五篇　项目挑战——自动化生产线技术拓展知识

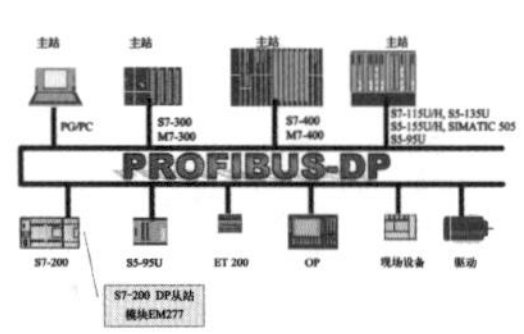

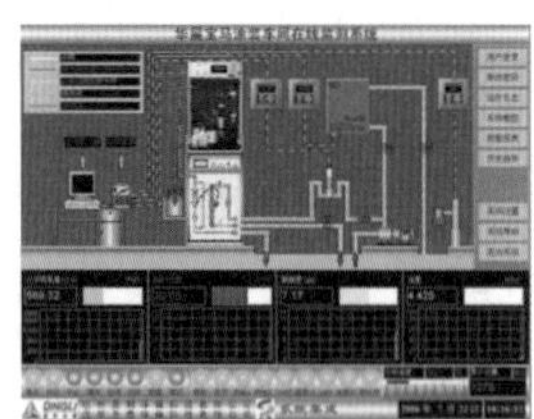

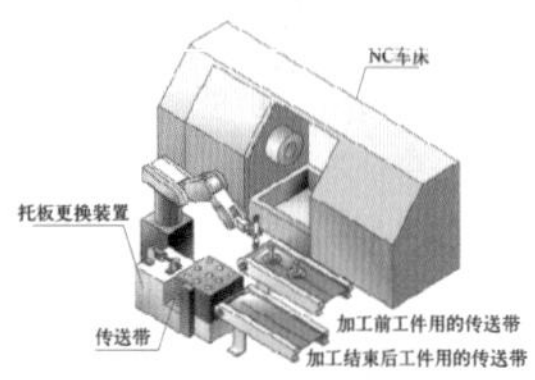

第〇篇

项目引导——教学设计

实践教学是高职学生获得实践能力和综合职业能力的最主要途径和手段，在高职专业教学体系中占有极为重要的地位。如何设计技能实训课和专业综合技能实训教学，引发学生自主学习兴趣，训练学生将所学知识熟练应用于生产实践，是学生走向工作岗位时能够胜任岗位要求、获得可持续发展能力的保证。

扫一扫

第 0 篇
项目引导

一、指导思想

将专业核心技术一体化建设模式引申到课程建设和教学实践，围绕课程核心知识点和技能点，创建专业课程核心技术四个一体化（见图 0–1），适应行动导向教学需求，提升学生岗位综合适应能力，培养“短过渡期”或“无过渡期”高技能人才。

“高职机电类专业‘核心技术一体化’建设模式研究与实践”课题获2009年国家教学成果二等奖。

专业核心技术一体化：针对专业培养目标明确若干个核心技术或技能，根据核心技术技能整体规划专业课程体系，明确每门课程的核心知识点和技能点（核心知技点），形成基于工作过程导向的教学情境（模块），实施理论与实验、实训、实习、顶岗锻炼、就业相一致，以课堂与实验（实训）室、实习车间、生产车间四点为交叉网络的一体化教学方式，强调专业理论与实践教学的相互平行、融合交叉，纵向上前后衔接、横向上相互沟通，使整体教学过程围绕核心技术技能展开，强化课程体系和教学内容为核心的技术技能服务，使该类专业的高职毕业生能真正掌握就业本领，培养“短过渡期”或“无过渡期”高技能人才。

——摘自吕景泉教授关于《高职机电类专业“核心技术一体化”建设模式研究与实践》

“行为引导教学法在高职实践教学中的应用”课题获2005年国家教学成果二等奖。

行动导向教学：从传授专业知识和技能出发，全面增强学生的综合职业能力，使学生在从事职业活动时，能系统地考虑问题，了解完成工作的意义，明确工作步骤和时间安排，具备独立计划、实施、检查能力；以对社会负责为前提，能有效地与他人合作和交往；工作积极主动、仔细认真、具有较强的责任心和质量意识；在专业技术领域具备可持续发展能力，以适应未来的需要。

——摘自吕景泉教授关于《行为引导教学法在高职实践教学中的应用与研究》

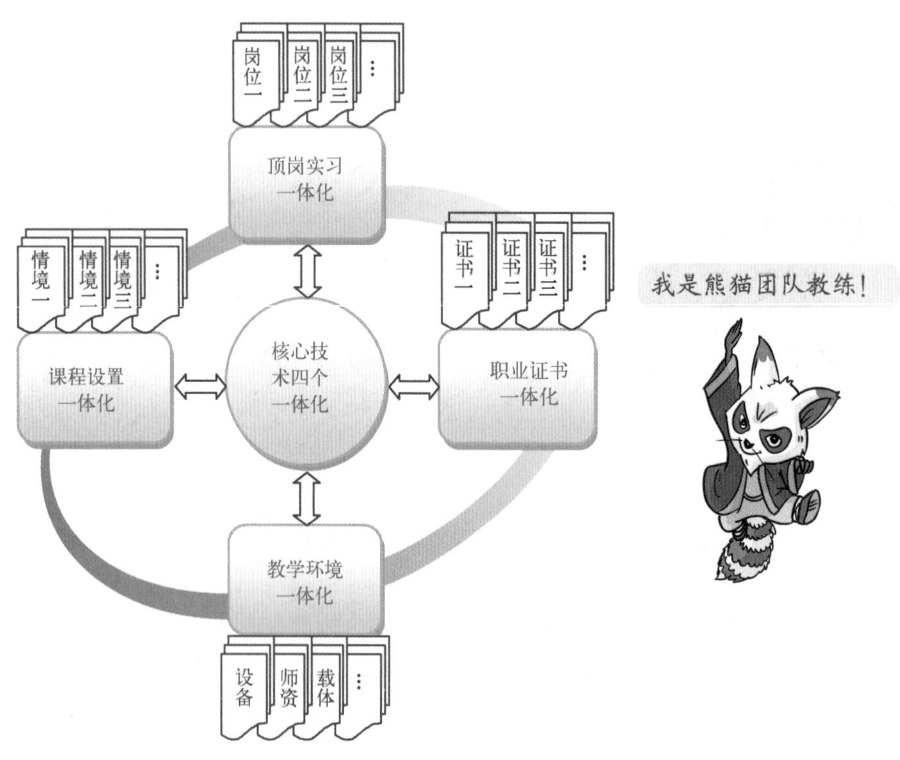

图 0-1　专业核心技术四个一体化示意图

我是熊猫团队教练！

二、教学设计

基本要求：应具备生产线实训装备，具有典型的自动化生产线（简称自动线）的机械平台，各机构具有机械技术、电气技术的综合功能等。能体现“核心技术一体化”的设计理念，为实践行动导向教学模式搭建平台。

师资要求：具有机电一体化专业综合知识，熟悉自动生产线技术，有较强的教学及项目开发能力。

教学载体：以 YL-335 自动化生产线训练平台为例，实现核心技术一体化课程建设思路，如图 0-2 所示。生产线五个分站各项目任务涵盖了机电专业核心技术点，可综合训练考评学生核心技术掌握及综合应用能力，对培养学生技术创新能力有很好的作用。

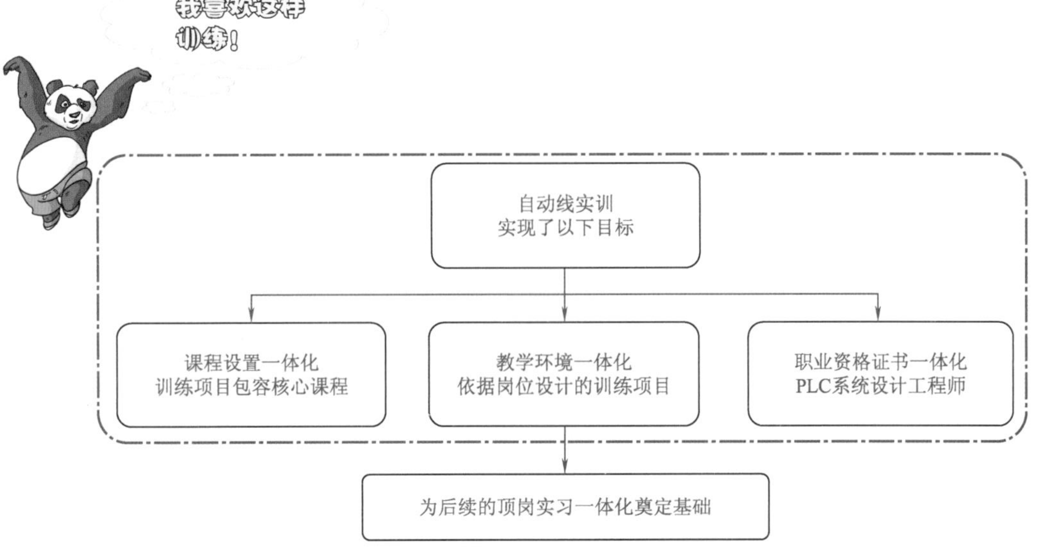

图 0–2　自动化生产线与核心技术关系示意图

训练模式：三人一组分工协作，完成自动化生产线中五个分站的安装、调试及总站联动等工作（见图 0–3）。

该综合实训设备可以进行单站教学、双站教学、多站教学和整体联调式完整教学，每个工作单元涵盖不同的知识、技能点。结合各院校可根据专业教学要求的不同进行选择。

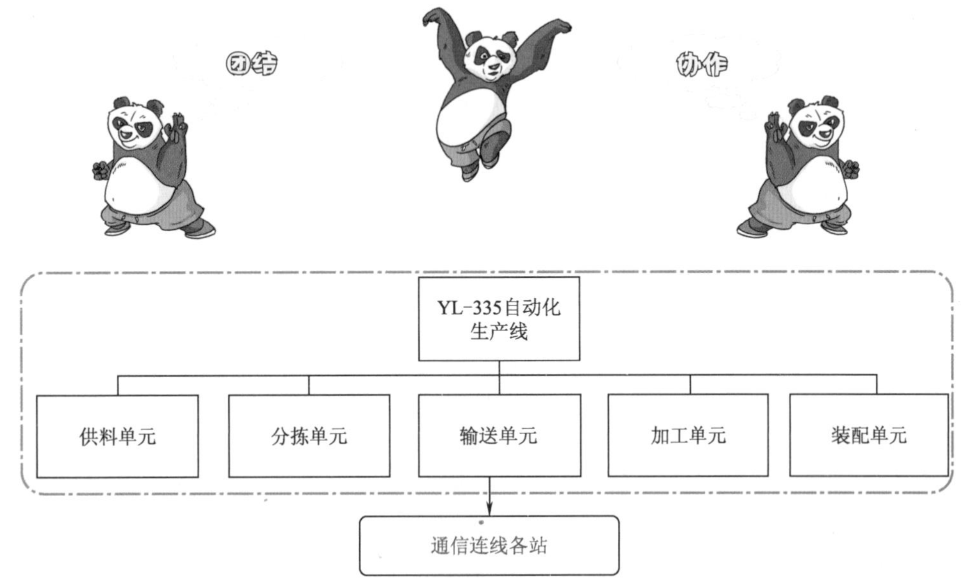

图 0–3　生产线功能示意图

训练内容：项目任务融合了机械工程与电子工程的核心技术。主要包括：机械设计、制造工艺、机械装配、气动部件安装等；控制线路布线、气动电磁阀及气管安装；PLC 应用与编程；变频器控制技术应用；运动控制技术应用；机电安装、连接、故障诊断与调试等。

获取证书：训练内容包含了国家劳动和社会保障部颁发的职业资格证书“可编程序系统设计师（三级）”和“维修电工”等的标准要求。

组织大赛：依托全国性的高职技能大赛，营造“普通教育有高考，职业教育有技能大赛”的局面，通过自动生产线安装与调试大赛，提高高职各院校机电类专业学生的能力水平。

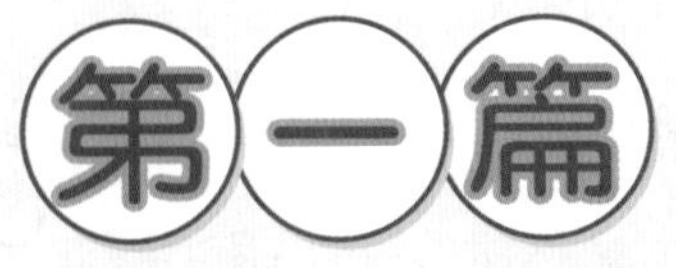

项目开篇——自动化生产线简介

自 2008 年开始，教育部联合 11 个部委先后举办了 3 届“自动线安装与调试”全国职业院校技能大赛（见图 1–1）；随后，“亚龙”杯全国高职院校“自动化生产线安装与调试赛项”也先后举办了 3 届（见图 1–2）；2012 年 10 月，“自动线安装与调试”被东盟国家指定为正式赛项之一，标志着该赛项的赛项设备、赛项标准、赛项内容及赛项资源得到了国际同行的高度认可。

扫一扫

第一篇
项目开篇

“自动线安装与调试”赛项内容主要包含“自动线装配”和“自动线运行与调试”两个部分。赛项内容紧跟企业需求，紧贴企业技术现状，其综合技能实训项目在引领高职院校机电类专业建设和课程开发等方面起到越来越重要的作用。

图 1–1　2008 年全国技能大赛

图 1–2　2013 年〞亚龙杯〞全国技能大赛

坚持技能大赛与教学改革相结合，引导高职教育专业教学改革方向；坚持高技术（技能）与高效率相结合，企业（用人单位）参与竞赛项目设计，全面提供技术支持和后援保障；坚持个人发展与团队协作相结合，在展示个人风采的同时，突出职业道德与协作精神。

任务一 了解自动化生产线及应用

任务目标

1. 了解自动化生产线的功能、作用及特点。
2. 了解自动化生产线的发展概况。

学习自动化生产线有啥用?

图 1-3 所示是应用于某公司的塑壳式断路器自动化生产线，包括自动上料、自动铆接、五次通电检查、瞬时特性检查、延时特性检查、自动打标等工序，采用可编程控制器控制，每个单元都有独立的控制、声光报警等功能，采用网络技术将生产线构成一个完善的网络系统。大大提高了劳动生产率和产品质量。

图 1-4 所示是某汽车配件厂的制动器自动化装配线，该生产线考虑到设备性能、生产节拍、总体布局、物流传输等因素，采用标准化、模块化设计，选用各种机械手及可编程自动化装置，实现零件的自动供料、自动装配、自动检测、自动打标、自动包装等装配过程自动化，采用网络通信监控、数据管理实现控制与管理。

图 1-3　塑壳式断路器自动化生产线

图 1-4　某汽车制动器自动化装配线

图 1-5 所示是某日化厂的自动灌装线，主要完成上料、灌装、封口、检测、打标、包装、码垛等几个生产过程，实现集约化大规模生产的要求。

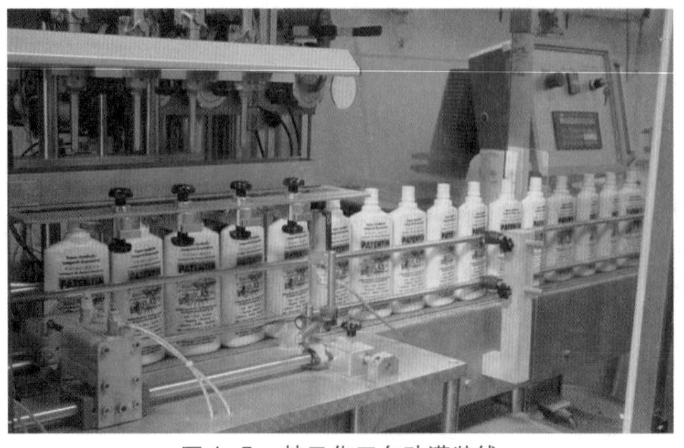

图 1-5　某日化厂自动灌装线

在配套光盘中还有许多的自动化生产线的案例，看一看，想一想，什么是自动化生产线？

1. 自动化生产线的定义

师傅，我想自动线可以这样描述吗？

自动化生产线是在流水线的基础上逐渐发展起来的。它不仅要求线体上各种机械加工装置能自动地完成预定的各道工序及工艺过程，使产品成为合格的制品，而且要求在装卸工件、定位夹紧、工件在工序间的输送、工件的分拣甚至包装等都能自动地进行，使其按照规定的程序自动地进行工作。我们将这种自动工作的机械电气一体化系统为自动化生产线（简称“自动线”）。

自动化生产线的任务就是为了实现自动生产，如何才能达到这一要求呢？

自动化生产线综合应用机械技术、控制技术、传感技术、驱动技术、网络技术、人机接口技术等，通过一些辅助装置按工艺顺序将各种机械加工装置连成一体，并控制液压、气压和电气系统将各个部分动作联系起来，完成预定的生产加工任务。

2. 自动化生产线的发展概况

自动化生产线所涉及的技术领域是很广泛的，所以它的发展、完善是与各种相关技术的进步及互相渗透是紧密相连的。因而自动化生产线的发展概况就必须与整个支持自动化生产线有关技术的发展联系起来。技术应用发展如下 ：

应用可编程控制器技术	可编程控制器是一种以顺序控制为主，回路调节为辅的工业控制机。不仅能完成逻辑判断、定时、计数、记忆和算术运算等功能，而且能大规模地控制开关量和模拟量，克服了工业 控制计算机用于开关控制系统所存在的编程复杂、非标准外部接口配套复杂、机器资源未能充分利用而导致功能过剩、造价高昂、对工程现场环境适应性差等缺点。由于可编程控制器具有一系列优点，因而替代了许多传统的顺序控制器，如继电器控制逻辑等，并广泛应用于自动化生产线的控制。
应用机器手、机器人技术	机器手在自动化生产线中的装卸工件、定位夹紧、工件在工序间的输送、加工余料的排除、加工操作、包装等部分得到广泛使用。现在正在研制的第三代智能机器人不但具有运动操作技能，而且还有视觉、听觉、触觉等感觉的辨别能力。具有判断、决策能力，能掌握自然语言的自动装置也正在逐渐应用到自动化生产线中。
应用传感技术	传感技术随着材料科学的发展和固体物理效应的不断出现，形成并建立了一个完整的独立科学体系——传感器技术。在应用上出现了带微处理器的“智能传感器”，它在自动化生产线的生产中监视着各种复杂的自动控制程序，起着极重要的作用。
应用液压和气压传动技术	特别是气压传动技术，由于使用的是取之不尽的空气作为介质，具有传动反应快、动作迅速、气动元件制作容易、成本小和便于集中供应和长距离输送等优点，而引起人们的普遍重视。气压传动技术已经发展成为一个独立的技术领域。在各行业，特别是在自动化生产线中得到了迅速发展和广泛应用。
[illegible]	无论是现场总线还是工业以太网，网络技术使得自动化生产线中的各个控制单元构成一个谐调运转的整体。

知识、技能归纳

所有支持自动化生产线的机电一体化技术的进一步发展，使得自动化生产线的功能更加齐全、完善、先进，从而能完成技术性更加复杂的操作和生产线装配工艺要求更高的产品。现在信息时代已经到来，从技术发展前沿来看，CIMS（计算机集成制造系统，Computer Integrated Manufacturing System）将是自动化生产线发展的一个理想状态。

工程素质培养

思考一下：自动化生产线的功能、作用及特点以及发展概况。

任务二　认知YL-335型自动化生产线

任务目标

1. 了解 YL-335 型自动化生产线的基本结构。
2. 了解 YL-335B 的特点、参数及实训项目。

说明：

YL-335A型自动化生产线是2008年全国职业院校技能大赛“自动线安装与调试”赛项采用的竞赛设备，它综合应用了多种技术知识，如气动控制技术、机械技术（机械传动、机械连接等）、传感器应用技术、PLC（可编程控制器，Programmable Logic Controller）控制和组网、步进电动机位置控制和变频器技术等，模拟一个与实际生产情况十分接近的控制过程，学习者可以在一个非常接近于实际的教学设备环境中提高机电一体化综合技能。

2009年“亚龙杯”全国高职院校“自动线安装与调试”大赛指定设备YL-335B是在YL-335A基础上的兼容式升级产品，亚龙YL-335B在设备的可扩展性、单站实施教学独立性、组态的灵活性和设备运行的可靠性等方面做了相应改进；涵盖了高职高专机电类相关专业的核心技术内容，利于高职高专机电类专业综合实训课程的教学设计和实施，融入国家劳动和社会保障部的“可编程序系统设计师（三级）”职业资格标准要求，是基于工作过程的课程改革的适宜载体。

1. YL-335B型自动化生产线的基本结构认知

亚龙 YL-335B 型自动化生产线实训考核装备由安装在铝合金导轨式实训台上的供料单元、输送单元、加工单元、装配单元和分拣单元五个单元组成。各工作单元均设置一台 PLC 承担

其控制任务，各 PLC 之间通过 RS-485 串行通信实现互联，构成分布式的控制系统。

YL-335B 型自动化生产线的工作目标是：将供料单元料仓内的工件送往加工单元的物料台，完成加工操作后，把加工好的工件送往装配单元的物料台，然后把装配单元料仓内的不同颜色的小圆柱工件嵌入到物料台上的工件中，完成装配后的成品送往分拣单元分拣输出，分拣单元根据工件的材质、颜色进行分拣。

YL-335B 型自动化生产线外观如图 1-6 所示。

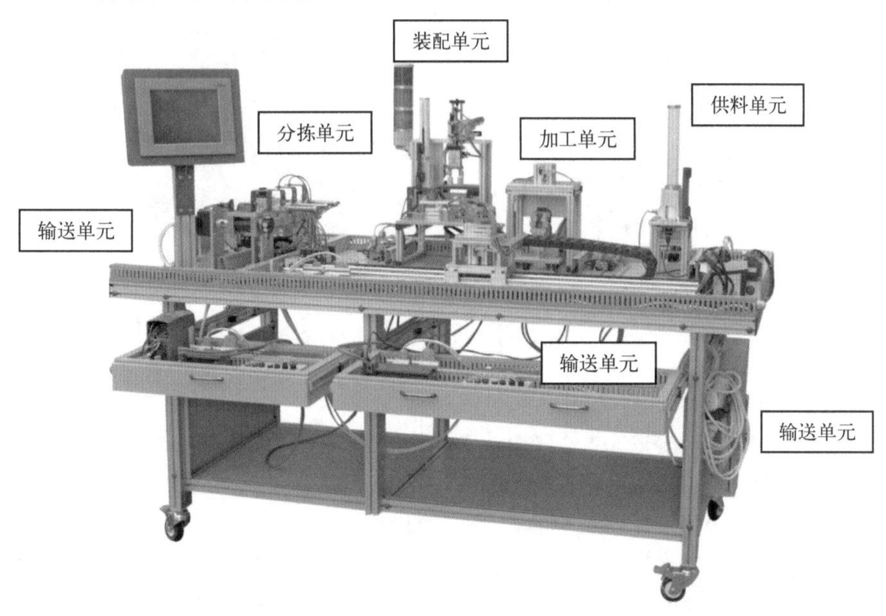

图 1-6　YL-335B 型自动化生产线外观图

其中，每一工作单元都可自成一个独立的系统，同时也都是一个机电一体化的系统。各个单元的执行机构基本上以气动执行机构为主，但输送单元的机械手装置整体运动则采取伺服电动机或步进电动机驱动、精密定位的位置控制，该驱动系统具有长行程、多定位点的特点，是一个典型的一维位置控制系统。分拣单元的传送带驱动则采用了通用变频器驱动三相异步电动机的交流传动装置。位置控制和变频器技术是现代工业企业应用最为广泛的电气控制技术。

在 YL-335B 设备上应用了多种类型的传感器，分别用于判断物体的运动位置、物体通过的状态、物体的颜色及材质等。

在控制方面，YL-335B 采用了基于 RS-485 串行通信的 PLC 网络控制方案，即每一工作单元由一台 PLC 承担其控制任务，各 PLC 之间通过 RS-485 串行通信实现互连的分布式控制方式。用户可根据需要选择不同厂家的 PLC 及其所支持的 RS-485 通信模式，组建成一个小型的 PLC 网络。掌握基于 RS-485 串行通信的 PLC 网络技术，将为进一步学习现场总线技术、工业以太网技术等打下了良好的基础。

2．供料单元的基本结构功能认知

供料单元主要由工件库、工件锁紧装置和工件推出装置组成。主要配置有：井式工件库、直线气缸、光电传感器、工作定位装置等。供料单元的基本功能是按照需要将放置在料仓中待加工的工件自动送出到物料台上，以便输送单元的抓取机械手装置将工件抓取送往其他工作单元。其外观图如图 1–7 所示。

图 1–7　供料单元外观图

3．输送单元的基本结构功能认知

输送单元主要包括：直线移动装置和工件取送装置。主要配置有：驱动电动机、薄型气缸、气动摆台、双导杆气缸、气动手指、行程开关、磁性开关等。

输送单元的基本功能：能实现到指定单元的物料台精确定位，并在该物料台上抓取工件，把抓取到的工件输送到指定地点然后放下的功能。输送单元机械手外观图如图 1–8 所示。

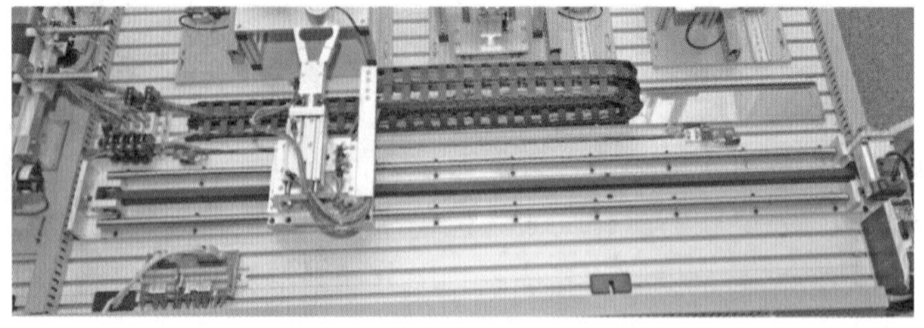

图 1–8　输送单元机械手外观图

4．加工单元的基本结构功能认知

加工单元主要包括：工件搬运装置和工件加工装置。主要配置有：导轨、直线气缸、薄型气缸、工作夹紧装置等。

加工单元的基本功能：把该单元物料台上的工件（由输送单元的抓取机械手装置送来）送到冲压机构下面，完成一次冲压加工动作，然后再送回到物料台上，待输送单元的抓取机械手装置取出。其外观图如图 1–9 所示。

5．装配单元的基本结构功能认知

装配单元主要包括：装配工件库和装配工件搬运装置。主要配置有：工件库、摆台、导杆气缸、气动手指、直线气缸、光电传感器等。

装配单元的基本功能：完成将该单元料仓内的黑色或白色小圆柱工件嵌入已加工的工件中的装配过程。其外观图如图 1–10 所示。

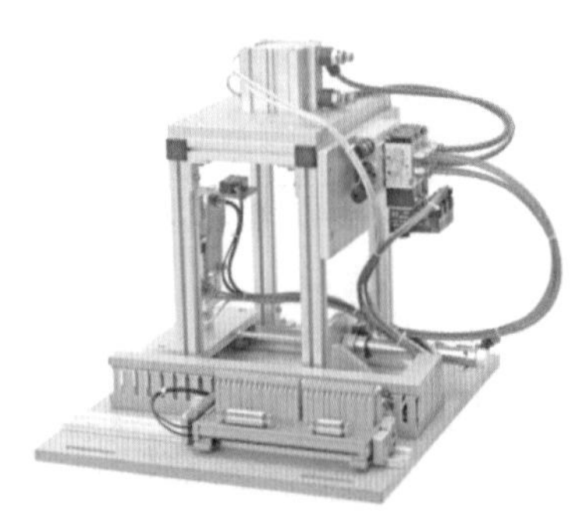

图 1-9　加工单元外观图

图 1-10　装配单元外观图

6．分拣单元的基本结构功能认知

分拣单元主要包括：传送带输送线和成品分拣装置。主要配置有：直线传送带输送线、直线气缸、三相异步电动机、变频器、光电传感器、光纤传感器等。

分拣单元的基本功能：将上一单元送来的已加工、装配的工件进行分拣，使不同颜色的工件从不同的料槽分流。其外观图如图 1-11 所示。

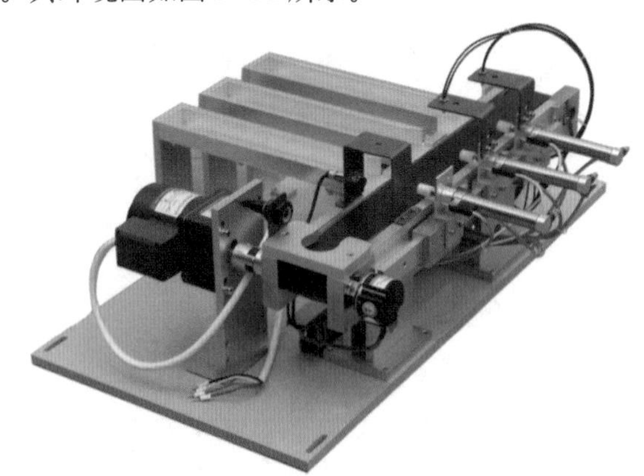

图 1-11　分拣单元外观图

7．YL-335B的控制系统

YL-335B 采用五个西门子 S7-200 系列 PLC，分别控制供料、输送、加工、装配、分拣五个单元。五个单元之间采用 PPI 串行总线进行通信。YL-335B 的每一工作单元都由 PLC 完成控制功能，各单元可自成一个独立的系统，同时也可以通过网络互连构成一个分布式的控制系统。

当工作单元自成一个独立的系统时，其设备运行的主令信号以及运行过程中的状态显示信号，来源于该工作单元按钮指示灯模块，如图 1-12 所示。模块上的指示灯和按钮的端脚全部引到端子排上。

YL-335B 采用了 MCG　STPC 系列触摸屏作为它的人机界面。在整机运行时，系统运行的主令信号（复位、启动、停止等）通过触摸屏人机界面给出。同时，人机界面上也显示系统运行的各种状态信息。触摸屏编程与使用将在后续篇幅中介绍。

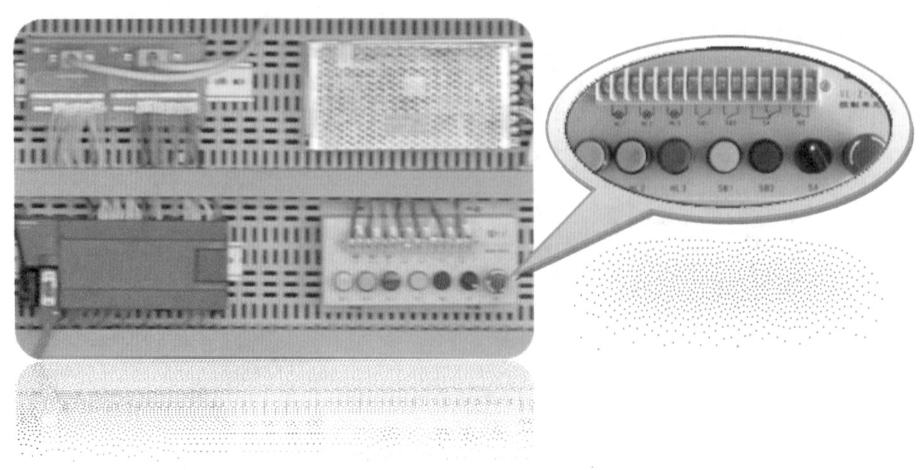

图 1–12　工作单元按钮指示灯模块图

8．供电电源

YL–335B 外部供电电源为三相五线制 AC 380 V/220 V，图 1–13 为供电电源模块一次回路原理图。图中总电源开关选用 DZ47LE–32/C32 型三相四线漏电开关。系统各主要负载通过自动开关单独供电。其中，变频器电源通过 DZ47C16/3P 三相自动开关供电；各工作站 PLC 均采用 DZ47C5/2P 单相自动开关供电。此外，系统配置 2 台 DC24V6A 开关稳压电源分别用做供料、加工、分拣、输送单元的直流电源。

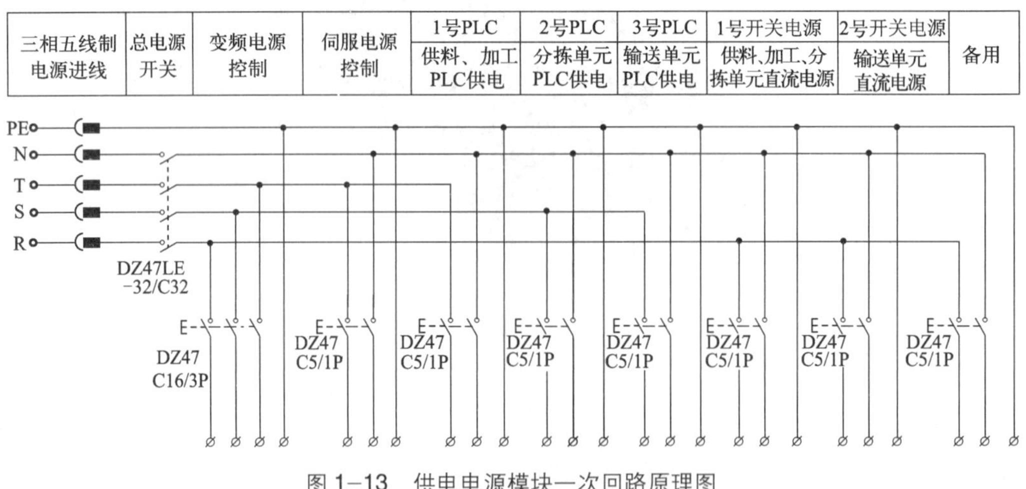

图 1–13　供电电源模块一次回路原理图

9．YL–335B的特点、参数及实训项目认知

YL–335B 设备是一套半开放式的设备，各工作单元的结构特点是机械装置和电气控制部分的相对分离。每一工作单元机械装置整体安装在底板上，而控制工作单元生产过程的 PLC 装置则安装在工作台两侧的抽屉板上。学习时在一定程度上可根据自己的需要选择设备组成单元的数量、类型，最多可由五个单元组成，最少时一个单元即可自成一个独立的控制系统。由多个单元组成的系统，PLC 网络的控制方案可以体现出自动化生产线的控制特点。

YL－335B 主要技术参数如下：

① 交流电源：三相五线制，AC 380×（1±10%）V/220×（1±10%）V，50 Hz。

② 温度：－10 ～ 40℃；环境湿度：≤ 90%（25℃）。

③ 实训桌外形尺寸：长 × 宽 × 高 =1 920 mm×960 mm×840 mm。

④ 整机消耗：≤ 1.5kV · A。

⑤ 气源工作压力：最小 0.6 Mbar，最大 1 Mbar（1 bar=10^5 Pa）。

⑥ 安全保护措施：具有接地保护、漏电保护功能，安全性符合相关的国家标准。采用高绝缘的安全型插座及带绝缘护套的高强度安全型实验导线。

设备中的各工作单元机械部分安放在实训台上，便于各个机械机构及气动部件的拆卸和安装，控制线路的布线、气动电磁阀及气管安装。各单元的按钮/指示灯模块、电源模块、PLC 模块等均放置在抽屉式模块放置架上；模块之间、模块与实训台上接线端子排之间的连接方式采用电缆连接，最大限度地满足了综合性实训的要求。

利用 YL－335B 可以完成以下实训任务：

① 自动检测技术使用实训；

② 气动技术应用实训；

③ 可编程控制器编程实训；

④ PLC 网络组建实训；

⑤ 电气控制电路实训；

⑥ 变频器应用实训；

⑦ 电动机驱动和位置控制实训；

⑧ 自动控制技术教学与实训；

⑨ 机械系统安装和调试实训；

⑩ 系统维护与故障检测实训；

⑪ 触摸屏组态编程实训。

大赛主要完成的工作任务

1．设备安装

完成 YL－335B 型自动化生产线供料、加工、装配、分拣单元和输送单元的部分器件装配工作，并把这些工作单元安装在 YL－335B 的工作桌面上。

2．气路连接

根据生产线工作任务对气动元件的动作要求和控制要求连接气路。

3．电路设计和电路连接

① 根据控制要求，设计输送单元的电气控制电路，并根据所设计的电路图连接电路。

② 按照给定的 I/O 分配表，连接供料、加工和装配单元控制电路。对于分拣单元，按照给定 I/O 分配表预留给变频器的 I/O 端子，设计和连接变频器主电路和控制电路，并连接分拣单元的控制电路。

③ 根据该生产线的网络控制要求，连接通信网络。

4．程序编制和程序调试

① 根据该生产线正常生产的动作要求和特殊情况下的动作要求，编写 PLC 的控制程序和设置步进电动机驱动器参数及变频器参数。

② 调试机械部件、气动元件、检测元件的位置和编写的 PLC 控制程序，满足设备的生产和控制要求。

知识、技能归纳

亚龙 YL-335B 型自动化生产线实训考核装备由安装在铝合金导轨式实训台上的供料单元、输送单元、加工单元、装配单元和分拣单元五个单元组成。各工作单元均设置一台 PLC 承担其控制任务，各 PLC 之间通过 RS-485 串行通信实现互联，构成分布式的控制系统。

工程素质培养

思考一下：YL-335B 型自动化生产线的基本结构、特点及参数。

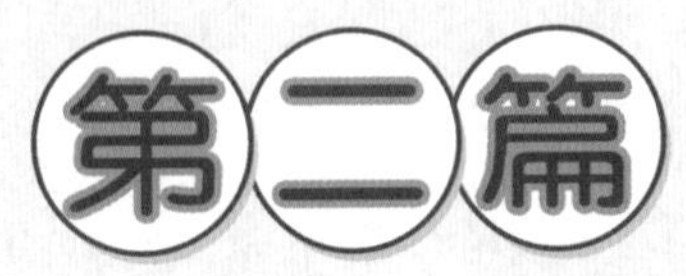

项目备战——自动化生产线核心技术应用

PLC 就像人的大脑；
光电传感器就像人的眼睛；
电动机与传送带就像人的腿；
电磁阀组就像人的肌肉；
人机界面就像人的嘴巴；
软件就像大脑的中枢神经；
磁性开关就像人的触觉；
直线气缸就像人的手和胳膊；
通信总线就像人的神经系统。
下面一起来学习！

自动化生产线中通常用到 PLC 应用技术、电工电子技术、传感器技术、接口技术、网络通信技术、组态技术等，就像人的感官系统、运动系统、大脑及神经系统。在接下来的任务中，将以 YL-335B 型自动化生产线为载体，对以上核心技术（见图 2-1）进行学习应用，正所谓“工欲善其事，必先利其器”。

本项目教学思路：“学中做”。瞄准职业核心技能，围绕 YL-335B 上的各种技术的应用，结合可编程控制系统设计师职业资格的要求，通过小任务讲解技术。

图 2-1　本篇教学思路

第二篇
项目备战

任务一　自动化生产线中传感器的使用

任务目标

1．掌握自动化生产线中磁性开关、光电开关、光纤式光电接近开关、电感式接近开关、光电编码器等传感器结构、特点及电气接口特性；

2．能进行各种传感器在自动化生产线中的安装与调试。

当工件进入自动化生产线中的分拣单元，人的眼睛可以清楚地观察到，但自动化生产线是如何来判别的呢？如何使自动化生产线具有人眼的功能呢？

传感器像人的眼睛、耳朵、鼻子等感官器件，是自动化生产线中的检测元件，能感受规定的被测量并按照一定的规律转换成电信号输出。在 YL−335B 型自动化生产线中主要用到了磁性开关、光电开关、光纤传感器、电感式接近开关、光电编码器等五种传感器，如表 2−1 所示。

表 2−1　YL−335B 中使用的传感器

传感器名称	传感器图片	图 形 符 号	在 YL−335B 中的用途
磁性开关			用于自动化生产线各个单元的气缸活塞的位置检测
光电开关		− + R_L	用于分拣单元工件检测
			用于供料单元的工件检测
光纤传感器		− + R_L 借用光电开关符号	用于分拣单元不同颜色工件检测

续表

传感器名称	传感器图片	图 形 符 号	在 YL-335B 中的用途
电感式接近开关		R_L	用于分拣单元不同金属工件检测
光电编码器		—	用于分拣单元的传动带的位置控制及转速测量

子任务一 磁性开关简介及应用

1. 磁性开关简介

在 YL-335B 型自动化生产线中，磁性开关用于各类气缸的位置检测。如图 2-2 所示，用两个磁性开关来检测机械手上气缸伸出和缩回到位的位置。

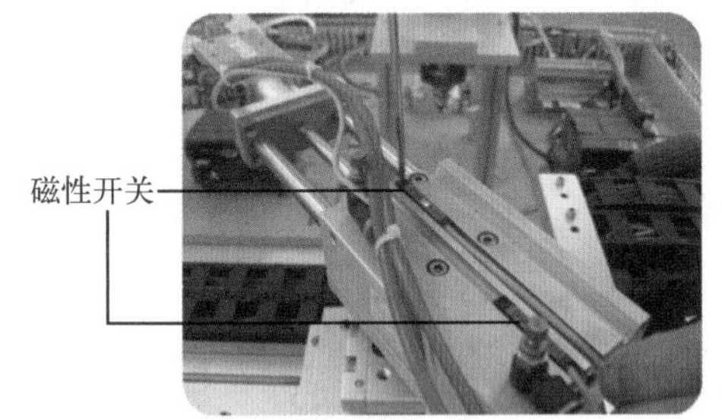

(a) 气缸伸出到位

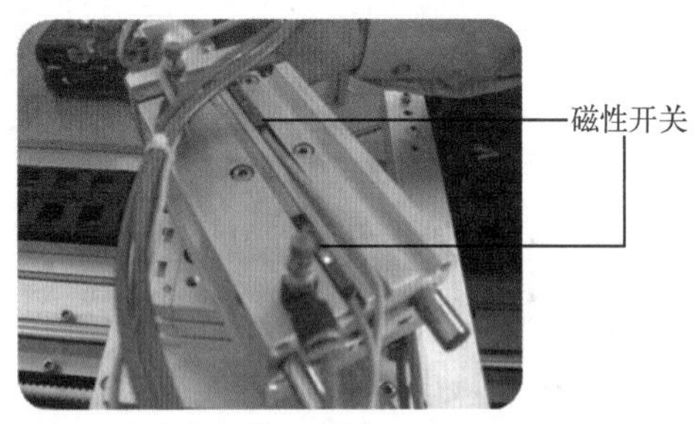

(b) 气缸缩回到位

图 2-2 磁性开关的应用实例

磁力式接近开关（简称“磁性开关”）是一种非接触式位置检测开关，这种非接触式位置检测不会磨损和损伤检测对象，响应速度快。磁性开关用于检测磁性物质的存在；安装方式上有导线引出型、接插件式、接插件中继型；根据安装场所环境的要求接近开关可选择屏蔽式和非屏蔽式。其实物图及图形符号如图 2-3 所示。

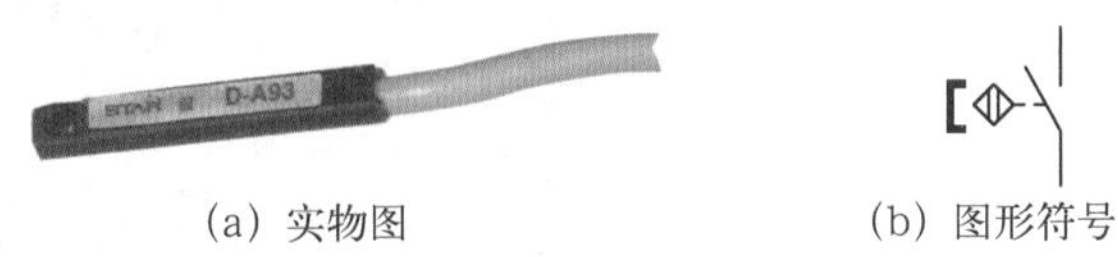

(a) 实物图 (b) 图形符号

图 2-3 磁性开关

当有磁性物质接近图 2-4 所示的磁性开关时，传感器动作，并输出开关信号。在实际应用中，在被测物体上，如在气缸的活塞（或活塞杆）上安装磁性物质，在气缸缸筒外面的两端位置各安装一个磁性开关，就可以用这两个传感器分别标识气缸运动的两个极限位置。

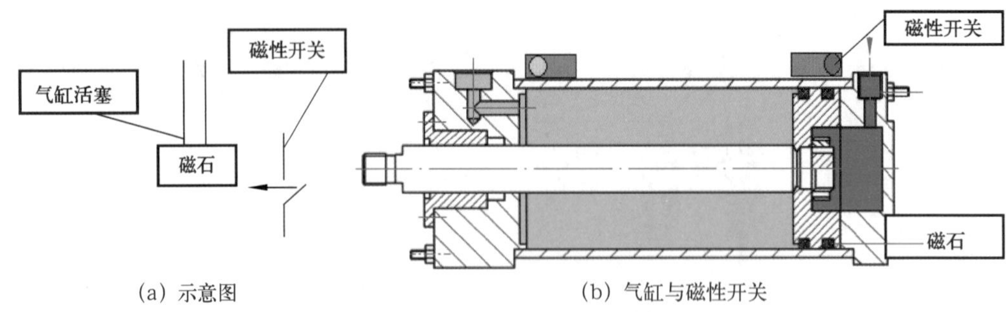

(a) 示意图　　(b) 气缸与磁性开关

图 2-4　磁力式接近开关传感器的动作原理

磁性开关的内部电路如图 2-5 中点画线框内所示，如采用共阴接法，棕色线接 PLC 输入端，蓝色线接公共端。

2. **磁性开关的安装与调试**

在自动化生产线的控制中，可以利用该信号判断气缸的运动状态或所处的位置，以确定工件是否被推出或气缸是否返回。

(1) 电气接线与检查

重点要考虑传感器的尺寸、位置、安装方式、布线工艺、电缆长度以及周围工作环境等因素对传感器工作的影响。按照图 2-5 所示将磁性开关与 PLC 的输入端口连接。

在磁性开关上设置有 LED，用于显示传感器的信号状态，供调试与运行监视时观察。当气缸活塞靠近，接近开关输出动作，输出“1”信号，LED 亮；当没有气缸活塞靠近，接近开关输出不动作，输出“0”信号，LED 不亮。

(2) 磁性开关在气缸上的安装与调整

磁性开关与气缸配合使用，如果安装不合理，可能使得气缸的动作不正确。当气缸活塞移向磁性开关，并接近到一定距离时，磁性开关才有“感知”，开关才会动作，通常把这个距离称为“检出距离”。

在气缸上安装磁性开关时，先把磁性开关装在气缸上，磁性开关的安装位置根据控制对象的要求调整，调整方法简单，只要让磁性开关到达指定位置后，用螺丝刀旋紧固定螺钉（或螺帽）即可，如图 2-6 所示。

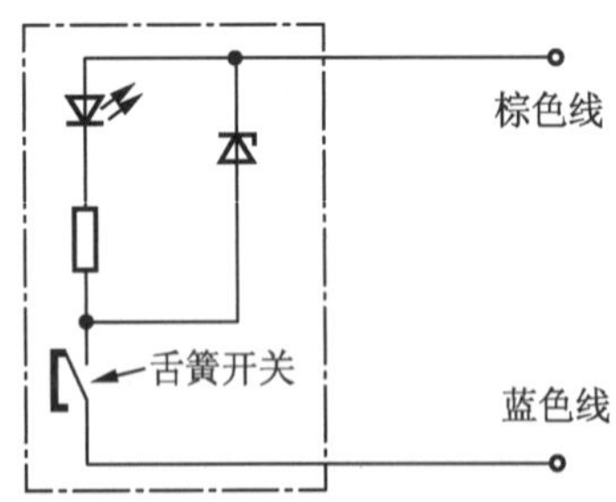

图 2-5　磁性开关内部电路

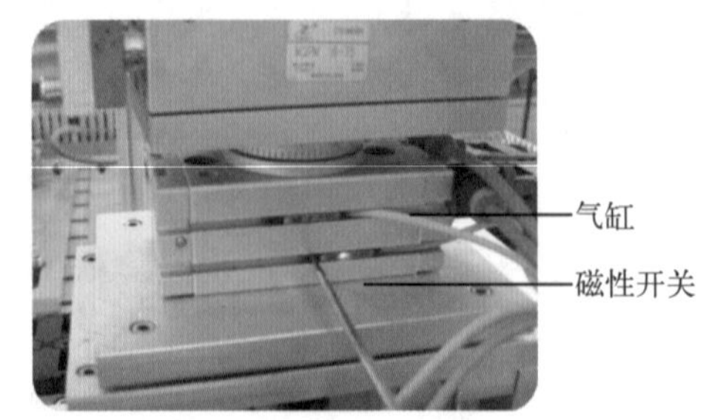

图 2-6　磁性开关的调整

磁性开关通常用于检测气缸活塞的位置，如果检测其他类型的工件的位置，例如一个浅色塑料工件，这时就可以选择其他类型的接近开关，如光电开关。

子任务二 光电开关简介及应用

1. 光电开关简介

光电接近开关（简称“光电开关”）通常在环境条件比较好、无粉尘污染的场合下使用。光电开关工作时对被测对象几乎无任何影响。因此，在生产线上被广泛地使用。在供料单元中，料仓中工件的检测利用的就是光电开关，如图 2−7 所示。

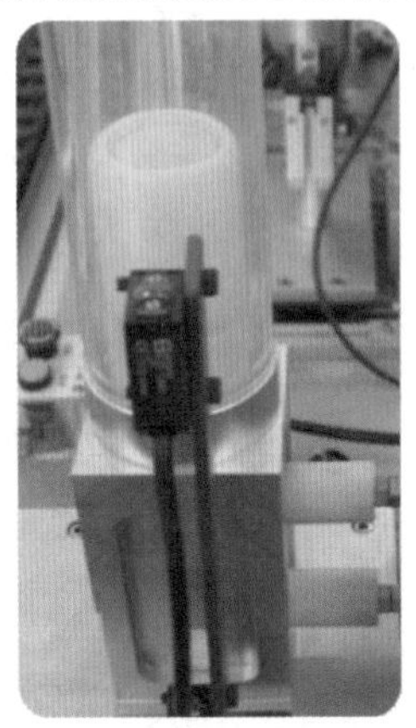

(a) 料仓中有工件

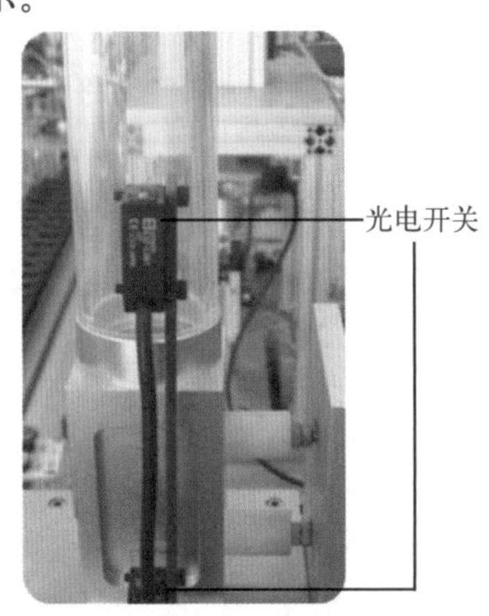

(b) 料仓中无工件

图 2−7 光电开关在供料单元中的应用

在料仓外侧装设两个光电开关分别用于缺料和供料不足检测。这样，料仓中有无储料或储料是否足够，就可用这两个光电开关的信号状态反映出来。本单元中采用细小光束、放大器内置型漫射式光电开关，其外形和顶端面上的调节旋钮和显示灯如图 2−8 所示。漫射式光电开关是利用光照射到被测工件上后反射回来的光线而工作的，由于工件反射的光线为漫射光，故称为漫射式光电开关。它由光源（发射光）和光敏元件（接收光）两个部分构成，光发射器与光接收器同处于一侧。

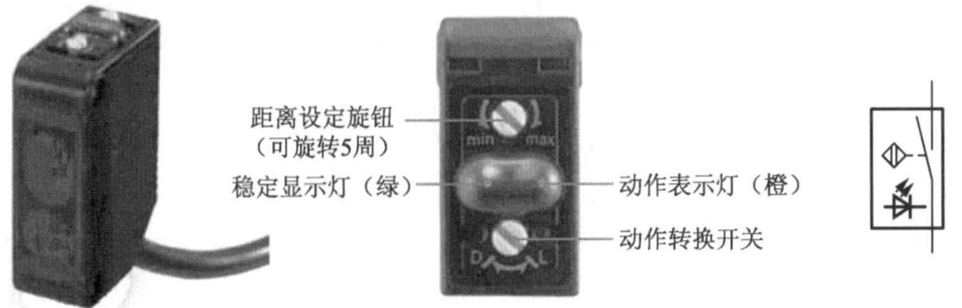

(a) 外形 (b) 图形符号

图 2−8 光电开关的外形、调节旋钮、显示灯和图形符号

在工作时，光发射器始终发射检测光，若光电开关前方一定距离内没有物体，则没有光被反射到接收器，光电开关处于常态而不动作；反之，若光电开关的前方一定距离内出现物体，只要反射回来的光强度足够，则接收器接收到足够的漫射光就会使光电开关动作而改变输出的状态。图 2−9 为漫射式光电开关的工作原理示意图。

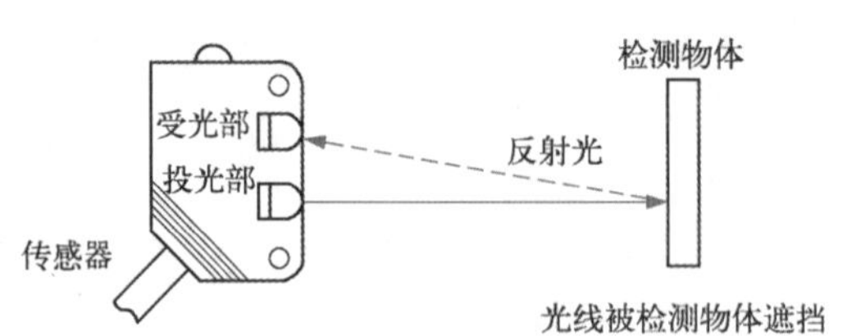

图 2-9　漫射式光电开关的工作原理示意图

2．光电开关在分拣单元中的应用

在自动化生产线的分拣单元中，当工件进入分拣单元传送带时，分拣单元上光电开关发出的光线遇到工件反射回自身的光敏元件，光电开关输出信号，启动传送带运转。

（1）电气与机械安装

根据机械安装图将光电开关初步安装固定；然后连接电气接线。

图 2-10 是 YL-335B 型自动化生产线中使用的漫射式光电开关电路原理图，图中光电开关具有电源极性及输出反接保护功能。光电开关具有自我诊断功能，当对设置后的环境变化（温度、电压、灰尘等）的裕度满足要求时，稳定显示灯显示（如果裕度足够，则亮灯）。当接收光的光敏元件接收到有效光信号，控制输出的晶体管导通，同时动作显示灯显示。这样光电开关能检测自身的光轴偏离、透镜面（传感器面）的污染、地面和背景对其影响、外部干扰的状态等传感器的异常和故障，有利于进行养护，以便设备稳定工作。这也给安装调试工作带来了方便。

 **说明**：在传感器布线过程中注意电磁干扰，不要被阳光或其他光源直接照射。不要在产生腐蚀性气体、接触到有机溶剂、灰尘较大等的场所使用。

根据图 2-10 所示，将光电开关褐色线接 PLC 输入模块电源“+”端，蓝色线接 PLC 输入模块电源“-”端，黑色线接 PLC 的输入点。

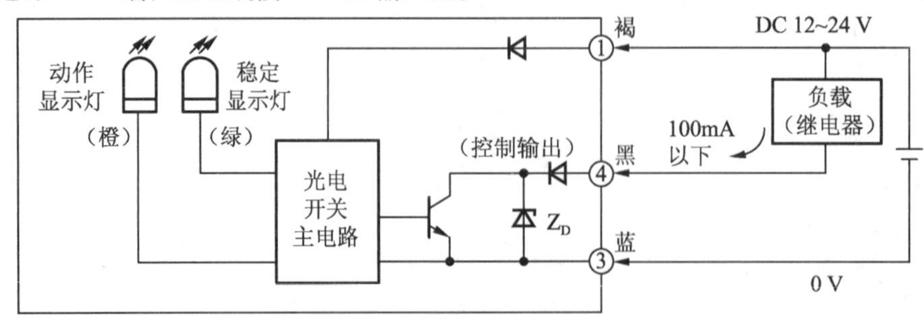

图 2-10　光电开关电路原理图

（2）安装调整与调试

光电开关具有检测距离长、对检测物体的限制小、响应速度快、分辨率高、便于调整等优点。但在光电开关的安装过程中，必须保证传感器到被检测物的距离在“检出距离”范围内，同时考虑被检测物的形状、大小、表面粗糙度及移动速度等因素。光电开关的调试过程如图 2-11 所示。图 2-11（a）中，光电开关调整位置不到位，对工件反应不敏感，动作灯不亮；图 2-11（b）中光电开关位置调整合适，对工件反应敏感，动作灯亮而且稳定灯亮；图 2-11（c）中，当没有工件靠近光电开关时，光电开关没有输出。

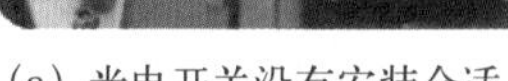
(a) 光电开关没有安装合适

(b) 光电开关调整到位检测到工件

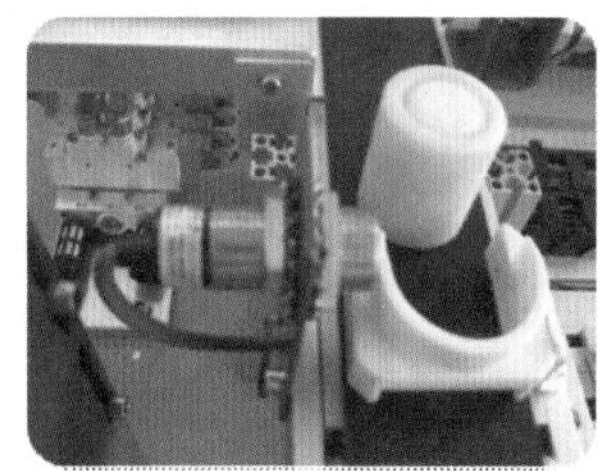
(c) 光电开关没有检测到工件

图 2–11　光电开关的调试过程

调试光电开关的位置合适后，将固定螺母锁紧。

光电开关的光源采用绿光或蓝光可以判别颜色，根据表面颜色的反射率特性不同，光电开关可以进行产品的分拣，为了保证光的传输效率，减小衰减，在分拣单元中采用光纤式光电开关对黑白两种工件的颜色进行识别。

这个有点新鲜，一起学习学习！

子任务三　光纤式光电接近开关简介及应用

1. 光纤式光电接近开关简介

在分拣单元传送带上方分别装有两个光纤式光电接近开关，如图 2–12 所示。光纤式光电接近开关由光纤检测头、光纤放大器两部分组成，光纤放大器和光纤检测头是分离的两个部分，光纤检测头的尾端部分分成两条光纤，使用时分别插入光纤放大器的两个光纤孔。光纤式光电接近开关的输出连接至 PLC。为了能对白色和黑色工件进行区分，使用中将两个光纤式光电接近开关灵敏度调整成不一样。

(a) 光纤检测头

(b) 光纤放大器

图 2–12　光纤式光电接近开关在分拣单元中的应用

光纤式光电接近开关（简称“光纤式光电开关”）也是光纤传感器的一种，光纤传感器传感部分没有丝毫电路连接，不产生热量，只利用很少的光能，这些特点使光纤传感器成为危险环境下的理想选择。光纤传感器还可以用于关键生产设备的长期高可靠稳定的监视。相对于传统传感器光纤传感器具有下述优点：抗电磁干扰，可工作于恶劣环境，传输距离远，使用寿命长，此外，由于光纤检测头具有较小的体积，所以可以安装在很小空间的地方；光纤放大器可根据需要来放置。比如有些生产过程中烟火、电火花等可能引起爆炸和火灾，光能不会成为火源，所以不会引起爆炸和火灾，可将光纤检测头设置在危险场所，将光纤放大器设置在非危险场所进行使用。安装示意图如图 2–13 所示。

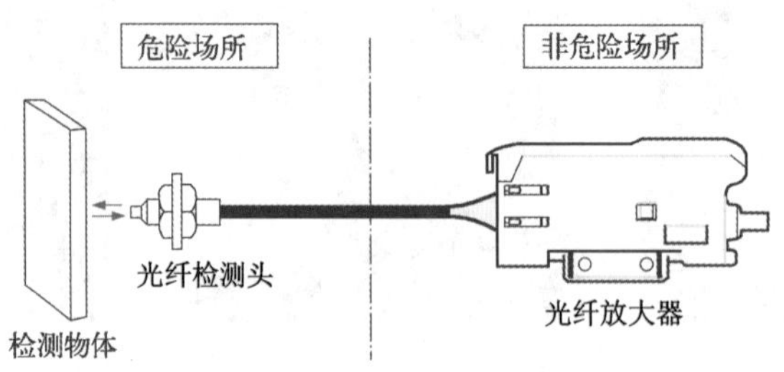

图 2-13　光纤传感器安装示意图

光纤传感器由光纤检测头、光纤放大器两部分组成，光纤放大器和光纤检测头是分离的两个部分。光纤传感器结构上分为传感型和传光型两大类。传感型是以光纤本身作为敏感元件，使光纤兼有感受和传递被测信息的作用；传光型是把由被测对象所调制的光信号输入光纤，通过输出端进行光信号处理而进行测量的，传光型光纤传感器的工作原理与光电传感器类似。在分拣单元中采用的就是传光型的光纤式光电开关，光纤仅作为被调制光的传播线路使用，其外观如图 2-14 所示，一个发光端、一个光的接收端，分别连接到光纤放大器。

图 2-14　光纤式光电开关

2. 光纤式光电开关在分拣单元中的应用

在分拣单元的传送带上方分别装有两个光纤式光电开关，光纤检测头的尾端部分分成两条光纤，使用时分别插入光纤放大器的两个光纤孔。在分拣单元中光纤式光电开关的放大器的灵敏度可以调节，当光纤传感器灵敏度调得较小时，对于反射性较差的黑色工件，光纤放大器无法接收到反射信号；而对于反射性较好的白色工件，光纤放大器光电探测器就可以接收到反射信号。从而可以通过调节光纤光电开关的灵敏度来判别黑白两种颜色的工件，将两种工件区分开，从而完成自动分拣工序。

(1) 电气与机械安装

安装过程中，首先将光纤检测头固定，将光纤放大器安装在导轨上，然后将光纤检测头的尾端两条光纤分别插入放大器的两个光纤孔。然后根据图 2-15 进行电气接线，接线时请注意根据导线颜色判断电源极性和信号输出线。

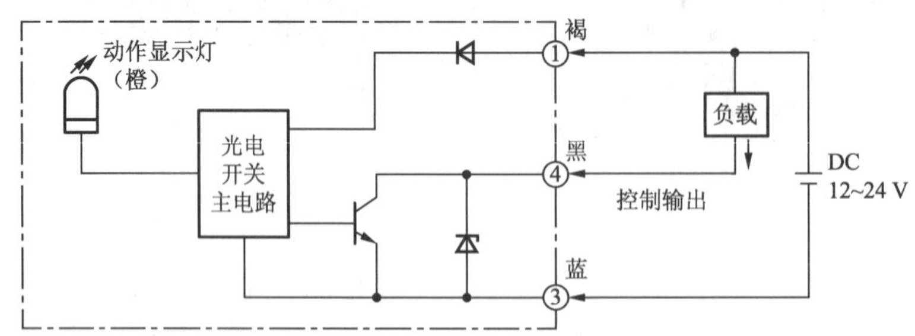

图 2-15　光纤传感器电路框图

(2) 灵敏度调整

在分拣单元中如何来进行调试呢？图 2-12 (b) 所示是使用螺丝刀来调整传感器灵敏度的。图 2-16 给出了光纤放大器的俯视图，调节灵敏度高速旋钮就能进行放大器灵敏度调节。调节时，会看到“入光量显示灯”发光的变化。在检测距离固定后，当白色工件出现在光纤检测头下方

时，“动作显示灯”亮，提示检测到工件；当黑色工件出现在光纤检测头下方时，“动作显示灯”不亮，这个光纤式光电开关调试完成。

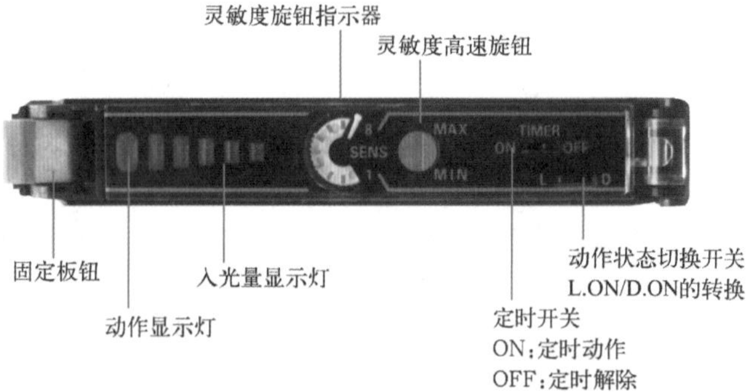

图 2–16　光纤放大器的俯视图

光纤式光电开关在生产线上应用越来越多，但在一些尘埃多、容易接触到有机溶剂及需要较高性价比的应用中，实际上可以选择使用其他一些传感器来代替，如电容式接近开关、电涡流式接近开关。

你还记得吗？

子任务四　电感接近开关简介及应用

供料单元中，为了检测待加工工件是否为金属材料，在供料管底座侧面安装了一个电感式传感器，如图 2–17 所示。

图 2–17　供料单元上的电感式传感器

电涡流式接近开关属于电感式传感器的一种，是利用电涡流效应制成的有开关量输出的位置传感器。它由 LC 高频振荡器和放大处理电路组成，利用金属物体在接近这个能产生电磁场的振荡感应头时，使物体内部产生电涡流的原理进行工作。这个电涡流反作用于接近开关，使接近开关振荡能力衰减，内部电路的参数发生变化，由此识别出有无金属物体接近，进而控制开关的通或断。这种接近开关所能检测的物体必须是金属物体，其工作原理图如图 2–18 所示。

无论是哪一种接近传感器，在使用时都必须注意被检测物的材料、形状、尺寸、运动速度等因素，如图 2–19 所示。

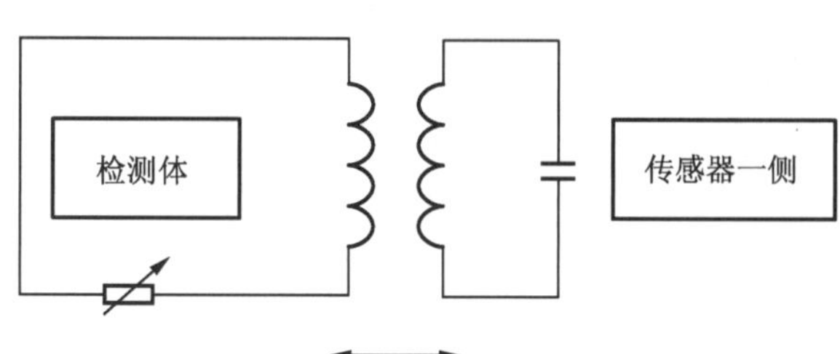

图 2–18　电涡流接近开关的工作原理图

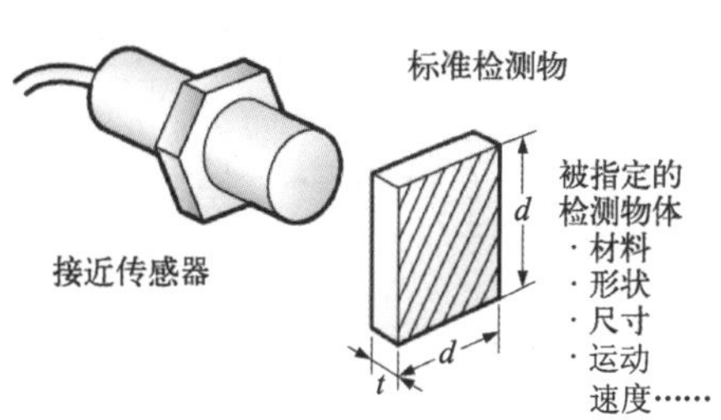

图 2–19　接近传感器与标准检测物

在传感器安装与选用中，必须认真考虑检测距离、设定距离，保证生产线上的传感器可靠动作。安装距离注意说明如图 2–20 所示。

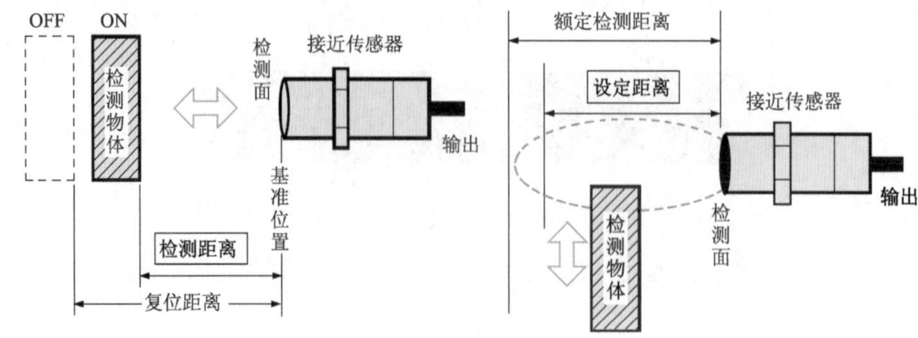

图 2–20　安装距离注意说明

在一些精度要求不是很高的场合，接近开关可以用来产品计数、测量转速，甚至是旋转位移的角度。但在一些要求较高的场合，往往用光电编码器来测量旋转位移或者间接测量直线位移。

用得很多，很重要！

子任务五　光电编码器简介及应用

在 YL–335B 型自动化生产线的分拣单元的控制中，传送带定位控制是由光电编码器来完成的。同时，光电编码器还要完成电动机转速的测量。图 2–21 所示为光电编码器在分拣单元中的应用。

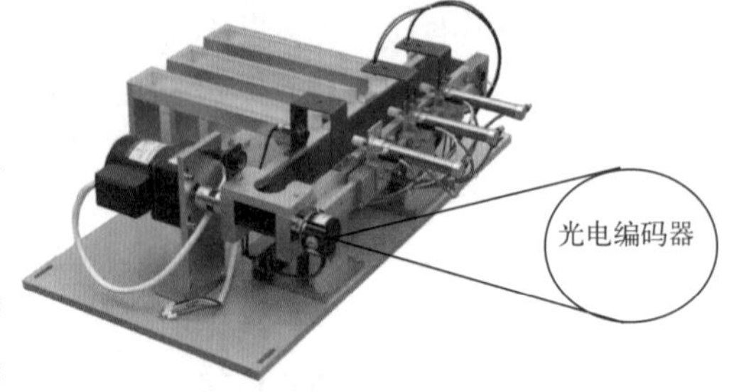

图 2–21　光电编码器在分拣单元中的应用

光电编码器是通过光电转换，将机械、几何位移量转换成脉冲或数字量的传感器，它主要用于速度或位置（角度）的检测。典型的光电编码器由码盘（Disk）、检测光栅（Mask）、光电转换电路（包括光源、光敏器件、信号转换电路）、机械部件等组成。一般来说，根据光电编码器产生脉冲的方式不同，可以分为增量式、绝对式及复合式三大类，生产线上常采用的是增量式光电编码器，其结构如图 2–22 所示。

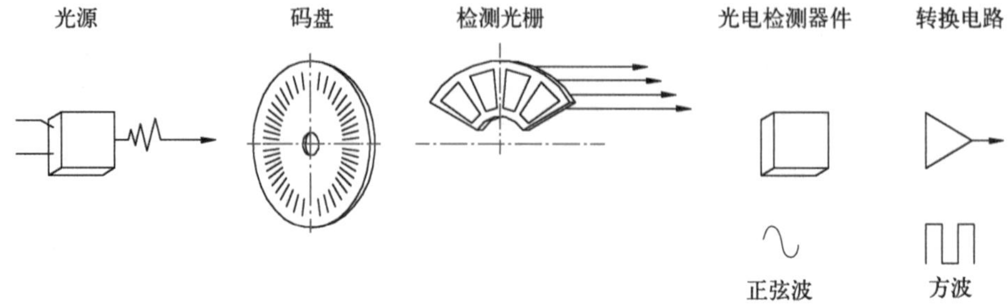

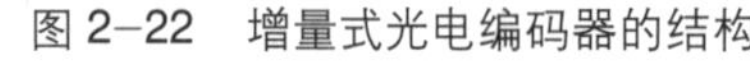
图 2–22　增量式光电编码器的结构

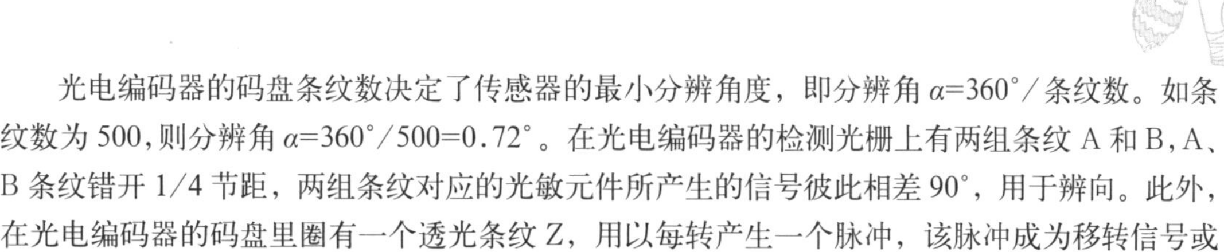

光电编码器的码盘条纹数决定了传感器的最小分辨角度，即分辨角 α=360°/条纹数。如条纹数为 500，则分辨角 α=360°/500=0.72°。在光电编码器的检测光栅上有两组条纹 A 和 B，A、B 条纹错开 1/4 节距，两组条纹对应的光敏元件所产生的信号彼此相差 90°，用于辨向。此外，在光电编码器的码盘里圈有一个透光条纹 Z，用以每转产生一个脉冲，该脉冲成为移转信号或零标志脉冲，其输出波形图如图 2–23 所示。

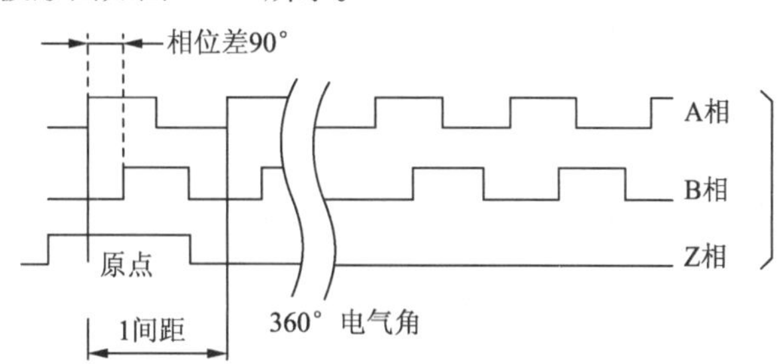

图 2–23　增量式编码器输出脉冲示意图

YL–335B 分拣单元使用了这种具有 A、B 两相 90° 相位差的旋转编码器，用于计算工件在传送带上的位置。旋转编码器直接连接到传送带主动轴上。该旋转编码器的三相脉冲采用 NPN 型集电极开路输出，分辨率 500 线，工作电源为 DC 12 ~ 24 V。本工作单元没有使用 Z 相脉冲，A、B 两相输出端直接连接到 PLC 的高速计数器输入端。

计算工件在传送带上的位置时，需确定每两个脉冲之间的距离，即脉冲当量。分拣单元主动轴的直径 d=43 mm，则减速电动机每旋转一周，传送带上工件移动距离 $L=\pi\times d$=3.14×43=135.02 mm。故脉冲当量 $\mu=L/500$=0.27 mm。

当工件从下料口中心线移动到第一个推杆中心点的距离为 164 mm 时，旋转编码器发出 607 个脉冲。

在实际生产线中还有许多其他先进的传感器，比如在产品质检中用到 CCD（电荷耦合器件，Charge Coupled Device）图像传感器、在直线位移检测中用到的光栅、磁栅等传感器等。可以根据自动化生产线的需要来进行选择。

知识、技能归纳

各种类型的自动化生产线上所使用的传感器种类繁多，很多时候自动化生产线不能正常工作的原因就是因为传感器安装调试不到位引起的，因而在机械部分安装完毕后进行电气调试时，第一步就是进行传感器的安装与调试。

说明：自动化生产线上常用的传感器有接近开关，位移测量传感器，压力测量传感器，流量测量传感器，温度、湿度检测传感器，成分检测传感器，图像检测传感器等许多类型，这里没有全部给予介绍。每种传感器的使用场合与要求不同，检测距离、安装方式、输出接口电气特性都不同，这需要在安装调试中与执行机构、控制器等综合考虑，有言道“眼睛是心灵的窗口”，没有明锐的感觉就没有敏捷的动作，也就是说没有传感器技术就没有自动化技术的发展。

工程素质培养

查阅 YL-335B 型自动化生产线中涉及的传感器的产品手册，说明每种传感器的特点，你明白本自动化生产线为何选择这些传感器吗？你想如何选择？安装中有哪些注意事项？

任务二 自动化生产线中的异步电动机控制

任务目标

1. 掌握异步电动机的控制方法；
2. 能使用变频器进行异步电动机的控制；
3. 会设置变频器的参数。

在自动化生产线中，有许多机械运动控制，就像人的手和足一样，用来完成机械运动和动作。实际上，自动化生产线中作为动力源的传动装置有各种电动机、气动装置和液压装置。在 YL−335B 中，分拣单元传送带的运动控制由交流电动机来完成。若将异步电动机比作兵器的话，那么其控制器就像是招式。YL−335B 分拣单元的传送带动力为三相交流异步电动机，在运行中，它不仅要求可以改变速度，也需要改变方向。三相交流异步电动机利用电磁线圈把电能转换成电磁力，再依靠电磁力做功，从而把电能转换成转子的机械运动。交流电动机结构简单，可产生较大功率，在有交流电源的地方都可以使用。

子任务一 交流异步电动机的使用

YL−335B 分拣单元的传送带使用了带减速装置的三相交流电动机，如图 2−24 所示，使得传送带的运转速度适中。

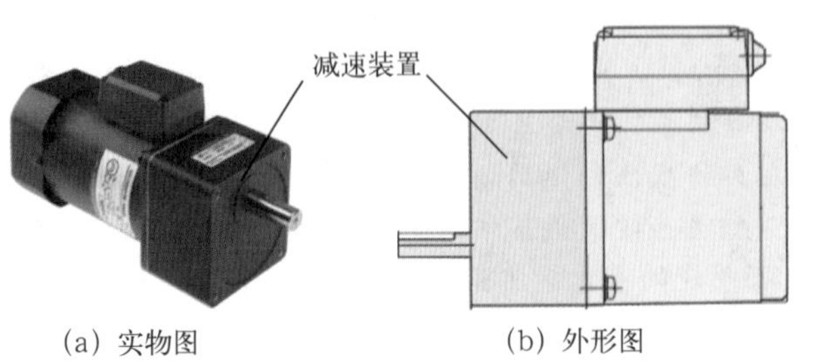

(a) 实物图　(b) 外形图

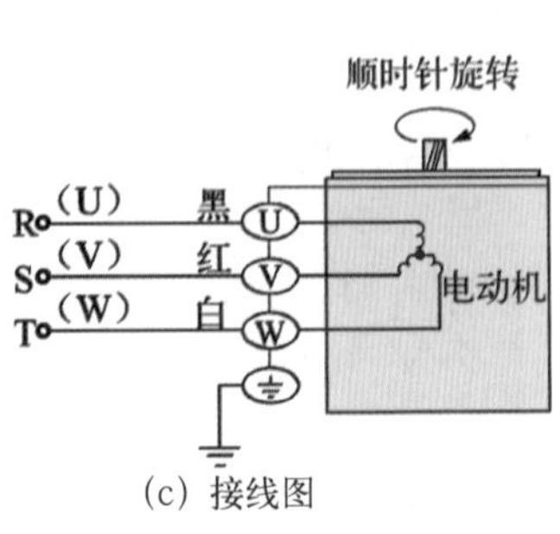

(c) 接线图

图 2−24 三相交流减速电动机

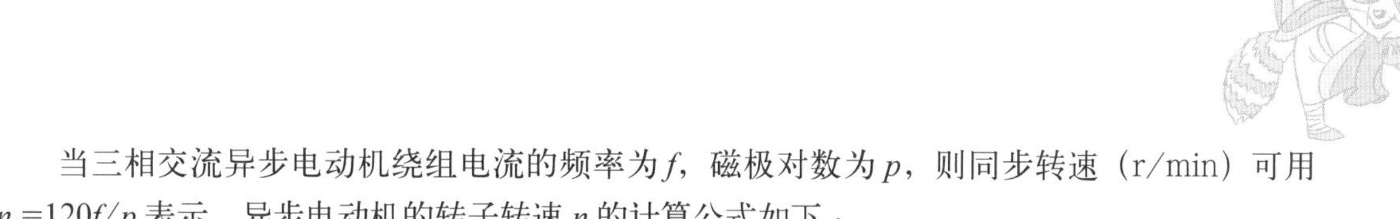

当三相交流异步电动机绕组电流的频率为f，磁极对数为p，则同步转速（r/min）可用n_0=120f/p表示。异步电动机的转子转速n的计算公式如下：

$$n=\frac{60f}{p}(1-s) \tag{2-1}$$

式中：s——转差率。

由式（2-1）可见，要改变异步电动机的转速：①改变磁极对数p；②改变转差率s；③改变频率f。

在YL-335B分拣单元的传送带的控制上，交流电动机的调速采用变频调速的方式。如何来实现传送带的方向控制？常规的方法是通过改变交流电动机供电电源的相序，就可改变交流电动机的转向。分拣单元电动机的速度和方向控制都由变频器完成。

三相异步电动机在运行过程中需要注意，若其中一相和电源断开，则变成单相运行，此时电动机仍会按原来方向运转，但若负载不变，三相供电变为单相供电，电流将变大，导致电动机过热，使用中要特别注意这种现象；三相异步电动机若在启动前有一相断电，将不能启动，此时只能听到嗡嗡声，长时间启动不了，也会过热，必须尽快排除故障。注意，外壳的接地线必须可靠地接大地，防止漏电引起人身伤害。

子任务二　通用变频器驱动装置的使用

YL-335B分拣单元使用的三相交流减速电动机的速度、方向控制采用西门子通用变频器MM420，其电气连接如图2-25所示。三相交流电源经熔断器、空气断路器、滤波器（可选）、变频器输出到电动机。

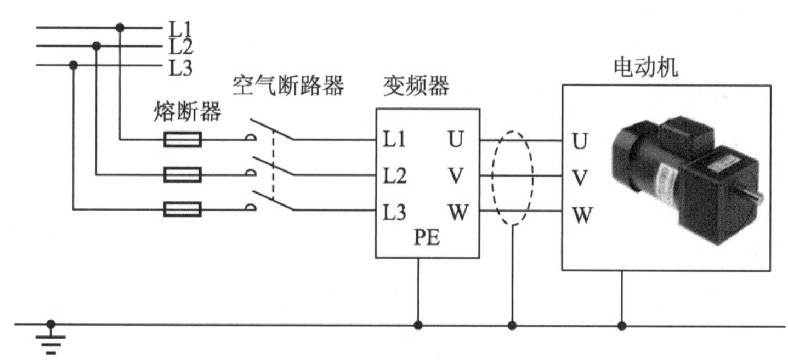

图2-25　变频器与电动机的电气连接

在图2-25中，有两点需要注意：一是屏蔽，二是接地。滤波器到变频器、变频器到电动机的线采用屏蔽线，并且屏蔽层需要接地，另外带电设备的机壳要接地。

1. 通用变频器的工作原理

通用变频器是如何实现电动机速度及方向控制的？变频器控制输出正弦波的驱动电源是以恒电压频率比（U/f）保持磁通不变为基础的，经过正弦波脉宽调制（SPWM）驱动主电路，以产生U、V、W三相交流电驱动三相交流异步电动机。

什么是SPWM？如图2-26所示，它先将50 Hz交流经变压器得到所需的电压后，经二极管整流桥和LC滤波，形成恒定的直流电压，再送入六个大功率晶体管构成的逆变器主电路，输出三相频率和电压均可调整的等效于正弦波的脉宽调制波（SPWM波），即可拖动三相异步电动机运转。

图 2–26　SPWM 交－直－交变压变频器的原理框图

什么是等效于正弦波的脉宽调制波？如图 2–27 所示，把正弦半波分成 n 等份，每一区间的面积用与其相等的等幅不等宽的矩形面积代替，则矩形脉冲所组成的波形就与正弦波等效。正弦波的正负半周均如此处理。

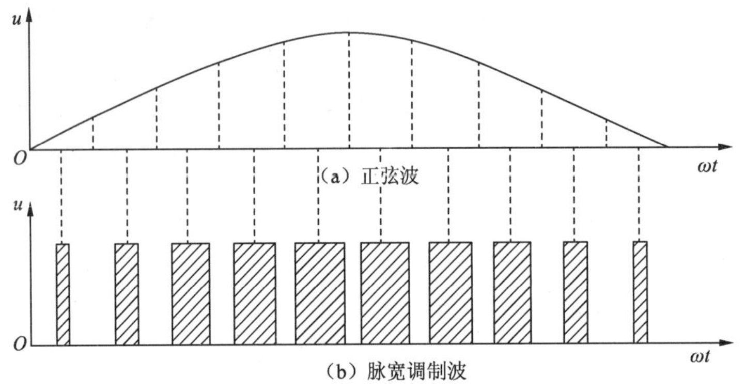

图 2–27　等效于正弦波的脉宽调制波

那么怎样产生图 2–27（b）所示的脉宽调制波？SPWM 调制的控制信号为幅值和频率均可调的正弦波，载波信号为三角波，如图 2–28（a）所示，该电路采用正弦波控制，三角波调制。当控制电压高于三角波电压时，比较器输出电压 U_d 为“高”电平；否则，输出“低”电平。

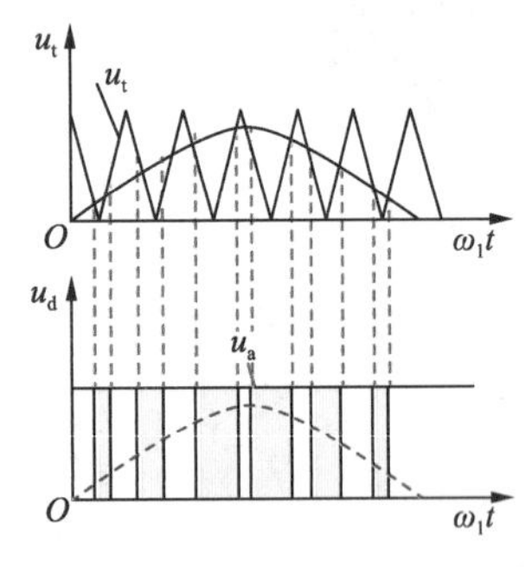

（a）控制信号正弦波和载波

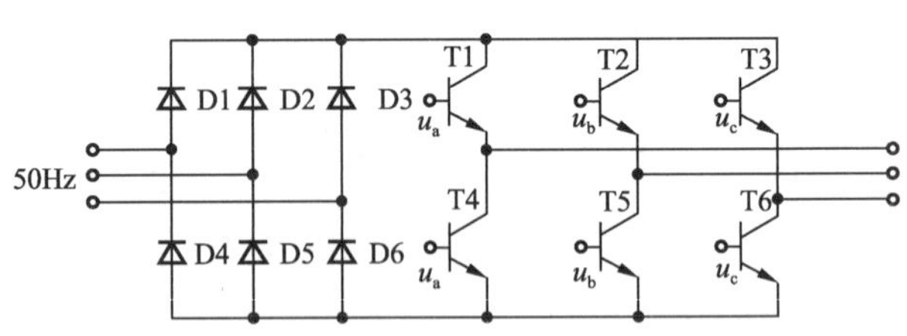

（b）SPWM 变频器主电路图

图 2–28　SPWM 变频器工作原理及主电路图

以 A 相为例，只要正弦波的最大值低于三角波的幅值，就导通 T1，封锁 T4，这样就输出等幅不等宽的 SPWM 脉宽调制波。

SPWM 调制波经功率放大才能驱动电动机。在图 2–28（b）SPWM 变频器主电路图中，左侧的桥式整流器将工频交流电变成直流恒值电压，给图中右侧逆变器供电。等效正弦脉宽调制波 u_a、u_b、u_c 送入 T1 ~ T6 的基极，则逆变器输出脉宽按正弦规律变化的等效矩形电压波，

经过滤波变成正弦交流电用来驱动交流伺服电动机。

2．认识西门子通用变频器MM420

西门子通用变频器 MM420 由微处理器控制，并采用具有现代先进技术水平的绝缘栅双极型晶体管（IGBT）作为功率输出器件，它们具有很高的运行可靠性和功能的多样性。脉冲宽度调制的开关频率是可选的，降低了电动机运行的噪声。

MM420 变频器的框图如图 2-29 所示，包含数字输入点:DIN1（端子 5）、DIN2（端子 6）、DIN3（端子 7）；内部电源 +24 V（端子 8）、内部电源 0 V（端子 9）；模拟输入点：AIN+（端子 3）、内部电源 +10 V（端子 1）、内部电源 0 V（端子 2）；继电器输出：RL1-B（端子 10）、RL1-C（端子 11）；模拟量输出：AOUT+（端子 12）、AOUT-（端子 13）；RS-485 串行通信接口：P+（端子 14）、N-（端子 15）等输入／输出接口。同时带有人机交互接口基本操作板（BOP）。其核心部件为 CPU 单元，根据设定的参数，经过运算输出控制正弦波信号，经过 SPWM 调制，放大输出三相交流电压驱动三相交流电动机运转。

MM420 变频器是一个智能化的数字式变频器，在基本操作板（BOP）上可以进行参数设置。参数分为四个级别：

① 标准级：可以访问最经常使用的参数。

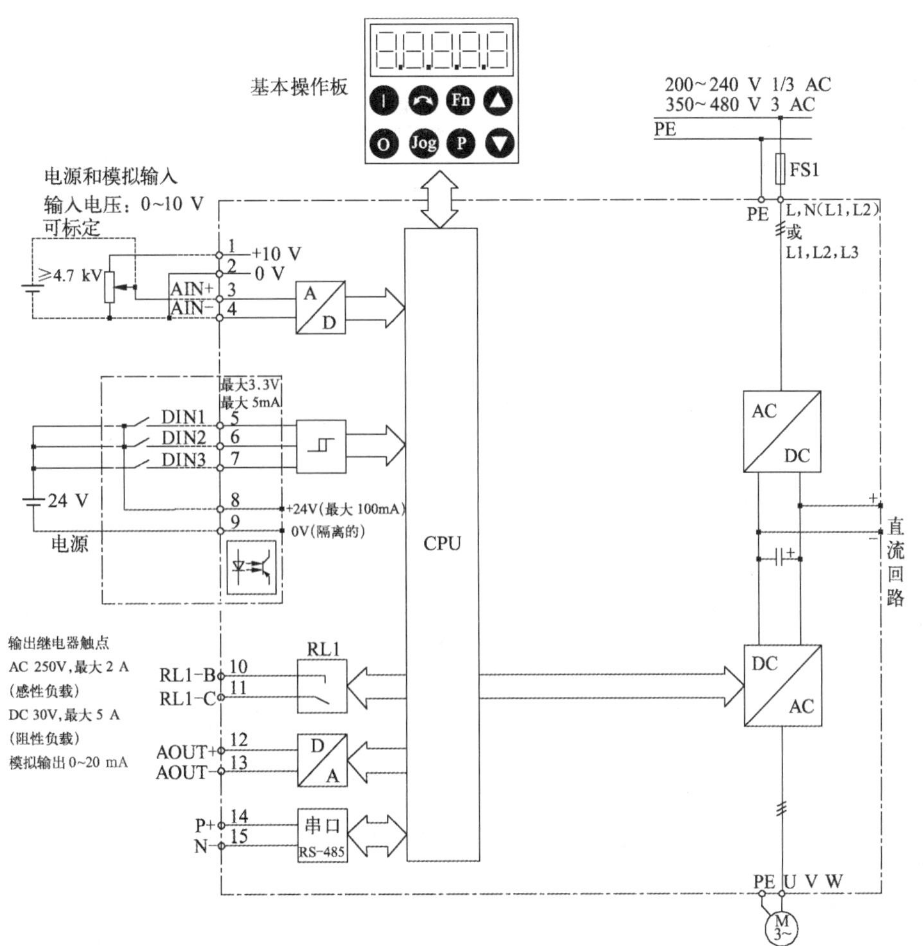

图 2-29　MM420 变频器的框图

② 扩展级：允许扩展访问参数的范围，例如变频器的 I/O 功能。

③ 专家级：只供专家使用。

④ 维修级：只供授权的维修人员使用，具有密码保护。

图 2–30 是基本操作面板（BOP）的外形。利用 BOP 可以改变变频器的各个参数。

图 2–30　基本操作面板（BOP）的外形

BOP 具有七段显示的五位数字，可以显示参数的序号和数值、报警和故障信息，以及设定值和实际值。参数的信息不能用 BOP 存储。

基本操作面板（BOP）上的按钮及其功能如表 2–2 所示。

表 2–2　基本操作面板（BOP）上的按钮及其功能

显示 / 按钮	功能	功能的说明
r0000	状态显示	LCD 显示变频器当前的设定值
I	启动变频器	按此键启动变频器。默认值运行时此键是被封锁的。为了使此键的操作有效，应设定 P0700 = 1
0	停止变频器	OFF1：按此键，变频器将按选定的斜坡下降速率减速停车，默认值运行时此键被封锁；为了允许此键操作，应设定 P0700=1。OFF2：按此键两次（或一次，但时间较长）电动机将在惯性作用下自由停车。此功能总是“使能”的
	改变电动机的转动方向	按此键可以改变电动机的转动方向，电动机反向时，用负号表示或用闪烁的小数点表示。默认值运行时此键是被封锁的，为了使此键的操作有效应设定 P0700 = 1
jog	电动机点动	在变频器无输出的情况下按此键，将使电动机启动，并按预设定的点动频率运行。释放此键时，变频器停车。如果变频器/电动机正在运行，按此键将不起作用
Fn	功能	此键用于浏览辅助信息。变频器运行过程中，在显示任何一个参数时按下此键并保持不动 2s，将显示以下参数值（在变频器运行中从任何一个参数开始）： ① 直流回路电压（用 d 表示，单位 V）； ② 输出电流（A）； ③ 输出频率（Hz）； ④ 输出电压（用 o 表示，单位 V）；5. 由 P0005 选定的数值［如果 P0005 选择显示上述参数中的任何一个（3，4 或 5），这里将不再显示］。连续多次按下此键将轮流显示以上参数。跳转功能在显示任何一个参数（r×××× 或 P××××）时短时间按下此键，将立即跳转到 r0000，如果需要的话，可以接着修改其他的参数。跳转到 r0000 后，按此键将返回原来的显示点
P	访问参数	按此键即可访问参数
	增加数值	按此键即可增加面板上显示的参数数值
	减少数值	按此键即可减少面板上显示的参数数值

3．MM420变频器的参数设置实例

案例一：要求电动机能实现高、中、低三种转速的调整，高速时运行频率为 15 Hz，中速时运行频率为 10 Hz，低速时运行频率为 5 Hz，变频器由外部数字量控制，同时具有反转控制功能。

要完成上述案例首先要认识 MM420 变频器的参数。每一个参数名称对应一个参数的编号。

参数号用 0000 ~ 9999 的 4 位数字表示。在参数号的前面冠以一个小写字母“r”时，表示该参数是“只读”的参数。其他所有参数号的前面都冠以一个大写字母“P”。这些参数的设定值可以直接在标题栏的“最小值”和“最大值”范围内进行修改。

（1）更改参数的方法

用 BOP 可以修改和设定系统参数，使变频器具有期望的特性，例如，斜坡时间、最小和最大频率等。选择的参数号和设定的参数值在五位数字的 LCD 上显示。

更改参数数值的步骤可大致归纳为：①查找所选定的参数号；②进入参数值访问级，修改参数值；③确认并存储修改好的参数值。

图 2-31 说明如何改变参数 P0004 的数值。按照图中说明的类似方法，可以用 BOP 设定常用的参数。

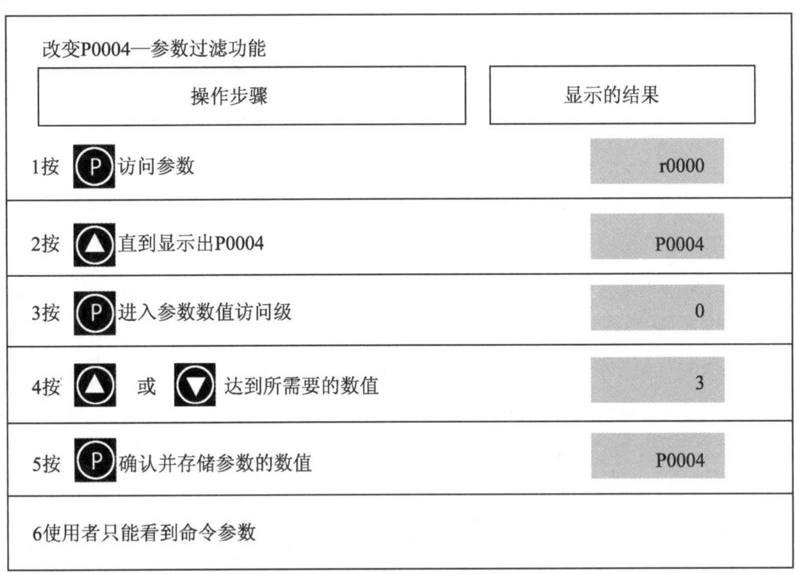

图 2-31 P0004 参数设置过程

MM420 变频器有上千个参数，为了能快速访问指定的参数，MM420 采用把参数分类，屏蔽（过滤）不需要访问的类别的方法实现。参数 P0004（参数过滤器）的作用是根据所选定的一组功能，对参数进行过滤（或筛选），并集中对过滤出的一组参数进行访问，从而可以更方便地进行调试。P0004 可能的设定值如表 2-3 所示，默认设定值为 0。

表 2-3 P0004 可能的设定值

设 定 值	所指定参数组意义	设 定 值	所指定参数组意义
0	全部参数	12	驱动装置的特征
2	变频器参数	13	电动机的控制
3	电动机参数	20	通信
7	命令，二进制 I/O	21	报警 / 警告 / 监控
8	模 - 数转换和数 - 模转换	22	工艺参量控制器（如 PID）
10	设定值通道 / RFG（斜坡函数发生器）		

假设参数 P0004 设定值为 0，需要把设定值改变为 7。改变设定值的步骤如下：

① 按Ⓟ键访问参数；

② 按▲键直到显示出 P0004；

③ 按Ⓟ键进入参数数值访问级；

④ 按▲、▼键达到所需要的数值 7；

⑤ 按Ⓟ键确认并存储参数数值。

如果希望设置更多的参数，可以参考随书所带光盘中 2.6 自动线变频器资料 \MM420 使用大全。

（2）部分参数设置说明

为了完成上述任务，这里对部分常用参数设置进行说明：

① 参数 P0003 用于定义用户访问参数组的等级，设置范围为 0 ~ 4，该参数默认设置为等级 1（标准级），YL-335B 装备中预设置为等级 3（专家级），目的是允许用户可访问 1、2 级的参数及参数范围和定义用户参数，并对复杂的功能进行编程。

② 参数 P0010 是调试参数过滤器，对与调试相关的参数进行过滤，只筛选出那些与特定功能组有关的参数。P0010 的可能设定值为：0（准备），1（快速调试），2（变频器），29（下载），30（工厂的默认设定值）；默认设定值为 0。若选择 P0010=1，则进行快速调试；若选择 P0010=30，则进行把所有参数复位为工厂的默认设定值的操作。应注意的是，在变频器投入运行之前应将本参数复位为 0。

③ 将变频器复位为工厂的默认设定值的步骤。为了把变频器的全部参数复位为工厂的默认设定值，应按照下面的数值设定参数：a．设定 P0010=30；b．设定 P0970=1。这时便开始参数的复位。变频器将自动地把它的所有参数都复位为它们各自的默认设定值。如果用户在参数调试过程中遇到问题，并且希望重新开始调试，可采用这种复位操作方法。实践证明这种复位操作方法是非常有用的。复位为工厂默认设定值的时间大约要 60 s。

④ 按任务要求设置参数。任务要求电动机转速可分级调整，则应调整变频器的 P701 和 P702 参数，而参数 P1001 和 P1002 则按转速要求设定固有频率值。调整变频器参数步骤如下所示，说明如表 2-4 所示。

a．在 BOP 操作板上修改 P0004，使 P0004=7，选择命令组。

b．修改 P0701（数字输入 1 的功能），使 P0701=16，设定为固定频率设定值（直接选择+ON）。

c．修改 P0702（数字输入 2 的功能），使 P0702=16，设定为固定频率设定值（直接选择+ON）。

d．修改 P0703（数字输入 3 的功能），使 P0703=12，设定为固定频率设定值（直接选择+ON）。

e．再修改 P0004，使 P0004=10，选择设定值通道。

f．修改 P1001（固定频率 1），使 P1001=10。

g．修改 P1002（固定频率 2），使 P1002=5。

表 2-4　三段固定频率控制参数表

步骤号	参数号	出厂值	设置值	说　　明
1	P0003	1	1	设用户访问级为标准级
2	P0004	0	7	命令组为命令和数字 I/O
3	P0700	2	2	命令源选择“由端子排输入”
5	P0701	1	16	DIN1 功能设定为固定频率设定值（直接选择 +ON）
6	P0702	12	16	DIN2 功能设定为固定频率设定值（直接选择 +ON）
7	P0703	9	12	DIN3 功能设定为接通时反转
9	P1000	2	3	频率给定输入方式设定为固定频率设定值
10	P1001	0	15	固定频率 1
11	P1002	5	5	固定频率 2

根据上述参数的说明，将数字输入点 DIN1 置为高电平、DIN2 置为低电平，变频器输出 10 Hz；将数字输入点 DIN1 置为低电平、DIN2 置为高电平，变频器输出 5 Hz；将数字输入点 DIN1 置为高电平、DIN2 置为高电平，变频器输出 15 Hz；将数字输入点 DIN3 置为高电平，电动机反转；将数字输入点 DIN3 置为低电平，电动机正转。

练一练

① 按图 2-25 在 YL-335B 上连接导线。

② 按上述描述过程，设置参数。

③ 对任务要求的控制功能测试。

a．数字输入 1、2、3 全为 OFF 状态，电动机停止；

b．数字输入 1、3 为 OFF 状态，数字输入 2 为 ON 状态，电动机 5 Hz 正转运行；

c．数字输入 2、3 为 OFF 状态，数字输入 1 为 ON 状态，电动机 10 Hz 正转运行；

d．数字输入 3 为 OFF 状态，数字输入 1、2 为 ON 状态，电动机 15 Hz 正转运行；

e．数字输入 1 为 OFF 状态，数字输入 2、3 为 ON 状态，电动机 −5 Hz 反转运行；

f．数字输入 2 为 OFF 状态，数字输入 1、3 为 ON 状态，电动机 −10 Hz 反转运行；

g．数字输入 1、2、3 全为 ON 状态，电动机 −15 Hz 反转运行。

案例二：模拟电压信号由外部给定，电动机可正反转。

基本步骤同案例一。参数 P0700（命令源选择），P1000（频率设定值选择）应为默认设置，即 P0700=2（由端子排输入），P1000=2（模拟输入）。从模拟输入端③（AIN+）和④（AIN−）输入来自外部的 0 ~ 10 V 直流电压（例如从 PLC 的 D/A 模块获得），即可连续调节输出频率的大小。

用数字输入端口 DIN1 和 DIN2 控制电动机的正反转方向时，可通过设定参数 P0701、

P0702 实现。例如，使 P0701=1（DIN1 ON 接通正转，OFF 停止），P0702=2（DIN2 ON 接通反转，OFF 停止）。

实际应用中，根据生产线项目控制需要对变频器进行复杂的设置，更多内容可以参看相关技术手册。也可以根据生产线上电动机的驱动要求选择其他伺服驱动装置，如直流电动机采用晶体管直流脉宽调制驱动器，矢量控制交流变频驱动器等。

知识、技能归纳

变频调速是交流调速的重要发展方向，目前得到了广泛的应用。正弦波脉宽调制是对逆变器的开关元件按一定规律控制其通断，从而获得一组等幅不等宽的矩形脉冲，其基波近似正弦波电压。当前变频器越来越智能化，应用中重点关注其参数设置、与外围设备的连接及控制。

工程素质培养

查阅电动机和变频驱动厂家资料，整理出本自动化生产线安装与调试中应注意的环节，能根据电动机选择相应的驱动装置。

这个"兵器"和"招式"我会了。

任务三 伺服电动机及驱动器在自动化生产线中的使用

这就是一款伺服电动机及驱动器

任务目标

1. 掌握伺服电动机的特性及控制方法，伺服驱动器的原理及电气接线；
2. 能使用伺服驱动器进行伺服电动机的控制；
3. 会设置伺服驱动器的参数。

伺服电动机又称执行电动机，在自动控制系统中，用作执行元件，把所收到的电信号转换成电动机轴上的角位移或角速度输出。分为直流和交流伺服电动机两大类，其主要特点是，当信号电压为零时无自转现象，转速随着转矩的增加而匀速下降。交流伺服电动机是无刷电动机，分为同步和异步电动机，目前运动控制中一般都用同步电动机，它的功率范围大，可以做到很大的功率，惯量大，因而适于低速平稳运行的应用。

20 世纪 80 年代以来，随着集成电路、电力电子技术和交流可变速驱动技术的发展，永磁

交流伺服驱动技术有了突出的发展，交流伺服系统已成为当代高性能伺服系统的主要发展方向。

当前，高性能的电伺服系统大多采用永磁同步交流伺服电动机，控制驱动器多采用快速、准确定位的全数字位置伺服系统。典型生产厂家有德国西门子、美国科尔摩根和日本安川等公司。YL-335B 采用了松下 MINAS-A4 系列伺服电动机及驱动装置。

子任务一　认知交流伺服电动机及驱动器

在 YL-335B 的输送单元中，采用了松下 MHMD022P1U 永磁同步交流伺服电动机及 MADDT1207003 全数字交流永磁同步伺服驱动装置作为运输机械手的运动控制装置，如图 2-32 所示。

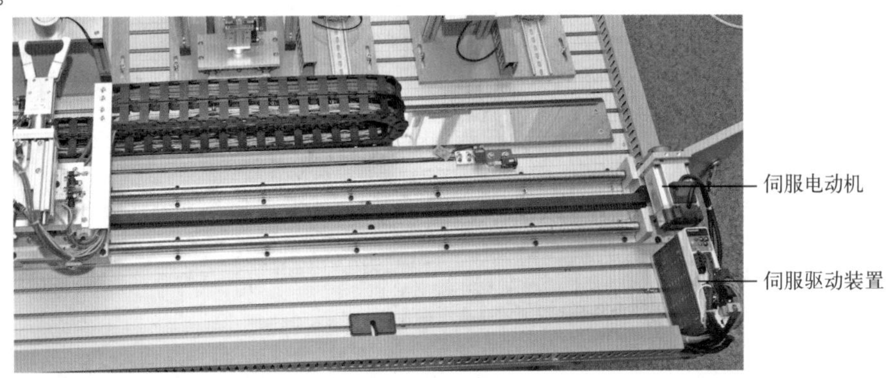

图 2-32　YL-335B 的输送单元上的伺服电动机及驱动装置

交流伺服电动机的工作原理：伺服电动机内部的转子是永磁铁，驱动器控制的 U/V/W 三相电形成电磁场，转子在此磁场的作用下转动，同时伺服电动机自带的编码器反馈信号给驱动器，驱动器根据反馈值与目标值进行比较，调整转子转动的角度。伺服电动机的精度决定于编码器的精度（线数）。其结构概图如图 2-33 所示。注意，伺服电动机最容易损坏的是电动机的编码器，因为其中有很精密的玻璃光盘和光电元件，因此伺服电动机应避免强烈的振动，不得敲击伺服电动机的端部和编码器部分。

MHMD022P1U 的含义：MHMD 表示电动机类型为大惯量，02 表示电动机的额定功率为 200 W，2 表示电压规格为 200 V，P 表示编码器为增量式编码器，脉冲数为 2 500 p/r，分辨率为 10 000，输出信号线数为 5 根线。

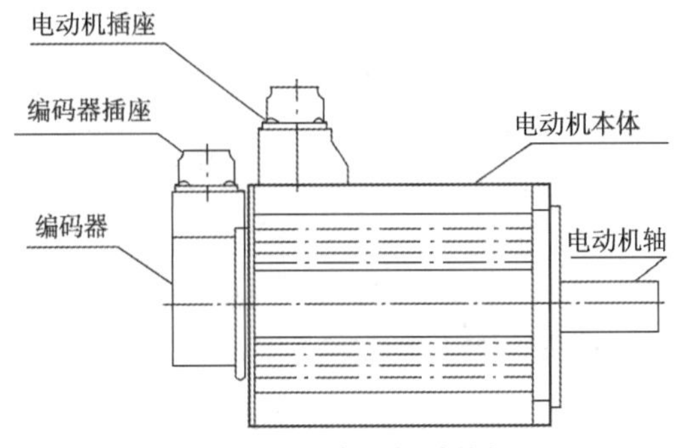

图 2-33　伺服电动机结构概图

交流永磁同步伺服驱动器主要有伺服控制单元、功率驱动单元、通信接口单元、伺服电动机及相应的反馈检测器件组成，其系统结构框图如图 2–34 所示。其中，伺服控制单元包括位置控制器、速度控制器、转矩和电流控制器等。

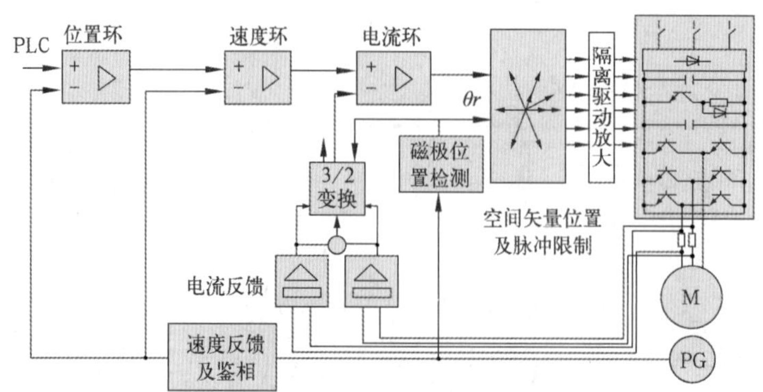

图 2–34　伺服驱动器系统结构框图

MADDT1207003 的含义：MADDT 表示松下 A4 系列 A 型驱动器，T1 表示最大瞬时输出电流为 10 A，2 表示电源电压规格为单相 200 V，07 表示电流监测器额定电流为 7.5 A，003 表示脉冲控制专用。其面板图如图 2–35 所示。

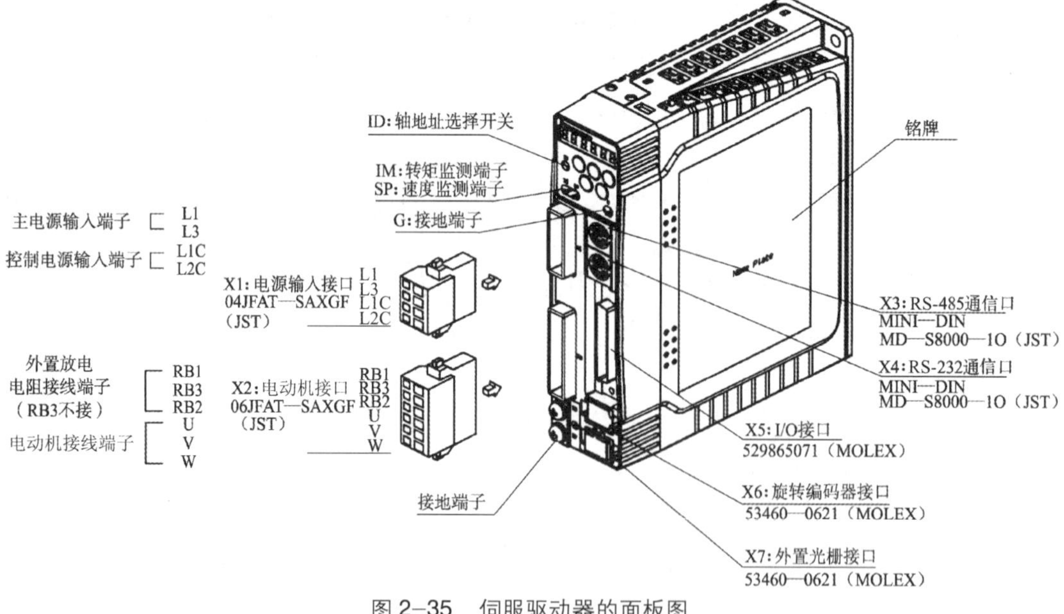

图 2–35　伺服驱动器的面板图

松下的伺服驱动器有七种控制运行方式，即位置控制、速度控制、转矩控制、位置/速度控制、位置/转矩控制、速度/转矩控制、全闭环控制。位置方式就是输入脉冲串来使电动机定位运行，电动机转速与脉冲串频率相关，电动机转动的角度与脉冲个数相关。速度方式有两种，一是通过输入直流 −10 ～ +10 V 指令电压调速，二是选用驱动器内设置的内部速度来调速。转矩方式是通过输入直流 −10 ～ +10 V 指令电压调节电动机的输出

转矩，这种方式下运行必须要进行速度限制，有两种方法：①设置驱动器内的参数来限制；②输入模拟量电压限速。

子任务二　伺服电动机及驱动器的硬件接线

伺服电动机及驱动器与外围设备之间的接线图如图 2–36 所示。输入电源经非熔丝断路器、噪声滤波器后直接到控制电源输入端（X1）L1C、L2C，噪声滤波器后的电源经磁力接触器、电抗器后到伺服驱动器的主电源输入端（X1）L1、L3，伺服驱动器的输出电源（X2）U、V、W 接伺服电动机，伺服电动机的编码器输出信号也要接到驱动器的编码器接入端（X6），相关的 I/O 控制信号（X5）还要与 PLC 等控制器相连接，伺服驱动器还可以与计算机或手持控制器相连，用于参数设置。下面将从三方面来介绍伺服驱动装置的接线。

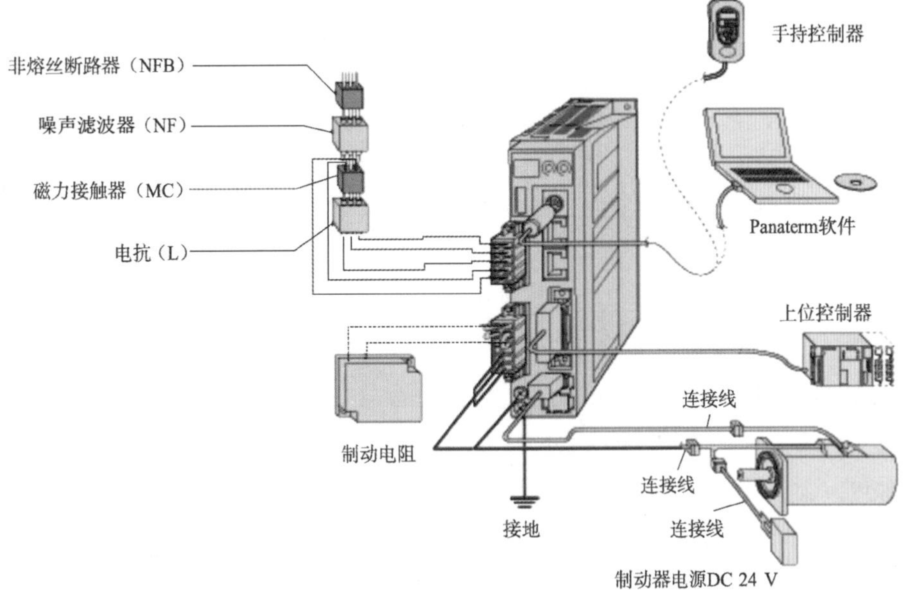

图 2–36　伺服电动机及驱动器与外围设备之间的接线图

1．主回路的接线

MADDT1207003 伺服驱动器主电路的接线如图 2–37 所示。接线时，电源电压务必按照驱动器铭牌上的指示，伺服电动机接线端子（U、V、W）不可以接地或短路，伺服电动机的旋转方向不像感应电动机可以通过交换三相相序来改变，必须保证驱动器上的 U、V、W、E 接线端子与电动机主回路接线端子按规定的次序一一对应，否则可能造成驱动器的损坏。伺服电动机的接线端子和驱动器的接地端子及噪声滤波器的接地端子必须保证可靠地连接到同一个接地点上，机身也必须接地。本型号的伺服驱动器外接放电电阻规格为 100 Ω/10 W。

单相电源经噪声滤波器后直接给控制电源，主电源由磁力接触器(MC)控制，按下 ON 按钮，主电源接通；按下 OFF 按钮时，主电源断开。也可改由 PLC 的输出接点来控制伺服驱动器的主电源的接通与断开。

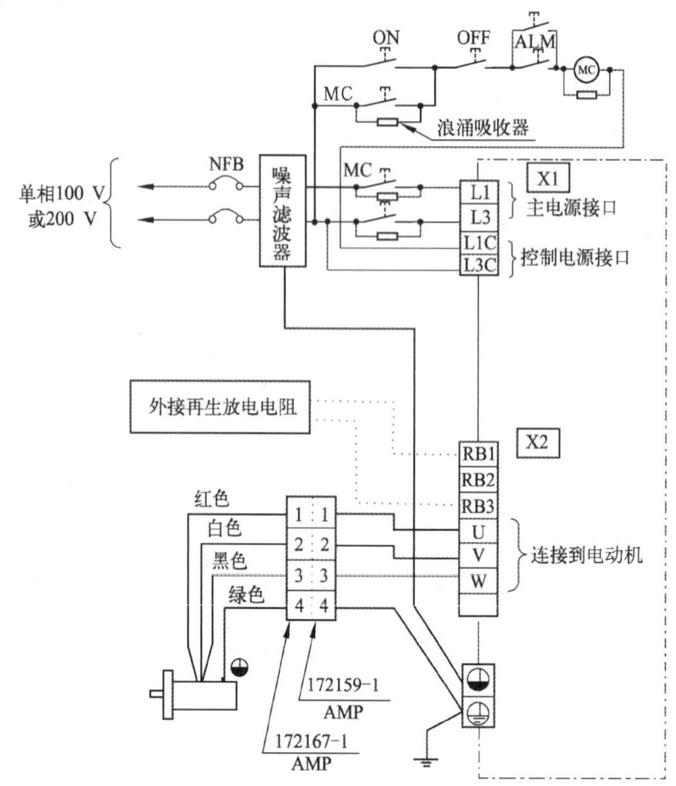

图 2-37　伺服驱动器主电路的接线

2．伺服电动机的光电编码器与伺服驱动器的接线

在 YL-335B 中使用的 MHMD022P1U 伺服电动机编码器为 2 500 p/r 的 5 线增量式编码器，接线如图 2-38 所示，接线时采用屏蔽线，且距离最长不超过 30 m。

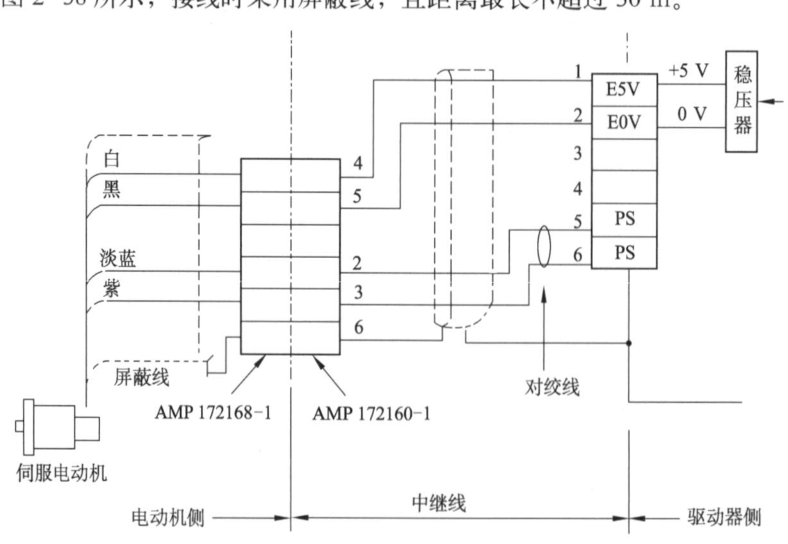

图 2-38　伺服电动机编码器与伺服驱动器的接线

3．PLC控制器与伺服驱动器的接线

MADDT1207003 伺服驱动器的控制端口 CNX5 的定义如图 2–39 所示，其中有 10 路开关量输入点，在 YL–335B 中使用了 3 个输入端口，CNX5_29（SRV–ON）伺服使能端接低电平，CNX5_8（CWL）接左限位开关输入，CNX5_9（CCWL）接右限位开关输入；有 6 路开关量输出，只用到了 CNX5_37（ALM）伺服报警；有 2 路脉冲量输入，在 YL–335B 中分别用作脉冲和方向指令信号，连接到 S7–226PLC 的高速输出端 Q0.0 和 Q0.1；有 4 路脉冲量输出，3 路模拟量输入，在 YL–335B 中未使用。对其他输入量的定义请参看《松下 A 系列伺服电动机手册》。

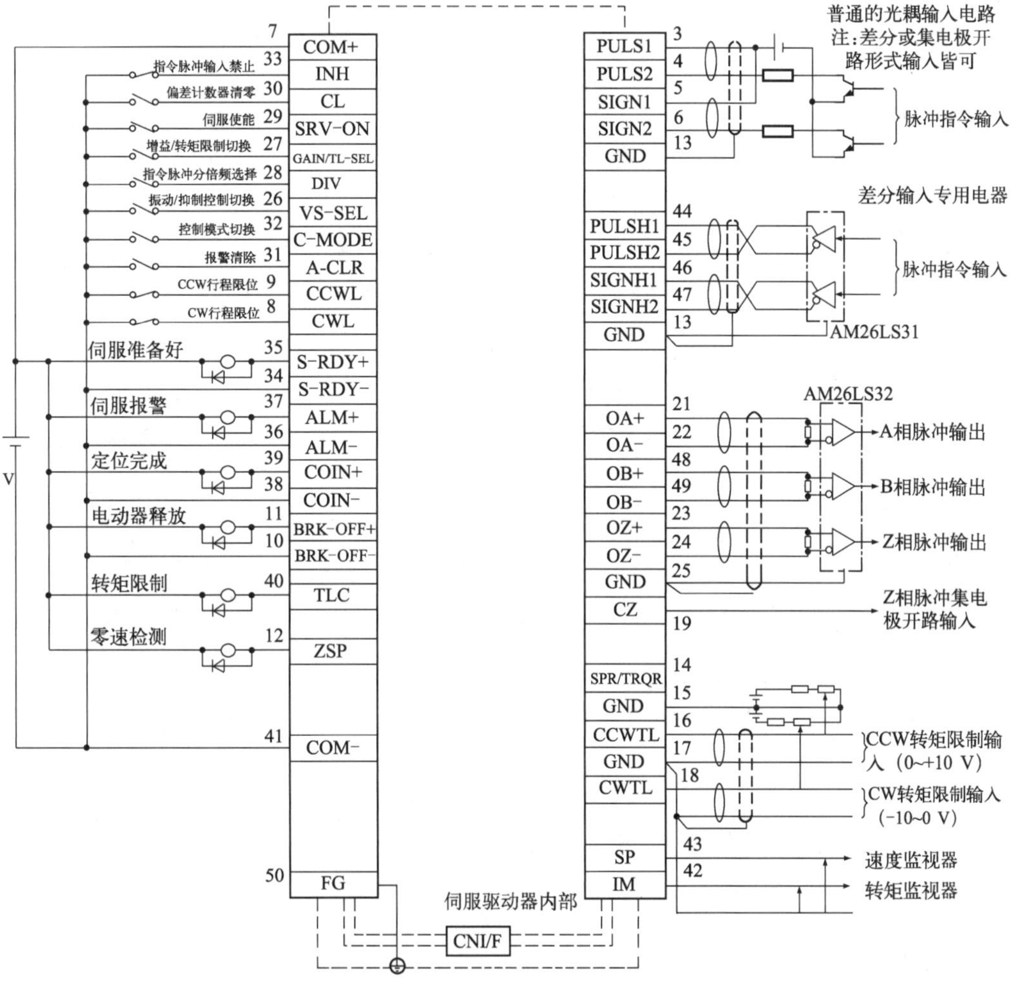

图 2–39　MADDT1207003 伺服驱动器的控制端口图

这里要重点说明一下两路脉冲两输入的内部接口电路，内部电路如图 2–40 所示，输入方式为光耦输入，可与差分或集电极开路输出电路连接，图中 OPC1/2 相对 PULS1 和 SIGN1 串联了一个电阻。图 2–39 中集电极开路输入方式，需要根据光耦的饱和电流（≤ 10 mA）在外部串联电阻；在 YL–335B 中，采用了图 2–41 所示的方式，不需要外部串联电阻。

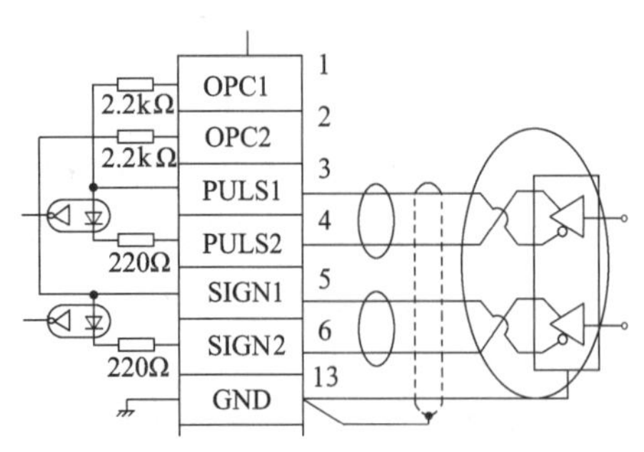

图 2–40　脉冲输入端口内部电路

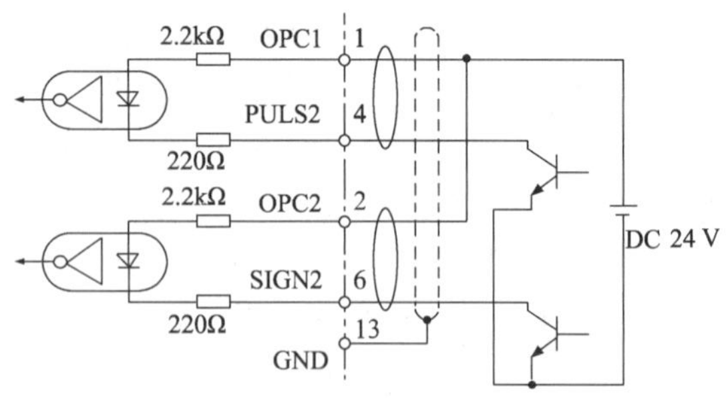

图 2–41　集电极开路输入（无外部电阻）

子任务三　伺服驱动器的参数设置与调整

1. 参数设置方式操作说明

MADDT1207003 伺服驱动器的参数共有 128 个，即 Pr00 ~ Pr7F。可以通过与 PC 连接后在专门的调试软件上进行设置，也可以在驱动器的面板上进行设置。在 PC 上安装，通过与伺服驱动器建立起通信，就可将伺服驱动器的参数状态读出或写入，非常方便，如图 2–42 所示。当现场条件不允许，或修改少量参数时，也可通过驱动器上的参数设置面板来完成，参数设置面板如图 2–43 所示，各个按钮的说明如表 2–5 所示。

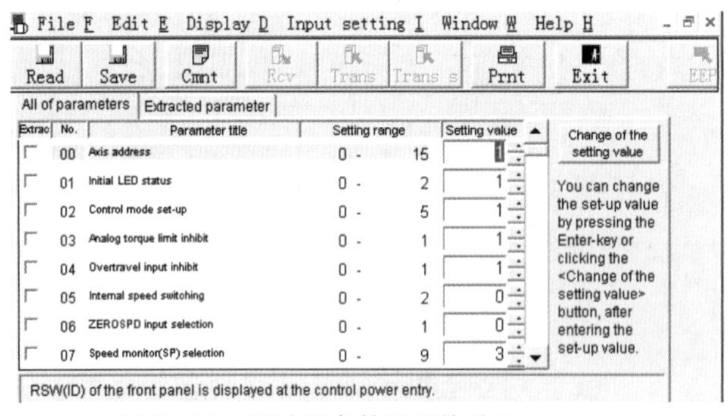

图 2–42　驱动器参数设置软件 Panaterm

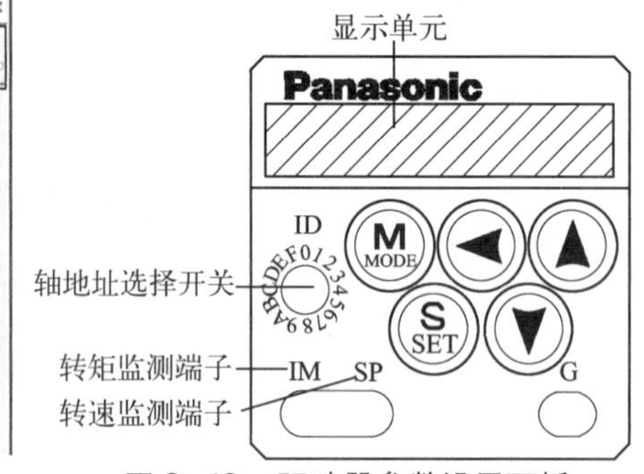

图 2–43　驱动器参数设置面板

表 2–5　伺服驱动器面板按钮的说明

按键说明	激活条件	功能
MODE	在模式显示时有效	在以下五种模式之间切换：①监视器模式；②参数设置模式；③ EEPROM 写入模式；④自动调整模式；⑤辅助功能模式
SET	一直有效	用来在模式显示和执行显示之间切换
▲ ▼	仅对小数点闪烁的那一位数据位有效	改变各模式中的显示内容、更改参数、选择参数或执行选中的操作
◀		把闪烁的小数点移动到更高位数

面板操作说明：

① 参数设置，先按 SET 键，再按 MODE 键选择到 Pr00 后，按向上、向下或向左的方向键选择通用参数的项目，按 SET 键进入。然后按向上、向下或向左的方向键调整参数，调整完后，

按 SET 键返回。选择其他项再调整。

② 参数保存，按 MODE 键选择到 EE-SET 后，按 SET 键确认，出现 EEP-，然后按向上键 3 s，出现 FINISH 或 RESET，然后重新加电即可保存。

2．部分参数说明

在 YL-335B 上，伺服驱动装置工作于位置控制模式，S7-226 的 Q0.0 输出脉冲作为伺服驱动器的位置指令，脉冲的数量决定伺服电动机的旋转位移，即机械手的直线位移，脉冲的频率决定了伺服电动机的旋转速度，即机械手的运动速度，S7-226 的 Q0.1 输出脉冲作为伺服驱动器的方向指令。对于控制要求较为简单的，伺服驱动器可采用自动增益调整模式。根据上述要求，伺服驱动器参数设置如表 2-6 所示。

表 2-6　伺服驱动器参数设置

序号	参　数		设置数值	功能和含义
	参数编号	参　数　名　称		
1	Pr01	LED 初始状态	1	显示电动机转速
2	Pr02	控制模式	0	位置控制（相关代码 P）
3	Pr04	行程限位禁止输入无效设置	2	当左或右限位动作，则会发生 Err38 行程限位禁止输入信号出错报警。设置此参数值必须在控制电源断电重启之后才能修改、写入成功
4	Pr20	惯量比	1678	该值自动调整得到
5	Pr21	实时自动增益设置	1	实时自动调整为常规模式，运行时负载惯量的变化情况很小
6	Pr22	实时自动增益的机械刚性选择	1	此参数值设得越大，响应越快，但过大可能不稳定
7	Pr41	指令脉冲旋转方向设置	1	指令脉冲 + 指令方向，设置此参数值必须在控制电源断电重启之后才能修改、写入成功 指令脉冲 + 指令方向　PULS　SIGN　L低电平　H高电平
8	Pr42	指令脉冲输入方式	3	
9	Pr48	指令脉冲分倍频第 1 分子	10000	每转所需指令脉冲数 = 编码器分辨率 × $\frac{Pr4B}{Pr4B\times2^{Pr4A}}$，编码器分辨率为 10 000（2 500×4），则每转所需指令脉冲数 $=10\ 000\times\frac{Pr4B}{Pr4B\times2^{Pr4A}}=10\ 000\times\frac{5000}{10\ 000\times2^{0}}=5\ 000$
10	Pr49	指令脉冲分倍频第 2 分子	0	
11	Pr4A	指令脉冲分倍频分子倍率	0	
12	Pr4B	指令脉冲分倍频分母	5000	

其他参数的说明及设置请参看光盘中 2.3 自动线伺服电机及驱动资料 \ 伺服驱动试机说明。

知识、技能归纳

在 YL-335B 中，交流伺服电动机是输送单元的运动执行元件，其功能是将电信号转换成机械手的直线位移或速度。伺服电动机分为交流伺服电动机和直流伺服电动机两大类，交流伺服系统已成为当代高性能伺服系统的主要发展方向。常用的交流伺服电动机一般由永磁式同步电动机和同轴的光电编码器构成，内装编码器的精度决定了控制精度。

**说明**：交流伺服驱动器由伺服控制单元、功率驱动单元、通信接口单元、伺服电动机及相应的反馈检测器件组成，伺服控制单元包括位置控制器、速度控制器、转矩控制器等。本任务中需要掌握伺服电动机及驱动器的电气特性，正确认识伺服驱动器的外部端口功用，能正确地接线，能正确地设定伺服驱动器的控制参数。

工程素质培养

伺服驱动器的参数较多，外部端口较复杂，查阅交流伺服电动机和驱动器的厂家资料，根据光盘样题的需要，认识所有外部端口的作用，整理出伺服驱动器相关参数的作用，尝试在手动方式下进行伺服电动机及驱动器的检验。

任务四 气动技术在自动化生产线中的使用

任务目标

1. 掌握常见气动元件的功能、特性；
2. 能使用气动元件构成气动系统，连接气路。

在 YL-335B 上安装了许多气动元件，包括气泵、过滤减压阀、单向电磁阀、双向电磁阀、气缸、汇流板等。其中，气缸使用了笔形气缸、薄型气缸、回转气缸、双杆气缸、手指气缸 5 种类型共 17 个。图 2-44 所示为 YL-335B 中使用的气动元件。

(a) 气泵

(b) 过滤减压阀

图 2-44 YL-335B 中使用的气动元件

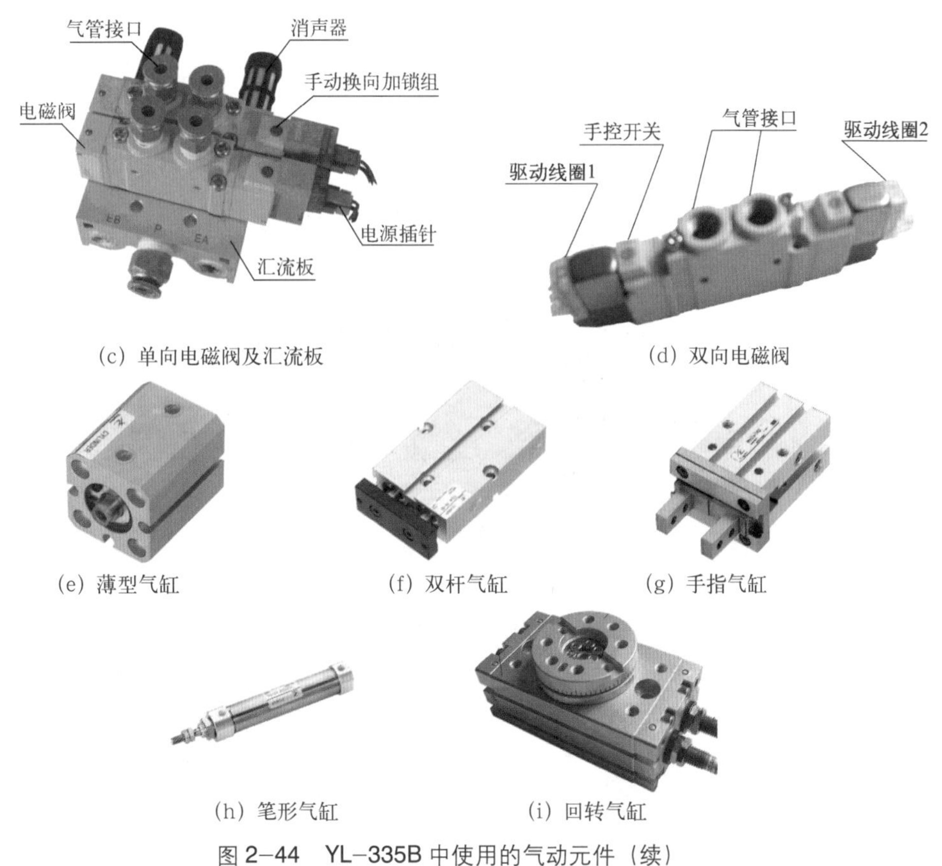

(c) 单向电磁阀及汇流板　　(d) 双向电磁阀

(e) 薄型气缸　　(f) 双杆气缸　　(g) 手指气缸

(h) 笔形气缸　　(i) 回转气缸

图 2-44　YL-335B 中使用的气动元件（续）

图 2-44 实际包含以下四部分：气源装置、控制元件、执行元件、辅助元件。

① 气源装置：用于将原动机输出的机械能转变为空气的压力能。其主要设备是空气压缩机，如图 2-44（a）所示的气泵。

② 控制元件：用于控制压缩空气的压力、流量和流动方向，以保证执行元件具有一定的输出力和速度并按设计的程序正常工作，如图 2-44（c）、(d) 所示的电磁阀。

③ 执行元件：用于将空气的压力能转变为机械能的能量转换装置，如图 2-44 (e) ~ 图 2-44 (i) 所示的各式气缸。

④ 辅助元件：用于辅助保证空气系统正常工作的一些装置。如过滤减压阀 [见图 2-44 (b)]、干燥器、空气过滤器、消声器和油雾器等。

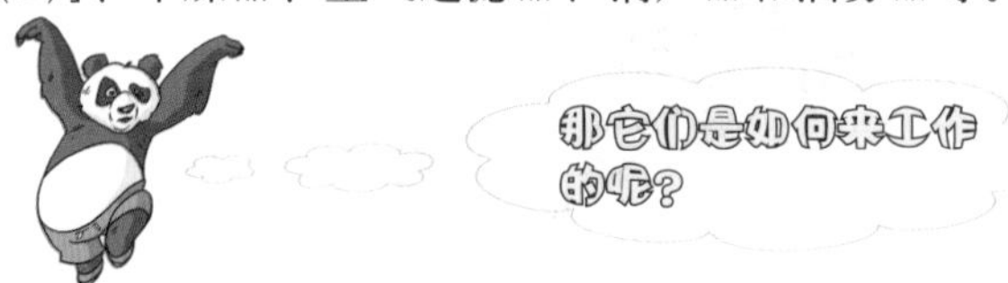

说明：气动系统是以压缩空气为工作介质来进行能量与信号传递的。利用空气压缩机将电动机或其他原动机输出的机械能转变为空气的压力能，然后在控制元件的控制和辅助元件的配合下，通过执行元件把空气的压力能转变为机械能，从而完成直线或回转运动并对外做功。

子任务一　气泵的认知

图 2-45 所示为产生气动力源的气泵，包括空气压缩机、压力开关、过载安全保护器、储气罐、气源开关、压力表、主管道过滤器。

上述气源装置是用来产生具有足够压力和流量的压缩空气并将其净化、处理及存储的一套装置。主要由以下元件组成：空气压缩机、后冷却器、除油器、储气罐、干燥器、过滤器、输气管道。

图 2-45　气泵上的元件介绍

子任务二　气动执行元件的认知

气动系统常用的执行元件为气缸和气马达。气缸用于实现直线往复运动；气马达用于实现连续回转运动。在 YL-335B 中只用到了气缸，包括笔形气缸、薄型气缸、回转气缸、双杆气缸、手指气缸等，如图 2-46 所示。

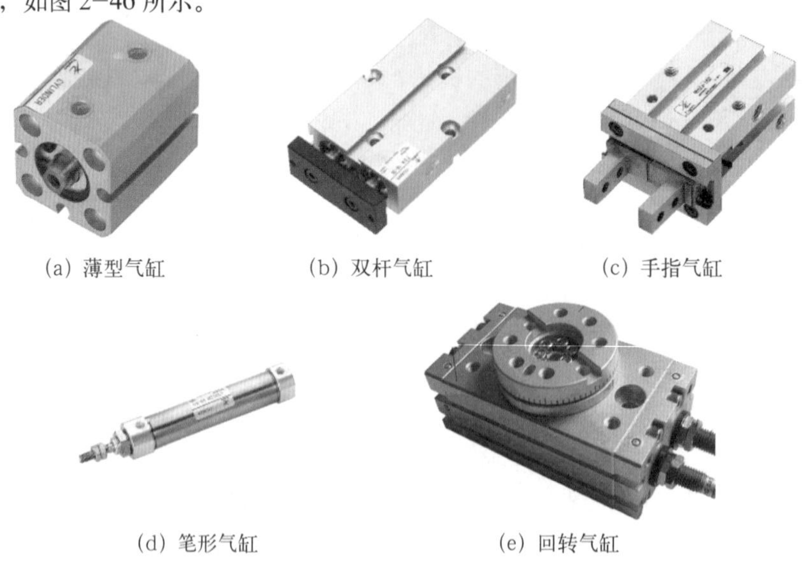

(a) 薄型气缸　(b) 双杆气缸　(c) 手指气缸

(d) 笔形气缸　(e) 回转气缸

图 2-46　YL-335B 中使用的气缸

气缸主要由缸筒、活塞杆、前后端盖及密封件等组成，图 2-47 所示为普通型单活塞双作用气缸结构。

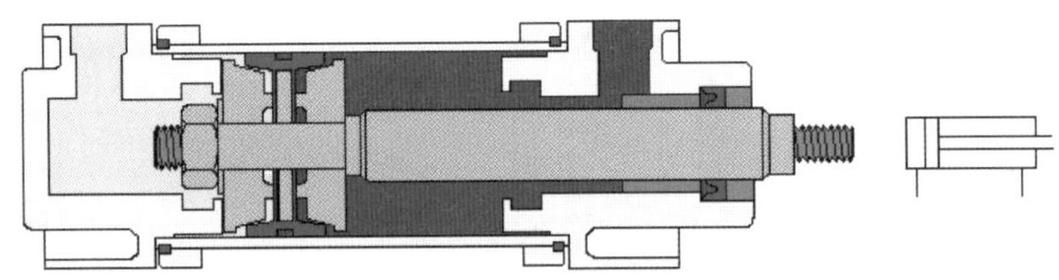

图 2–47　普通型单活塞双作用气缸结构

所谓双作用是指活塞的往复运动均由压缩空气来推动。在单伸出活塞杆的动力缸中，因活塞右边的面积较大，当空气压力作用在右边时，提供一慢速的和作用力大的工作行程；返回行程时，由于活塞左边的面积较小，所以速度较快而作用力变小。此类气缸的使用最为广泛，一般应用于包装机械、食品机械、加工机械等设备上。

回转物料台的主要器件是气动摆台，它是由直线气缸驱动齿轮齿条实现回转运动的。回转角度能在 0° ～ 90° 和 0° ～ 180° 之间任意调节，而且可以安装磁性开关，检测旋转到位信号，多用于方向和位置需要变换的机构，如图 2–48 所示。

YL–335B 所使用的气动摆台的摆动回转角度能在 0° ～ 180° 范围任意可调。当需要调节回转角度或调整摆动位置精度时，应首先松开调节螺杆上的反扣螺母，通过旋入和旋出调节螺杆，从而改变回转凸台的回转角度，调节螺杆 1 和调节螺杆 2 分别用于左旋和右旋角度的调整。当调整好摆动角度后，应将反扣螺母与基体反扣锁紧，防止调节螺杆松动，造成回转精度降低。

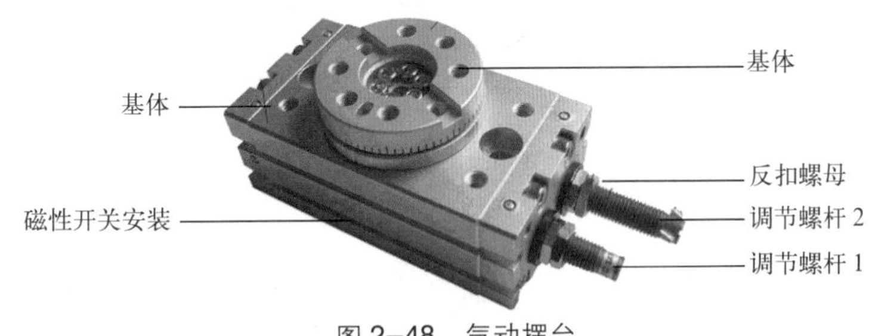

图 2–48　气动摆台

气缸的种类很多，分类的方法也不同，一般可按压缩空气作用在活塞端面上的方向、结构特征和安装形式来分类。也可按尺寸分类，通常将缸径为 2.5 ～ 6 mm 的称为微型气缸，8 ～ 25 mm 的称为小型气缸，32 ～ 320 mm 的称为中型气缸，大于 320 mm 的称为大型气缸；按安装方式分为固定式气缸和摆动式气缸；按润滑方式分为给油气缸和不给油气缸；按驱动方式分为单作用气缸和双作用气缸。

子任务三　气动控制元件的认知

在 YL–335B 中使用的气动控制元件按其作用和功能有压力控制阀、流量控制阀、方向控制阀。

(1) 压力控制阀

在 YL–335B 中使用到的压力控制阀主要有减压阀、溢流阀。

① 减压阀的作用是降低由空气压缩机来的压力，以适于每台气动设备的需要，并使这一部分压力保持稳定。减压阀的结构及实物图如图 2–49 所示。

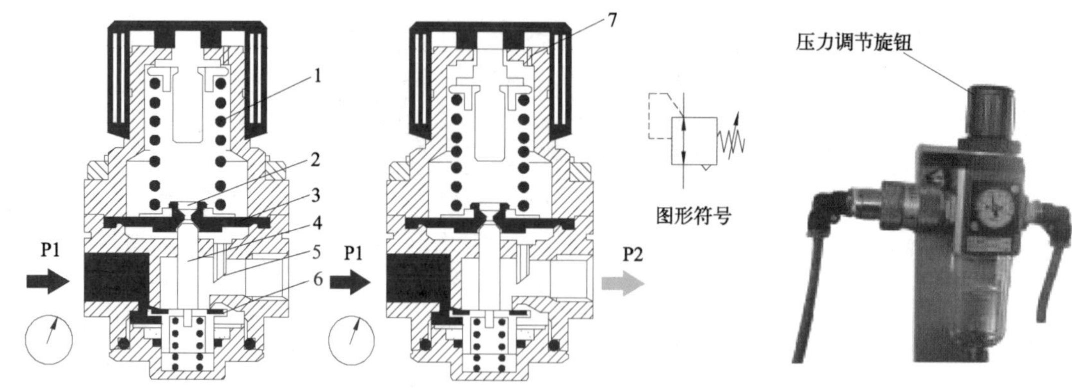

图 2-49　减压阀的结构及实物图

1—调压弹簧；2—溢流阀；3—膜片；4—阀杆；5—反馈导杆；6—主阀；7—溢流口

② 溢流阀的作用是当系统压力超过调定值时，便自动排气，使系统的压力下降，以保证系统安全，故也称其为安全阀。图 2-50 所示是安全阀的工作原理图及图形符号。

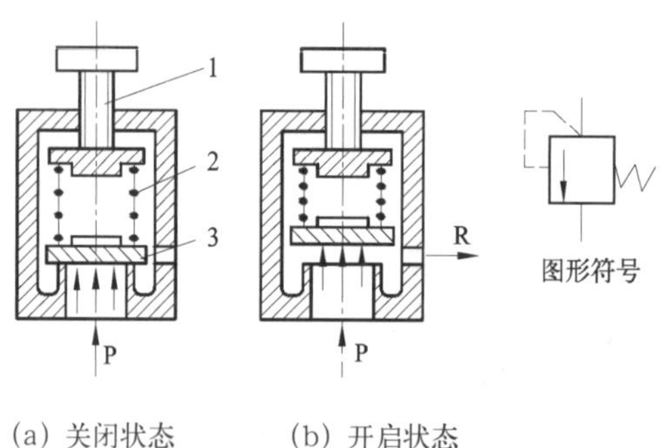

(a) 关闭状态　　(b) 开启状态

图 2-50　安全阀的工作原理图及图形符号

1—旋钮；2—弹簧；3—活塞

(2) 流量控制阀

在 YL-335B 中使用的流量控制阀主要是节流阀。

节流阀是将空气的流通截面缩小以增加气体的流通阻力，而降低气体的压力和流量。如图 2-51 所示，阀体上有一个调整螺钉，可以调节节流阀的开口度（无级调节），并可保持其开口度不变，此类阀称为可调节开口节流阀。

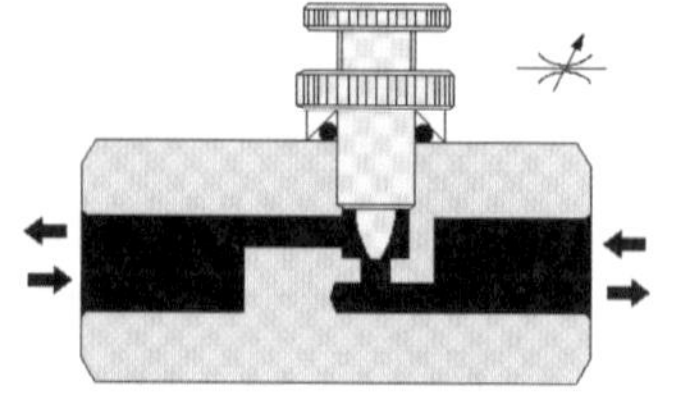

图 2-51　节流阀的结构原理图

可调节节流阀常用于调节气缸活塞运动速度，可直接安装在气缸上。这种节流阀有双向节流作用。使用节流阀时，节流面积不宜太小，因空气中的冷凝水、尘埃等塞满阻流口通路会引起节流量的变化。

为了使气缸的动作平稳可靠，气缸的作用气口都安装了限出型气缸节流阀。气缸节流阀的作用是调节气缸的动作速度。节流阀上带有气管的快速接头，只要将合适外径的气管往快速接头上一插就可以将管连接好了，使用时十分方便。图 2-52 所示是安装了带快速接头的限出型气缸节流阀的气缸外观。

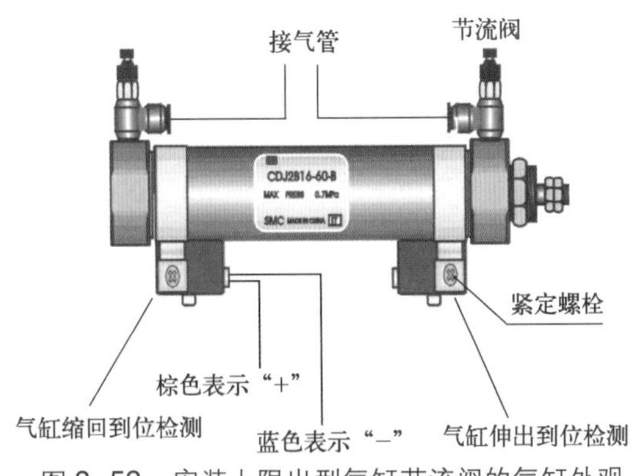

图 2–52　安装上限出型气缸节流阀的气缸外观

图 2–53（a）是一个双动气缸装有两个限出型气缸节流阀的连接和调节原理示意图，调节节流阀 B 时，是调整气缸的伸出速度；而调节节流阀 A 时，是调整气缸的缩回速度。

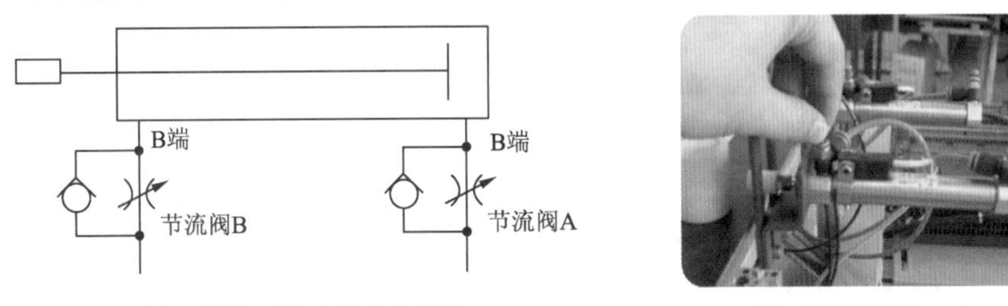

（a）节流阀连接和调整示意图　（b）实际调整图

图 2–53　节流阀连接和调整

（3）方向控制阀

方向控制阀是用来改变气流流动方向或通断的控制阀，通常使用的是电磁阀。

电磁阀是利用其电磁线圈通电时，静铁芯对动铁芯产生电磁吸力使阀芯切换，达到改变气流方向的目的。图 2–54 是单电控二位三通电磁换向阀的工作原理示意图。

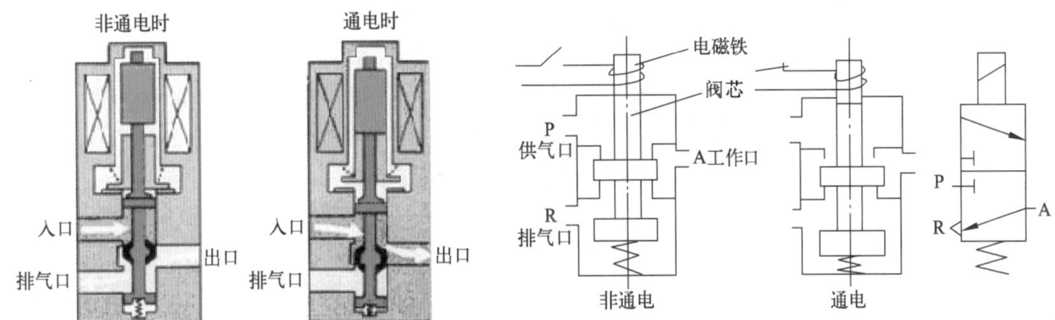

图 2–54　单电控二位三通电磁换向阀的工作原理示意图

所谓“位”指的是为了改变气体方向，阀芯相对于阀体所具有的不同的工作位置。“通”则指换向阀与系统相连的通口，有几个通口即为几通。在图 2–54 中，只有两个工作位置，且具有供气口 P、工作口 A 和排气口 R，故为二位三通阀。

图 2–55 给出了二位三通、二位四通和二位五通单向电控电磁阀的图形符号，图形中有几

个方格就是几位，方格中的“┬”和“┴”符号表示各接口互不相通。

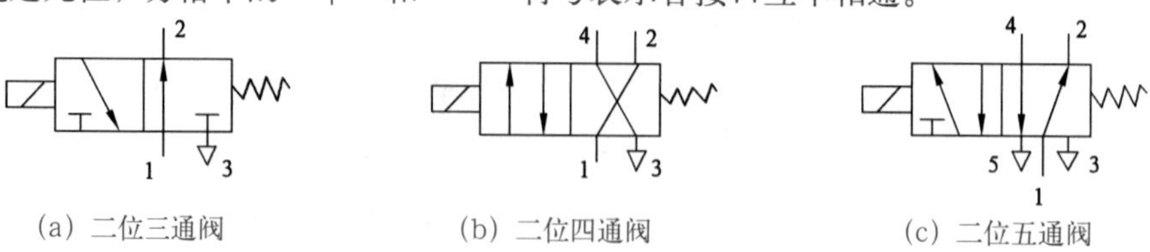

(a) 二位三通阀　　(b) 二位四通阀　　(c) 二位五通阀

图 2-55　部分单向电控电磁阀的图形符号

YL-335B 所有工作单元的执行气缸都是双作用气缸，因此控制它们工作的电磁阀需要有两个工作口和两个排气口及一个供气口，故使用的电磁阀均为二位五通电磁阀。

在 YL-335B 中采用电磁阀组连接形式，就是将多个阀与消声器、汇流板等集中在一起构成的一组控制阀的集成，而每个阀的功能是彼此独立的。

以供料单元为例，供料单元用了两个二位五通单向电控电磁阀。这两个电磁阀带有手动换向和加锁钮，有锁定（LOCK）和开启（PUSH）两个位置。用小螺丝刀把加锁钮旋到 LOCK 位置时，手控开关向下凹进去，不能进行手控操作。只有在 PUSH 位置时，才可用工具向下按，信号为“1”，等同于该侧的电磁信号为“1”；常态时，手控开关的信号为“0”。在进行设备调试时，可以使用手控开关对阀进行控制，从而实现对相应气路的控制，以改变推料气缸等执行机构的控制，达到调试的目的。

两个电磁阀是集中安装在汇流板上的。汇流板中两个排气口末端均连接了消声器，消声器的作用是减少压缩空气在向大气排放时的噪声。这种将多个阀与消声器、汇流板等集中在一起构成的一组控制阀的集成称为阀组，而每个阀的功能是彼此独立的。电磁阀组的结构如图 2-56 所示。

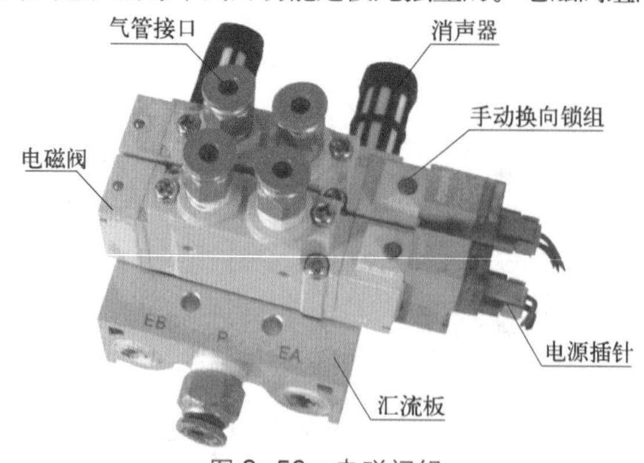

图 2-56　电磁阀组

在输送单元中气动手爪的双作用气缸由一个二位五通双向电控电磁阀控制，带状态保持功能，用于各个工作单元抓物搬运。双向电控电磁阀工作原理类似双稳态触发器，即输出状态由输入状态决定，如果输出状态确认了即使无输入状态，双向电控电磁阀一样保持被触发前的状态。双向电控电磁阀外形如图 2-57 所示。

双向电控电磁阀与单向电控电磁阀的区别在于，对于单向电控电磁阀，在无电控信号时，阀芯在弹簧力的作用下会被复位；而对于双向电控电磁阀，在两端都无电控信号时，阀芯的位置是取决于前一个电控信号的。

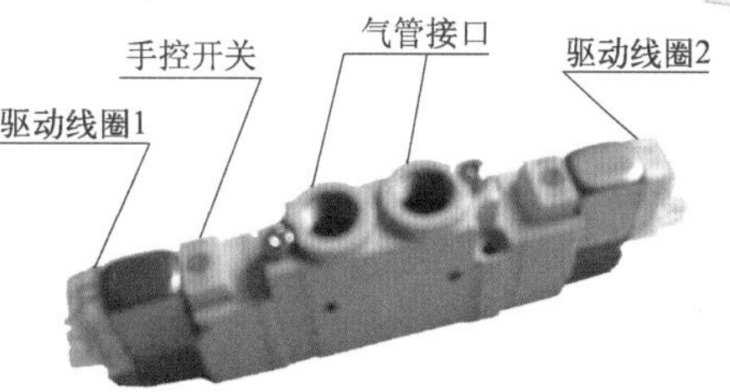

图 2-57　双电控气阀示意图

双杆气缸是双作用气缸由一个二位五通单向电控电磁阀控制的，用于控制手爪伸出缩回。

回转气缸是双作用气缸由一个二位五通单向电控电磁阀控制的，用于控制手臂正反向 90° 旋转，气缸旋转角度可以在 0° ~ 180° 范围内任意调节，调节通过节流阀下方两颗固定缓冲器进行调整。

说明：双向电控电磁阀的两个电控信号不能同时为“1”，即在控制过程中不允许两个线圈同时通电；否则，可能会造成电磁线圈烧毁，当然，在这种情况下阀芯的位置是不确定的。

提升气缸是双作用气缸由一个二位五通单向电控电磁阀控制的，用于整个机械手的提升与下降。以上气缸运行速度由进气口节流阀调整进气量，进行速度调节。

现有一电磁阀损坏了，需要更换一个电磁，做一做，看看电磁阀如何安装？

① 切断气源，用螺丝刀拆卸下已经损坏的电磁阀，如图 2-58 所示。

② 用螺丝刀将新的电磁阀装上，如图 2-59 所示。

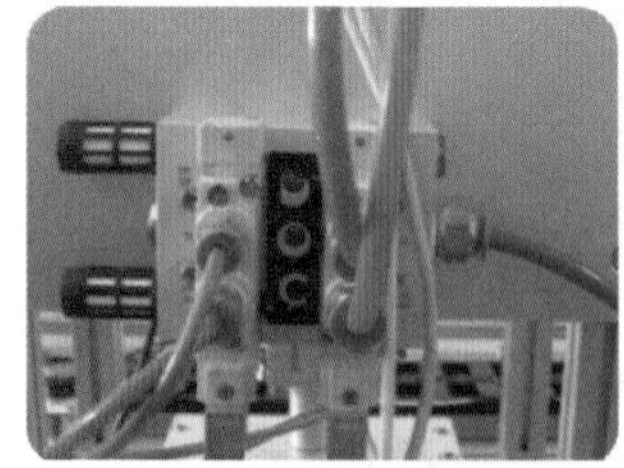
图 2-58　已拆卸电磁阀的汇流板

图 2-59　安装新的电磁阀

③ 将电气控制接头插入电磁阀上，如图 2-60 所示。

④ 将气路管插入电磁阀上的快速接头，如图 2-61 所示。

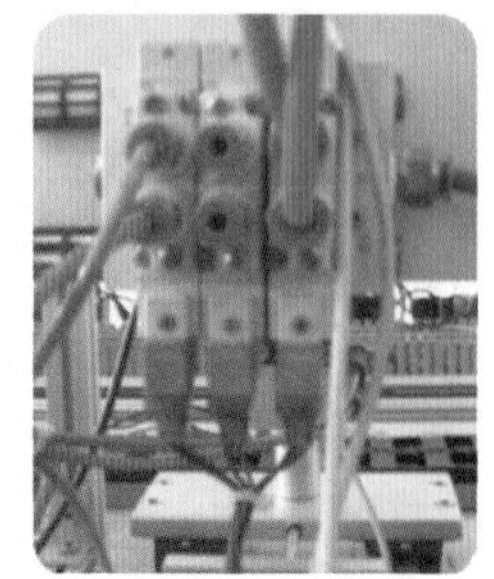
图 2-60　连接电磁阀电路

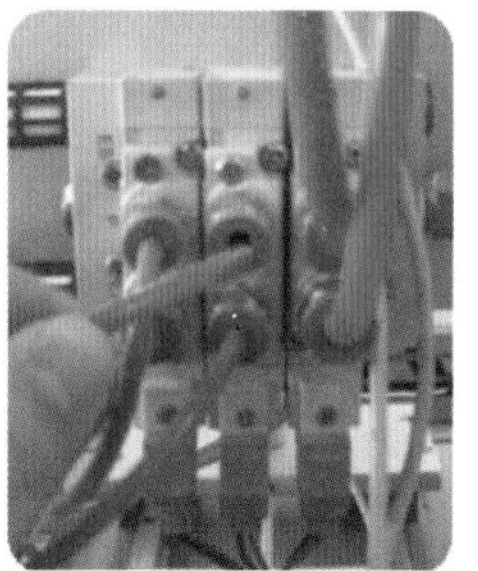
图 2-61　连接气路

⑤ 接通气源，用手控开关进行调试，检查气缸动作情况。

知识、技能归纳

说明：气动技术相对于机械传动、电气传动及液压传动而言有许多突出的优点。对于传动形式而言，气缸作为线性驱动器可在空间的任意位置组建它所需的运动轨迹，安装维护方便。工作介质取之不尽，用之不竭，不污染环境，成本低，压力等级低，使用安全，具有防火、防爆、耐潮的特点。

工程素质培养

查阅专业气动手册，思考一下如何选择气动元件。了解当前国内、国际上的主要气动元件生产厂家及当前气动技术的发展情况、应用领域与行业，试写一篇综述。

四两拨千斤，我也会
使用气动技术了！

任务五　可编程控制器在自动化生产线中的使用

任务目标

1. 掌握可编程控制器的工作原理、外部接口特性、输入／输出端口的选择原则、常用指令；
2. 能分析控制系统的工艺要求，确定数字量、模拟量的输入／输出点数；
3. 能应用常用指令编写控制系统的程序。

在 YL-335B 自动化生产线中，每一个单元都安装有一个西门子 S7-200 系列的可编程控制器来控制，就像我们的大脑一样，思考每一个动作、每一招、每一式，指挥自动化生产线上的机械手、气爪按程序动作，是自动化生产线的核心部件。那什么是 PLC？

说明：PLC 是一种专为工业环境下应用设计的控制器，是一种数字运算操作的电子系统。PLC 是在电气控制技术和计算机技术的基础上开发出来的，并逐渐发展成为以微处理器为核心，将自动化技术、计算机技术、通信技术融为一体的新型工业控制装置。

YL−335B 中使用的 PLC 如表 2−7 所示。

表 2−7　YL−335B 中使用的 PLC

PLC 型号 / 规格	应用的单元	性　　　能
S7−200−224 CN AC/DC/RLY	供料单元	共 14 点输入和 10 点继电器输出
S7−200−226 AC/DC/RLY	装配单元	共 24 点输入和 16 点继电器输出
S7−200−224 AC/DC/RLY	加工单元	共 14 点输入和 10 点继电器输出
S7−200−224 XP AC/DC/RLY	分拣单元	共 14 点输入和 10 点继电器输出，共包含 3 个模拟量 I/O 点，其中有 2 个输入点，1 个输出点
S7−200−226 DC/DC/DC	输送单元	共 24 点输入和 16 点晶体管输出

子任务一　S7−200系列PLC结构与认知

S7−200 系列 PLC 属于混合式 PLC，由 PLC 主机和扩展模块组成。其中，PLC 主机由 CPU、存储器、通信电路、基本输入 / 输出电路、电源等基本模块组成，相当一个整体式的 PLC，可以单独地完成控制功能。它包含一个控制系统所需的最小组成单元。图 2−62 是 S7−200 CPU 模块的外形结构图，它将一个微处理器、一个集成电源和数字量 I/O（输入 / 输出）点集成在一个紧密的封装之中。

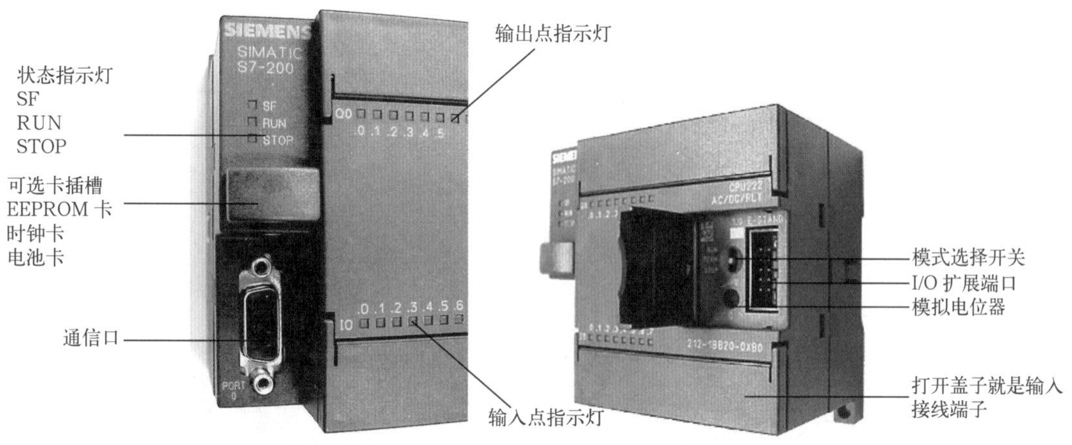

图 2−62　S7−200 CPU 模块的外形结构图

PLC 虽然在外观上与通用计算机有较大差别，但在内部结构上，PLC 只是像一台增强了 I/O 功能的可与控制对象方便连接的计算机。在系统结构上，PLC 的基本组成包括硬件与软件两部分。

PLC 的硬件部分由中央处理器（CPU）、存储器、输入接口、输出接口、通信接口、电源等构成；PLC 的软件部分由系统程序和用户程序等构成。

在内部结构上，CPU 模块由中央处理器（CPU）、存储器、输入端口、输出端口、通信接口、电源等构成，每个部分的功用不同，与通用微机的 CPU 一样，CPU 在 PLC 系统中的作用类似于人体的中枢神经。

1. 开关量输入、输出端口

输入接口将按钮、行程开关或传感器等产生的开关量信号或模拟量信号，转换成数字信号送给 CPU。开关量在工程上常称为“开入量”或“DI（数字量输入）”。

开关量输入端口将按钮、行程开关或传感器等外部电路的接通与断开的信号转换成 PLC 所能识别的 1（高电平）、0（低电平）数字信号送入 CPU 单元。

在图 2-63 中，外部输入由连接在输入点的开关、外部电源经公共端与 PLC 内部电路构成回路，内部电路通过光耦合器将外部开关的接通与断开转换成 CPU 所能识别的 0（低电平）、1（高电平）信号。对于 NPN 输出的传感器与 S7-200 系列 PLC 输入端口连接时，采用源型输入；对于 PNP 输出的传感器与 S7-200 系列 PLC 输入端口连接时，采用漏型输入，如图 2-64 所示。

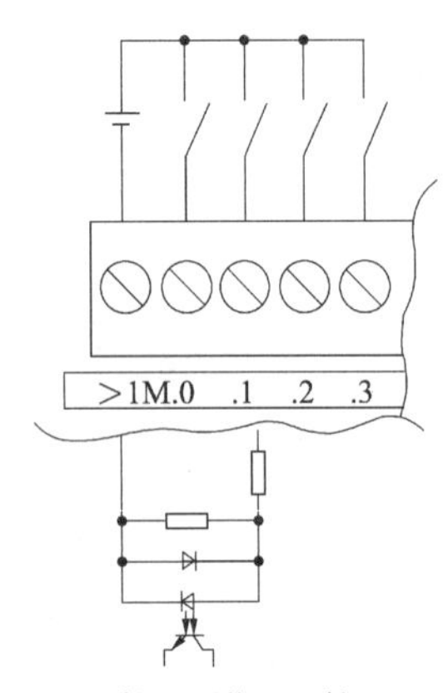

(a) DC 24 V输入用作漏型输入

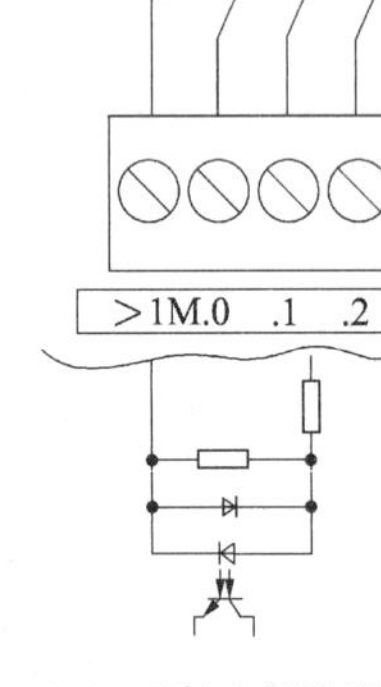

(b) DC 24 V输入用作漏型输入

图 2-63　S7-200 系列 PLC 输入模块接线图

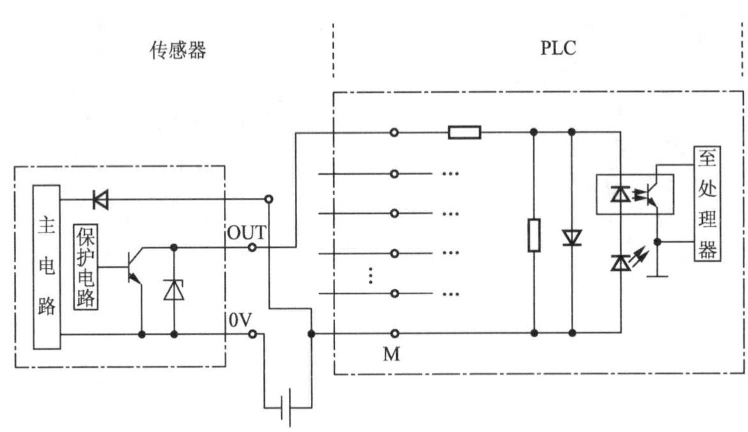

图 2-64　NPN 输出传感器与 PLC 的连接

输入信号的电源均可由用户提供，直流输入信号的电源也可由 PLC 自身提供，一般 8 或 4 路输入共用一个公共端，现场的输入提供一对开关信号："0" 或 "1"（有无触点均可），每路输入信号均经过光电隔离、滤波，然后送入输入缓冲器等待 CPU 采样。每路输入信号均有 LED 显示，以指明信号是否到达 PLC 的输入端子。

输出接口将 CPU 向外输出的数字信号转换成可以驱动外部执行电路的信号，分为数字量输出与模拟量输出。开关量输出模块是把 CPU 逻辑运算的结果 "0" 或 "1" 信号变成功率接点的输出，驱动外部负载，不同开关量输出模块的端口特性不同，按照负载使用的电源

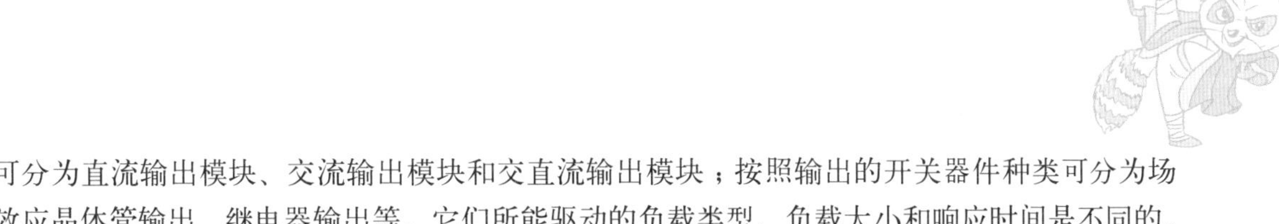

可分为直流输出模块、交流输出模块和交直流输出模块；按照输出的开关器件种类可分为场效应晶体管输出、继电器输出等。它们所能驱动的负载类型、负载大小和响应时间是不同的。可以根据需要来选择不同的输出模块。在模块选定后，不同的模块如何使用是下面需要讨论的。

S7-200 系列 PLC 输出模块接线图如图 2-65 所示。CPU221、CPU222、CPU224、CPU226、CPU224XP 等 DC 24 V 输出采用图 2-65（a）信号源输出方式，CPU224XPPsi DC 24 V 输出采用图 2-65（b）信号流输出方式，继电器输出为图 2-65（c）所示的方式。

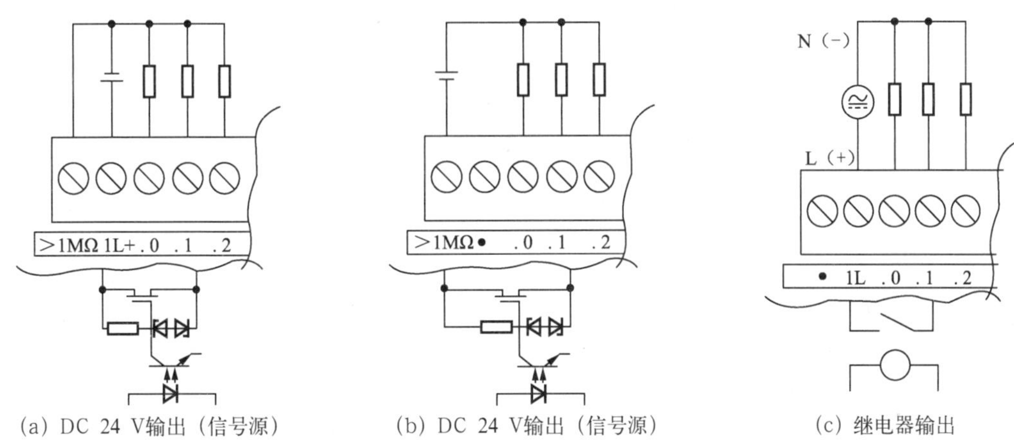

图 2-65 S7-200 系列 PLC 输出模块接线图

在 YL-335B 中的供料、加工、装配、分拣单元中需要对电磁阀进行控制，采用的是继电器输出型 PLC。

在 YL-335B 输送单元中，由于需要输出高速脉冲驱动步进电动机或伺服电动机，PLC 采用晶体管输出型。基于上述考虑，选用西门子 S7-200-226 DC/DC/DC 型 PLC。

PLC 输入 / 输出接口均采用了光电隔离，实现了 PLC 的内部电路与外部电路的电气隔离，用以减小电磁干扰。

输入 / 输出端口的数量是 PLC 非常重要的技术指标，有些专家将 PLC 按照 I/O 点数划分为大、中、小型。

在安装与调试中，确定每一个 I/O 点的功能是非常重要的工作。实际工程中，对 I/O 点的数量要求有一定的裕量。

2．模拟量I/O模块

要实现模拟量的数据采集，或者通过输出模拟量实现位置等控制，必须要有 A/D 和 D/A 模块。A/D 模块把模拟量，如电压、电流转换成数字量，而 D/A 则正好相反，是把数字量转换成模拟量，如电流、电压信号。在分拣单元的 CPU224XP 上，有两路 A/D，一路 D/A。接口电路如图 2-66 所示，A+、B+ 为模拟量输入单端，M 为共同端；输入电压范围为 ±10 V；分辨率为 11 位，加 1 位符号位；数据字格式对应的满量程范围为 −32 000 ~ +32 000，对应的模拟量输入映像寄存器为 AIW0、AIW2。图 2-66 中，有一路单极性模拟量输出，可以选择是电流输出或电压输出，I 为电流负载输出端，V 为电压负载输出端；输出电流的范围为 0 ~ 20 mA，输出电压的范围为 0 ~ 10 V，分辨率为 12 位，数据格式对应的量程范围为 0 ~ 32 767，对应的模拟量输出映像寄存器为 AQW0。

3．通信接口

S7-200 系列 PLC 整合了一个或两个 RS-485 通信接口，既可作为 PG（编程）接口，也可作为 OP（操作终端）接口，如连接一些 HMI（人机接口）设备。支持自由通信协议及 PPI（点对点主站模式）通信协议。

4．电源

S7-200 本机单元有一个内部电源，它为本机单元、扩展模块以及一个 DC 24 V 电源输出，如图 2-67 所示。每一个 S7-200 CPU 模块向外提供 DC 5 V 和 DC 24 V 电源。需要注意以下两点：

① CPU 模块都有一个 DC 24 V 传感器电源，它为本机输入点和扩展模块继电器线圈提供 DC 24 V 电源。如果电源要求超出了 CPU 模块 DC 24 V 电源的定额，可以增加一个外部 DC 24 V 电源来供给扩展模块 DC 24 V。

② 当有扩展模块连接时，CPU 模块也为其提供 5 V 电源。如果扩展模块的 5 V 电源需求超出了 CPU 模块的电源定额，必须卸下扩展模块，直到需求在电源预定值之内才可以。

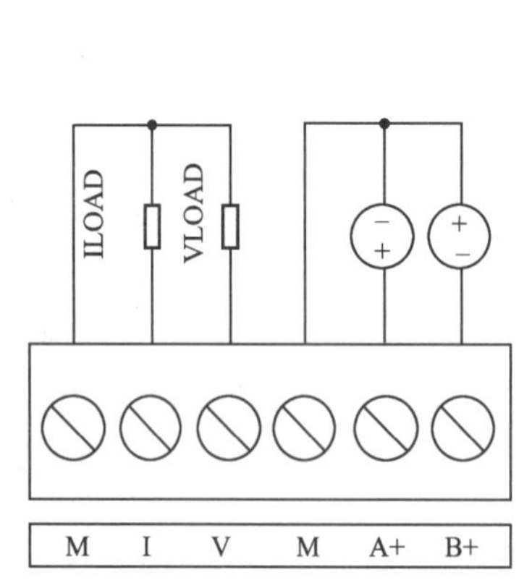

图 2-66　CPU224XP 模拟量通道接线图

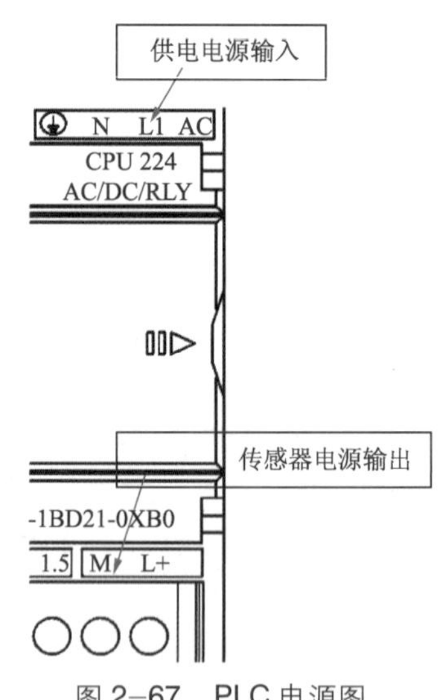

图 2-67　PLC 电源图

子任务二　PLC的位置控制

给你一个任务：要求通过 Q0.0 输出去控制伺服（步进）电动机。

1．PTO的认知与编程

高速脉冲输出功能在 S7-200 系列 PLC 的 Q0.0 或 Q0.1 输出端产生高速脉冲，用来驱动诸如伺服（步进）电动机一类负载，实现速度和位置控制。

高速脉冲输出有脉冲输出（PTO）和脉宽调制输出（PWM）两种形式。每个 CPU 有两个

PTO/PWM 发生器，分配给输出端 Q0.0 和 Q0.1。当 Q0.0 或 Q0.1 设定为 PTO 或 PWM 功能时，其他操作均失效。不使用 PTO 或 PWM 发生器时，则作为普通端子使用。通常在启动 PTO 或 PWM 操作之前，用复位指令 R 将 Q0.0 或 Q0.1 清零。

由于控制输出为伺服（步进）电动机负载，所以只研究脉冲串输出（PTO），PTO 功能可以发出方波（占空比为 50%），并可指定输出脉冲的数量和周期，脉冲数可指定 1 ~ 4 294 967 295。周期可以设定成以 μs 为单位也可以以 ms 为单位，设定范围为 50 ~ 65 535 μs 或 2 ~ 65 535 ms。

怎样才能控制 Q0.0 呢？ Q0.0 和 Q0.1 输出端子的高速功能输出通过对 PTO/PWM 寄存器的不同设置来实现。PTO/PWM 寄存器由 SMB65 ~ SMB85 组成，它们的作用是监视和控 PTO 和 PWM 的功能。PTO/PWM 寄存器说明如表 2-8 所示。

表 2-8　PTO/PWM 寄存器说明

Q0.0	Q0.1	说　　明
SM66.4	SM76.4	PTO 包络由于增量计算错误异常终止。0：无错；1：异常终止
SM66.5	SM76.5	PTO 包络由于用户命令异常终止。0：无错；1：异常终止
SM66.6	SM76.6	PTO 流水线溢出。0：无溢出；1：溢出
SM66.7	SM76.7	PTO 空闲。0：运行中；1：PTO 空闲
SM67.0	SM77.0	PTO/PWM 刷新周期值。0：不刷新；1：刷新
SM67.1	SM77.1	PWM 刷新脉冲宽度值。0：不刷新；1：刷新
SM67.2	SM77.2	PTO 刷新脉冲计数值。0：不刷新；1：刷新
SM67.3	SM77.3	PTO/PWM 时基选择。0：1 μs；1：1 ms
SM67.4	SM77.4	PWM 更新方法。0：异步更新；1：同步更新
SM67.5	SM77.5	PTO 操作。0：单段操作；1：多段操作
SM67.6	SM77.6	PTO/PWM 模式选择。0：选择 PTO；1：选择 PWM
SM67.7	SM77.7	PTO/PWM 允许。0：禁止；1：允许
SMW68	SMW78	PTO/PWM 周期时间值（范围：2 ~ 65 535）
SMW70	SMW80	PWM 脉冲宽度值（范围：0 ~ 65 535）
SMD72	SMD82	PTO 脉冲计数值（范围：1 ~ 4 294 967 295）
SMB166	SMB176	段号（仅用于多段 PTO 操作），多段流水线 PTO 运行中的段的编号
SMW168	SMW178	包络表的起始位置，用距离 V0 的字节偏移量表示（仅用于多段 PTO 操作）

2．开环位控信息简介

为了简化用户应用程序中位控功能的使用，STEP7-Micro/WIN 提供的位控向导可以帮助用户在几分钟内全部完成 PWM、PTO 或位控模块的组态。向导可以生成位置指令，用户可以用这些指令在其应用程序中为速度和位置提供动态控制。

开环位控用于伺服（步进）电动机的基本信息借助位控向导组态 PTO 输出时，需要用户提供一些基本信息，逐项介绍如下：

① 最大速度（MAX_SPEED）和启动/停止速度（SS_SPEED）。图 2-68 所示是这两个概念的示意图。

MAX_SPEED：允许的操作速度的最大值，它应在电动机力矩能力的范围内。驱动负载所需的力矩由摩擦力、惯性及加速/减速时间决定。

SS_SPEED：该数值应满足电动机在低速时驱动负载的能力，如果 SS_SPEED 的数值过低，电动机和负载在运动的开始和结束时可能会摇摆或颤动。如果 SS_SPEED 的数值过高，电动机会在启动时丢失脉冲，并且负载在试图停止时会使电动机超速。通常，SS_SPEED 值是 MAX_SPEED 值的 5% ～ 15%。

② 加速和减速时间：

加速时间(ACCEL_TIME)：电动机从 SS_SPEED 速度加速到 MAX_SPEED 速度所需的时间。

减速时间(DECEL_TIME)：电动机从 MAX_SPEED 速度减速到 SS_SPEED 速度所需的时间。

加速时间和减速时间的默认设置都是 1 000 ms。通常，电动机可在小于 1 000 ms 的时间内工作，如图 2-69 所示。这两个值设定时要以 ms 为单位。

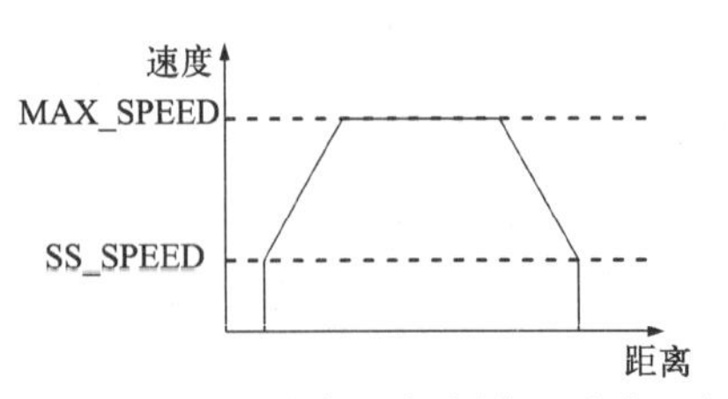

图 2-68　最大速度和启动/停止速度示意图

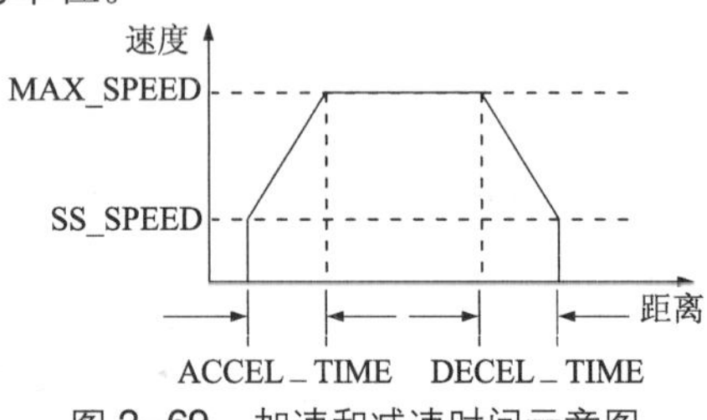

图 2-69　加速和减速时间示意图

说明：电动机的加速和减速时间要经过测试来确定。开始时，应输入一个较大的值。逐渐减少这个时间值直至电动机开始减速，从而优化应用中的这些设置。

③ 移动包络，一个包络是一个预先定义的移动描述，它包括一个或多个速度，影响着从起点到终点的移动。一个包络由多段组成，每段包含一个达到目标速度的加速 / 减速过程和以目标速度匀速运行的一串固定数量的脉冲。

在 Micro-win4.0 的位控向导中提供移动包络定义界面，应用程序所需的每一个移动包络均可在这里定义。PTO 支持最大 100 个包络。

定义一个包络，包括如下几点：

- 选择包络的操作模式：PTO 支持相对位置和单一速度的连续转动，如图 2-70 所示，相对位置模式指的是运动的终点位置是从起点侧开始计算的脉冲数量。单速连续转动则不需要提供终点位置，PTO 一直持续输出脉冲，直至有其他命令发出，如到达原点要求停发脉冲。

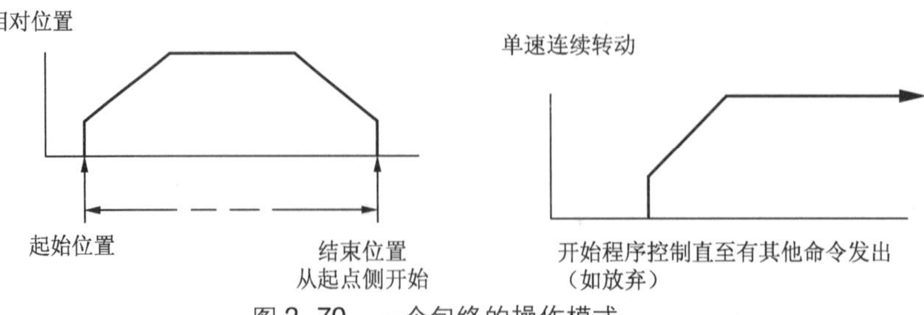

图 2-70　一个包络的操作模式

- 为包络的各步定义指标：一个步是工件运动的一个固定距离，包括加速和减速时间内的距离。PTO 每一包络最大允许 29 个步。

- 每一步包括目标速度和结束位置或脉冲数目等几个指标。图 2–71 所示为一步、两步、三步和四步包络。注意，一步包络只有一个常速段，两步包络有两个常速段，依次类推。步的数目与包络中常速段的数目一致。

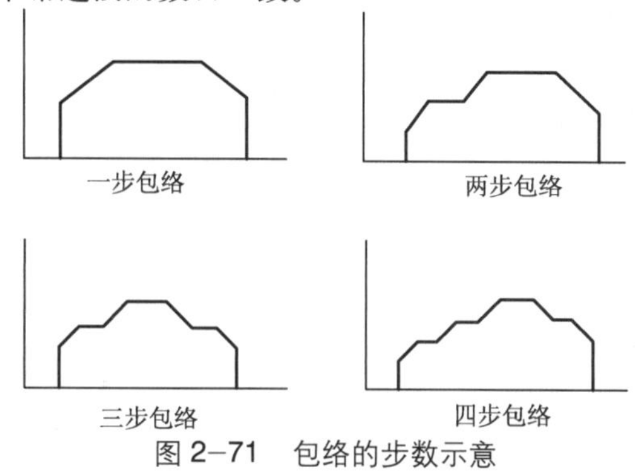

图 2–71 包络的步数示意

- 为包络定义一个符号名。

3. 使用位控向导编程

STEP7 V4.0 软件的位控向导能自动处理 PTO 脉冲的单段管线和多段管线、脉宽调制、SM 位置配置和创建包络表。

本任务将给出一个在 YL–335B 上实现简单工作任务的例子，阐述使用位控向导编程的方法和步骤。表 2–9 所示是 YL–335B 上实现伺服（步进）电动机运行所需的运动包络。

表 2–9 伺服（步进）电动机运行的运动包络

运动包络	站	点	脉冲量	移动方向
1	供料单元→加工单元	470 mm	85 600	
2	加工单元→装配单元	286 mm	52 000	
3	装配单元→分拣单元	235 mm	42 700	
4	分拣单元→高速回零前	925 mm	168 000	DIR
5	低速回零		单速返回	DIR

使用位控向导编程的步骤如下：

① 为 S7–200 PLC 选择选项组态，内置 PTO/PWM 操作。

在 STEP7 V4.0 软件命令菜单中选择“工具”→“位置控制向导”命令，并选中“配置 S7–200 PLC 内置 PTO/PWM 操作”单选按钮，如图 2–72 所示。

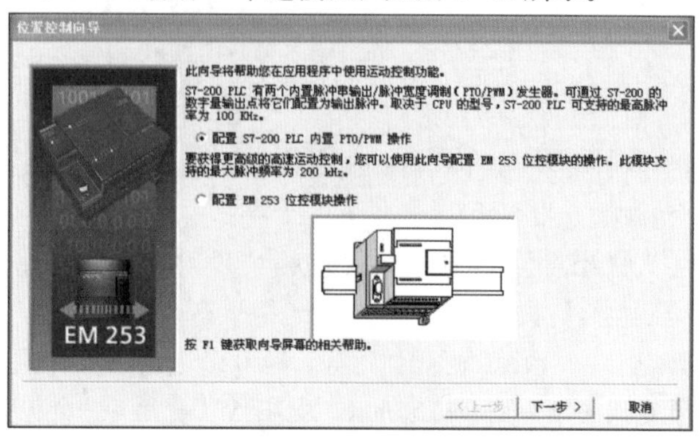

图 2–72 位控向导启动界面

② 单击“下一步”按钮，选择“QO.0”，再单击“下一步”按钮，选择“线性脉冲串输出(PTO)”命令，如图 2–73 所示。

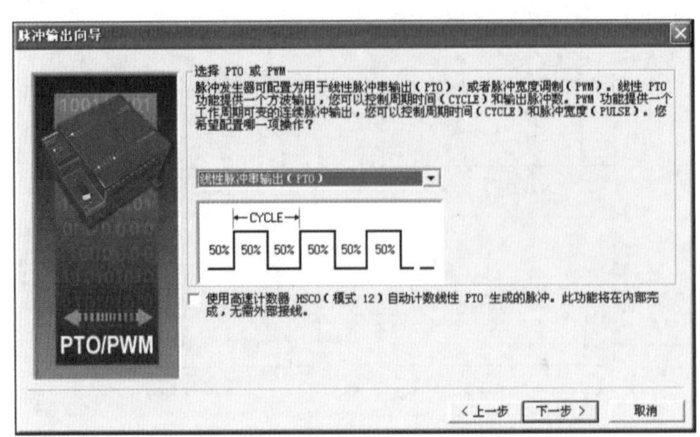

图 2–73　选择 PTO 或 PWM 界面

③ 单击“下一步”按钮后，在对应的编辑框中输入 MAX_SPEED 和 SS_SPEED 速度值。

输入最高电动机速度“90000”，把电动机启动/停止速度设定为“600”。这时，如果单击 MIN_SPEED 值对应的灰色框，可以发现，MIN_SPEED 值改为 600，注意：MIN_SPEED 值由计算得出，用户不能在此域中输入其他数值。

④ 单击“下一步”按钮，填写电动机加速时间“1500”和电动机减速时间“200”，如图 2–74 所示。

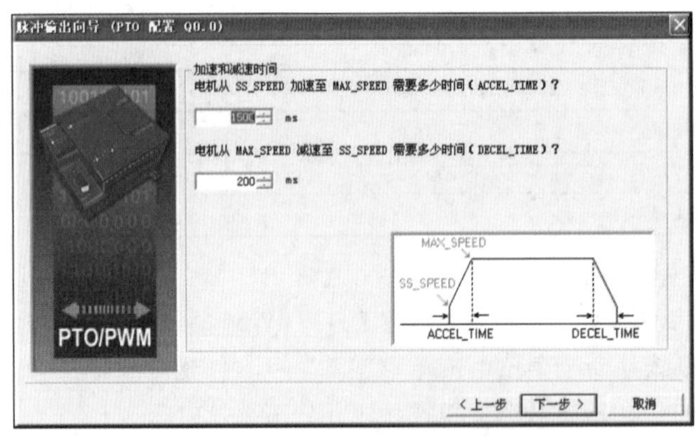

图 2–74　设定加速和减速时间

⑤ 配置运动包络界面，如图 2–75 所示。

该界面要求设定操作模式、一个步的目标速度、结束位置等步的指标，以及定义这一包络的符号名。(从第 0 个包络第 0 步开始)

在操作模式选项中选择相对位置控制，填写包络“0”中数据目标速度“60000”，结束位置“85600”，单击“绘制包络”按钮，注意，这个包络只有一步。

包络的符号名按默认定义 (Profile0_0)。这样，第 0 个包络的设置，即从供料单元→加工单元的运动包络设置就完成了，如图 2–76 所示。现在可以设置下一个包络。

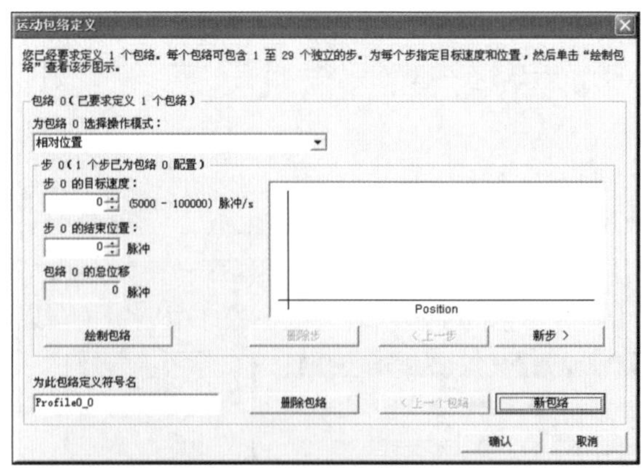

图 2–75　配置运动包络界面

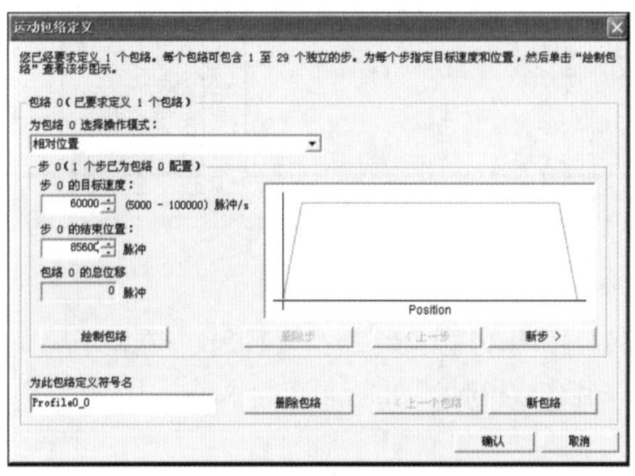

图 2–76　设置第 0 个包络

可以单击“新包络”按钮，按上述方法将表 2–9 中前三个位置数据输入包络中去。

表 2–9 中最后一行低速回零，是单速连续运行模式，选择这种操作模式后，在所出现的界面中（见图 2–77），写入目标速度“20000”。界面中还有一个包络停止操作选项，是当停止信号输入时再向运动方向按设定的脉冲数走完停止，在本系统中不使用。

图 2–77　设置第四个包络

⑥ 运动包络编写完成后单击“确认”按钮，向导会要求为运动包络指定 V 存储区地址（建议地址为 VB75 ~ VB300），默认这一建议设置，单击“下一步”按钮出现图 2–78 所示界面，单击“完成”按钮。

4. 项目组件

运动包络组态完成后，向导会为所选的配置生成三个项目组件（子程序），分别是：PTOx_RUN 子程序（运行包络）、PTOx_CTRL 子程序（控制）和 PTOx_MAN 子程序（手动模式）子程序。一个由向导产生的子程序就可以在程序中调用了，如图 2–79 所示。

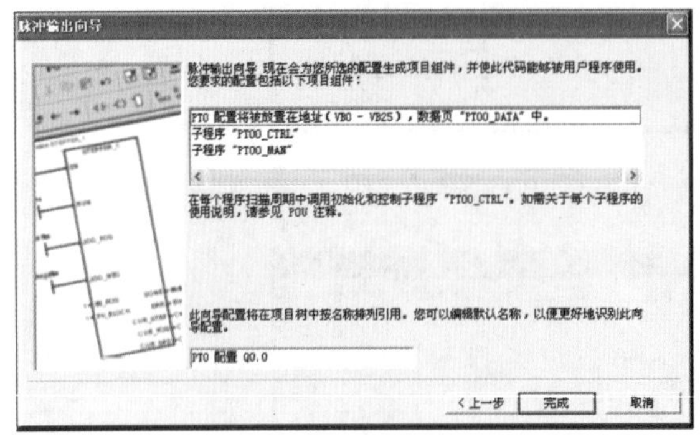

图 2–78　生成项目组件提示

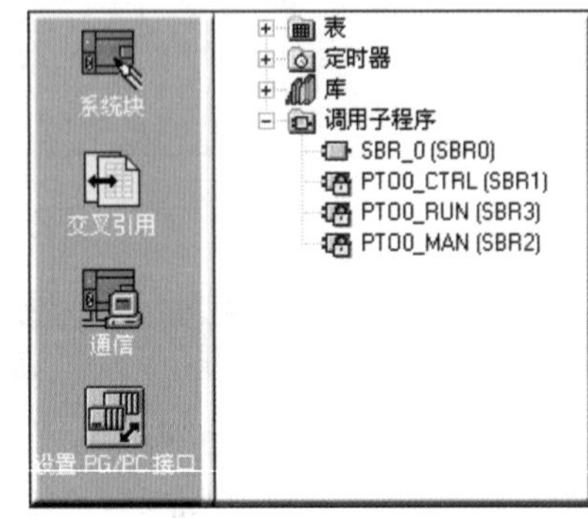

图 2–79　三个项目组件

它们的功能分述如下：

① PTOx_RUN 子程序（运行包络）：命令 PLC 执行存储于配置 / 包络表的特定包络中的运动操作。运行这一子程序的梯形图如图 2–80 所示。

SM0.0　　PTO0_RUN　EN

I2.7　P　　START

VB502 – Proile　Done – M0.0
M5.0 – Abort　Error – VB500
启动信号　　C_Profile – VB504
C_Step – VB508
C_Pos – VD512

图 2–80　运行 PTOx_RUN 子程序

EN 位：子程序的使能位。在“完成”（Done）位发出子程序执行已经完成的信号前，应使 EN 位保持开启。

START（启动）参数：包络执行的启动信号。对于在 START 参数已开启且 PTO 当前不活动时的每次扫描，此子程序会激活 PTO。为了确保仅发送一个命令，请使用上升沿以脉冲方式开启 START 参数。

Profile（包络）参数：数值量输入包含为此运动包络指定的编号或符号名。

Abort（终止）参数：终止命令为 ON 时，位控模块停止当前包络，并减速至电动机停止。

Done（完成）参数：本子程序执行完成时，输出 ON。

Error（错误）参数：输出本子程序执行结果的错误信息。无错误时输出 0。

C_Profile 参数：输出位控模块当前执行的包络。

C_Step 参数：输出目前正在执行的包络步骤。

② PTOx_CTRL 子程序（控制）：启用和初始化与伺服（步进）电动机的 PTO 输出。在用户程序中只使用一次，并确定在每次扫描时得到执行，即始终使用 SM0.0 作为 EN 的输入。运行这一程序的梯形图如图 2-81 所示。

SM0.0
PTO0_CTRL
EN
I2.5 立即停止信号
I_STOP
I2.6
D_STOP
减速停止信号
Done - M2.0
Error - VB500
C_Pos - VD5002

图 2-81　运行 PTOx_CTRL 子程序

I_STOP（立即停止）输入：开关量输入。当此输入为低时，PTO 功能会正常工作；当此输入变为高时，PTO 立即终止脉冲的发出。

D_STOP（减速停止）输入：开关量输入。当此输入为低时，PTO 功能会正常工作；当此输入变为高时，PTO 会产生将电动机减速至停止的脉冲串。

Done（完成）参数：开关量输出。当“完成”位被设置为高时，表明上一个指令也已执行。

Error（错误）参数：包含本子程序的结果。当“错误”位为高时，错误字节会报告无错误或有错误代码的正常完成。

如果 PTO 向导的 HSC 计数器功能已启用，C_Pos 参数包含用脉冲数目表示的模块；否则，此数值始终为零。

③ PTOx_MAN 子程序（手动模式）：将 PTO 输出置于手动模式。执行这一子程序允许电动机启动、停止和按不同的速度运行。但当 PTOx_MAN 子程序已启用时，除 PTOx_CTRL 外任何其他 PTO 子程序都无法执行。运行这一子程序的梯形图如图 2-82 所示。

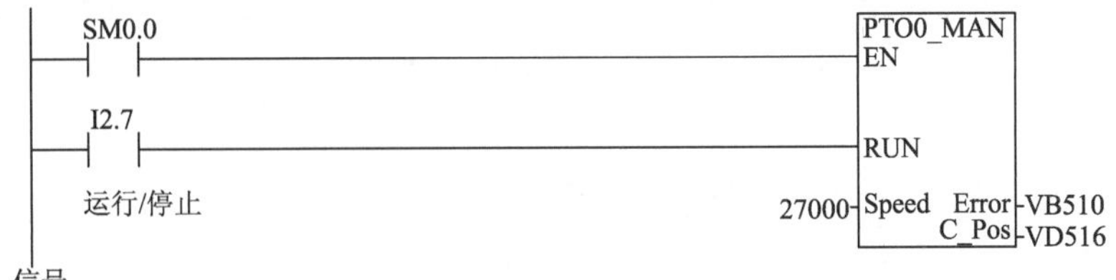

图 2-82　运行 PTOx_MAN 子程序

RUN（运行 / 停止）参数：命令 PTO 加速至指定速度（Speed 参数），从而允许在电动机运行中更改 Speed 参数的数值。停用 RUN 参数命令 PTO 减速至电动机停止。

当 RUN 已启用时，Speed 参数确定着速度。速度是一个用每秒脉冲数计算的 DINT（双整数）值。可以在电动机运行中更改此参数。

Error（错误）参数：输出本子程序执行结果的错误信息。无错误时输出 0。

如果 PTO 向导的 HSC 计数器功能已启用，C_Pos 参数包含用脉冲数目表示的模块；否则此数值始终为零。

由上述三个子程序的梯形图可以看出，为了调用这些子程序，编程时应预置一个数据存储区，用于存储子程序执行时间参数，存储区所存储的信息可根据程序的需要调用。

子任务三　PLC位移的测量

如何对输入到 PLC 的脉冲进行高速计数，以计算工件在传送带上移动的相对位置呢？

1．认知高速计数器

S7-200 系列 PLC 有六个均可以运行在最高频率而互不影响的高速计数器 HSC0 ~ HSC5，六个高速计数器又分别可以设置 12 种不同的工作模式，其计数频率与 PLC 的扫描周期无关。

> 给你一个任务：当工件从下料口中心线移动到第一个推杆中心点时，工件移动了 164 mm，旋转编码器发出了 607 个脉冲。编制一个程序，当工件在传送带开始运动时，计算工件移动的相对距离。

（1）高速计数器的工作模式

工作模式 0、1 或 2：带有内部方向控制的单相增/减高速计数器，可用高速计数器的控制字节的第 3 位（六个高速计数器分别对应 SM37.3，SM47.3，SM57.3，SM137.3，SM147.3 和 SM157.3）来控制增 / 减计数，该位为 1 时增计数，为 0 时减计数。

工作模式 3、4 或 5：带有外部方向控制的单相增/减高速计数器，外部方向信号为 1 时增计数，为 0 时减计数。

工作模式 6、7 或 8 ：有增减计数时钟输入的双相高速计数器，当增计数时钟到来时增计数，减计数时钟到来时减计数。如果增计数时钟与减计数时钟的上升沿出现的时间间隔不到 0.3 ms，高速计数器的当前值不变，也不会有计数方向变化的指示。

工作模式 9、10 或 11：A/B 相正交高速计数器，其输入的两路计数脉冲的相位差为 $\pi/4$（与光栅、磁栅和光电编码器的输出相匹配）。当 A 相信号相位超前 B 相信号相位 $\pi/4$ 时，进行增计数；反之，当 A 相信号相位落后 B 相信号相位 $\pi/4$ 时，进行减计数。A/B 相正交高速计数器又有两种倍频模式：

1 倍频模式：在时钟的每一个周期计 1 次数；

4 倍频模式：在时钟的每一个周期计 4 次数。

（2）高速计数器的外部输入点

高速计数器对外部输入点进行了划分，以保证在两个及以上的高速计数器同时工作时外部输入点的功能不重叠，如表 2-10 所示。

表 2-10　高速计数器的输入点

模　式	中　断　描　述	输　　入　　点			
HSC0		I0.0	I0.1	I0.2	
HSC1		I0.6	I0.7	I1.0	I1.1
HSC2		I1.2	I1.3	I1.4	I1.5
HSC3		I0.1			

续表

模 式	中 断 描 述	输 入 点			
HSC4		I0.3	I0.4	I0.5	
HSC5		I0.4			
0	带有内部方向控制的单相增/减高速计数器	时钟			
1		时钟		复位	
2		时钟		复位	启动
3	带有外部方向控制的单相增/减高速计数器	时钟	方向		
4		时钟	方向	复位	
5		时钟	方向	复位	启动
6	带有增减计数时钟输入的双相高速计数器	增时钟	减时钟		
7		增时钟	减时钟	复位	
8		增时钟	减时钟	复位	启动
9	A/B 相正交高速计数器	A 相时钟	B 相时钟		
10		A 相时钟	B 相时钟	复位	
11		A 相时钟	B 相时钟	复位	启动

复位输入有效时将清除高速计数器的当前值并保持，直至其被关闭。启动输入有效时，将允许高速计数器计数；关闭启动输入时，高速计数器的当前值保持不变，即使此时复位输入有效。

(3) 高速计数器的控制位

高速计数器的工作模式在设置其控制位之后才产生作用。各个高速计数器的控制位均不同，如表 2–11 所示。

表 2–11　高速计数器的控制位

HSC0	HSC1	HSC2	HSC3	HSC4	HSC5	配置或中断描述
SM37.0	SM47.0	SM57.0		SM147.0		复位控制：0= 高电平有效；1= 低电平有效
	SM47.1	SM57.1				启动控制：0= 高电平有效；1= 低电平有效
SM37.2	SM47.2	SM57.2		SM147.2		正交计数器倍频：0=4 倍频；1=1 倍频
SM37.3	SM47.3	SM57.3	SM137.3	SM147.3	SM157.3	计数方向控制：0= 减计数；1= 增计数
SM37.4	SM47.4	SM57.4	M137.4	SM147.4	SM157.4	写入计数方向：0= 不更新；1= 更新
SM37.5	SM47.5	SM57.5	SM137.5	SM147.5	SM157.5	写入预置值 ：0= 不更新；1= 更新
SM37.6	SM47.6	SM57.6	SM137.6	SM147.6	SM157.6	写入当前值：0= 不更新；1= 更新
SM37.7	SM47.7	SM57.7	SM137.7	SM147.7	SM157.7	HSC 允许：0= 禁止；1= 允许

例如，设 HSC0 无复位或启动控制，1 倍频正交计数，增计数方向且不更新，预置值不更新，当前值更新，HSC 允许，则 SM B 37=2#11011100 ，应 MOV 16#DC,SM B 37。

设置控制位应在定义高速计数器之前，否则，高速计数器将工作在默认模式下，即 0 位、1 位和 2 位为 0 状态：复位和启动输入高电平有效，正交计数器 4 倍频。

一旦完成定义高速计数器，就不能再改变高速计数器的设置，除非 CPU 停止工作。

(4) 预置值和当前值的设置

各高速计数器均有一个 32 位的预置值和一个 32 位的当前值，预置值和当前值均为有符号的双字整数。

为了向高速计数器装入新的当前值和预置值，必须先设置高速计数器的控制位（见表 2–11），允许当前值和预置值更新，即把第 5 位和第 6 位置 1，再将新的当前值和预置值存入表 2–12 所示的特殊存储器之中，然后执行 HSC 指令，才能完成装入新值。

表 2–12　当前值和预置值存储器地址

项　目	HSC0	HSC1	HSC2	HSC3	HSC4	HSC5
当前值	SMD38	SMD48	SMD58	SMD138	SMD148	SMD158
预置值	SMD42	SMD52	SMD62	SMD142	SMD152	SMD162

高速计数器的当前值是可以采用 HC 后接高速计数器号 0 ~ 5 的格式（双字）读出，但其写操作只能用 HSC 指令来实现。

（5）高速计数器的状态位

每个高速计数器均给出了当前计数方向和当前值是否等于或大于预置值，如表 2–13 所示。

表 2–13　高速计数器的状态位

HSC0	HSC1	HSC2	HSC3	HSC4	HSC5	中 断 描 述
SM36.5	SM46.5	SM56.5	SM136.5	SM146.5	SM156.5	当前计数方向：0= 减计数；1= 增计数
SM36.6	SM46.6	SM56.6	SM136.6	SM146.6	SM156.6	当前值与预置值：0= 不等；1= 相等
SM36.7	SM46.7	SM56.7	SM136.7	SM146.7	SM156.7	当前值与预置值：0= 小于或等于；1= 大于

（6）高速计数器指令

定义高速计数器指令（HDEF）用来指定高速计数器（HSC）及其工作模式（MODE）。

高速计数器指令（HSC）用来激活高速计数器，N 为其标号。

以上两个指令的梯形图和 STL 格式及操作数如图 2–83 和表 2–14 所示。

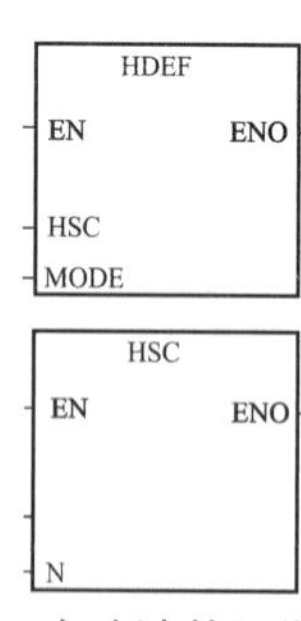

图 2–83　高速计数器指令梯形图

表 2–14　高速计数器指令 STL 格式

指　令	STL 格式	操作数	描　述
HDEF	HDEF HSC,MODE	BYTE	定义高速计数器模式
HSC	HSC N	WORD	激活高速计数器

说明：高速计数器编程时必须完成以下基本操作：① 定义高速计数器和模式（HDEF 指令）；② 设置控制位（见表 2–11）；③ 设置当前值（见表 2–13）；④ 设置预置值（见表 2–13）；⑤ 激活高速计数器（HSC 指令）。

2．任务实现

根据分拣单元旋转编码器输出的脉冲信号形式（ A/B 相正交脉冲，Z 相脉冲不使用，无外部复位和启动信号），由表 2–10 容易确定，所采用的计数模式为模式 9，所选用的计数器为

HSC0，A 相脉冲从 I0.0 输入，B 相脉冲从 I0.1 输入，计数倍频设定为 4 倍频。分拣单元高速计数器编程要求较简单，不考虑中断子程序、预置值等。

使用引导式编程，很容易自动生成符号地址为 HSC_INIT 的子程序。其程序清单如图 2-84 所示。（引导式编程的步骤从略，请参考 S7-200 系统手册）

在主程序块中使用 SM0.1（加电首次扫描 ON）调用此子程序，即完成高速计数器定义并启动高速计数器。主程序如图 2-85 所示。

按照工作任务，可在系统启动后，每一扫描周期均访问 HC0 当前值，存储到指定的变量存储器 VD12 中。注意，由于高速计数器设定为 4 倍频，因此，HC0 读出的脉冲值为编码器输出脉冲值的 4 倍。

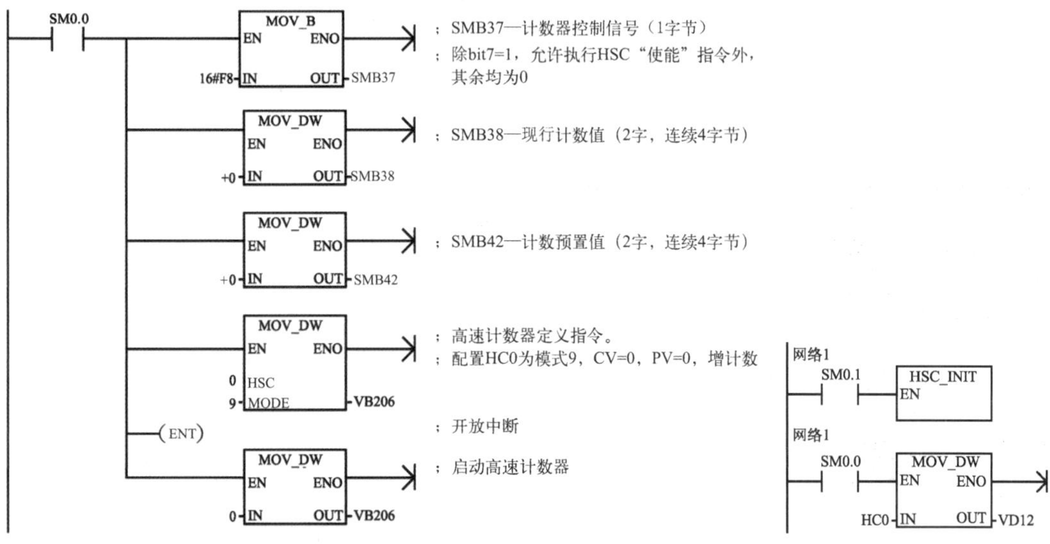

图 2-84　子程序 HSC_INIT 清单　　　　图 2-85　主程序

 知识、技能归纳

 **说明**：PLC 的应用无处不在，由于篇幅有限，仅仅围绕 YL-335B 做了两个案例，硬件重点要掌握 PLC 的输入 / 输出接口特性、程序编写调试方法。PLC 的指令非常丰富，这里介绍了用 PTO 脉冲指令输出脉冲控制伺服（步进）电动机驱动器，以及高速计数器的使用及实现对位移的测量，同时也介绍了 STEP7-Micro/Win 提供的编程指令工具向导。其他指令的用法详见随书所带光盘中的相关资料。

工程素质培养

查阅 S7-200 系统手册，思考一下如何编写伺服（步进）电动机的控制程序、转速的测量程序，整理程序调试步骤与要点，写好技术文档。

PLC 控制技术
太神奇了！

任务六 通信技术在自动化生产线中的使用

任务目标

1. 掌握 PLC 的 PPI 通信接口协议及网络编程指令；
2. 能进行 PPI 通信网络的安装、编程与调试。

现代的自动化生产线中，不同的工作单元控制设备并非是独立运行的，就像 YL-335B 中的五个工作单元是通过通信手段，相互之间进行交换信息，形成一个整体，从而提高了设备的控制能力、可靠性，实现了“集中处理、分散控制”。

作为自动控制设备的重要一员，PLC 也为用户提供了强大的通信能力，通过 PLC 的通信接口，用户能够使 PLC 和 PLC 交换数据。本任务就是学习如何使用 PLC 的 PPI 通信技术。

子任务一 认知PPI通信

1. 通信的基本知识

通信技术的作用就是实现在不同设备之间进行数据交换。PPI（point to point）是点对点的串行通信，串行通信是指每次只传送 1 位二进制数。因而其传输的速度较慢，但是其接线少，可以长距离传输数据。S7-200 系列 PLC 自带了串行通信接口。

2. 通信协议

为了实现任何设备之间通信，通信双方必须对通信的方式和方法进行约定，否则双方无法接收和发送数据。接口的标准可以从两个方面进行理解：一是硬件方面，也就是规定了硬件接线的个数、信号电平的表示及通信接头的形状等；二是软件方面，也就是双方如何理解收或发数据的含义，如何要求对方传出数据等，一般把它称为通信协议。

S7-200 系列 PLC 自带通信端口为西门子规定的 PPI 通信协议，而硬件接口为 RS-485 通信接口。

RS-485 只有一对平衡差分信号线，用于发送和接收数据，为半双工通信方式。

使用 RS-485 通信接口和连接线路可以组成串行通信网络，实现分布式控制系统。网络中最多可以有 32 个子站（PLC）组成。为提高网络的抗干扰能力，在网络的两端要并联两个电阻，阻值一般为 120 Ω，其组网接线示意图如图 2-86 所示。

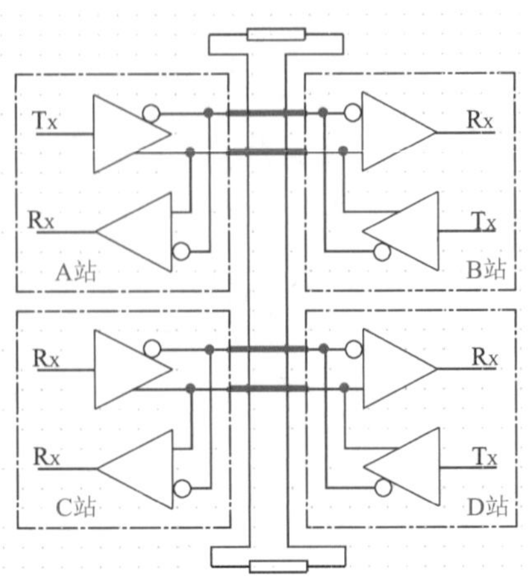

图 2-86 RS-485 组网接线示意图

RS-485 的通信距离可以达 1 200 m。在 RS-485 通信网络中，为了区别每个设备，每个设备都有一个编号，称为地址。地址必须是唯一的，否则会引起通信混乱。

3. 通信参数

对于串行通信方式，在通信时双方必须约定好线路上通信数据的格式，否则接收方无法接收数据。同时，为提高传输数据的准确性，还应该设定检验位，当传输的数据出错时，可以指示错误。

通信格式设置的主要参数有：

① 波特率：由于是以位为单位进行数据传输，所以必须规定每位传输的时间，一般用每秒传输多少位来表示。常用的有 1 200 kbit/s、2 400 kbit/s、4 800 kbit/s、9 600 kbit/s、19 200 kbit/s。

② 起始位个数：开始传输数据的位，称为起始位，在通信之前双方必须确定起始位的个数，以便协调一致。起始位数一般为一个。

③ 数据位数：一次传输数据的位数。每次传输数据时，为提高数据传输的效率，一次不仅仅传输 1 位，而是传输多位，一般为 8 位，正好 1 字节。常见的还有 7 位，用于传输 ASCII 码。

④ 检验位：为了提高传输的可靠性，一般要设定检验位，以指示在传输过程中是否出错，一般单独占用 1 位。常用的检验方式有偶检验、奇检验。当然也可以不用检验位。

a. 偶检验规定传输的数据和检验位中“1”(二进制)的个数必须是偶数，当个数不是偶数时，说明数据传输出错。

b. 奇检验规定传输的数据和检验位中“1”(二进制)的个数必须是奇数，当个数不是奇数时，说明数据传输出错。

⑤ 停止位：当一次数据位数传输完毕后，必须发出传输完成的信号，即停止位。停止位一般有 1 位、1.5 位和 2 位的形式。

⑥ 站号：在通信网络中，为了标示不同的站，必须给每个站一个唯一的标示符，称为站号。站号也可以称为地址。同一个网络中所有站的站号不能相同，否则会出现通信混乱。

思考：波特率为 9 600 kbit/s、8 位数据位、1 位停止位、1 位偶检验位、1 位起始位，问：每秒最多能够传输多少字节？

4. S7-200通信协议介绍

S7-200 通信接口定义如图 2-87 所示，S7-200 在通信时连接 RS-485 信号 B 和 RS-485 信号 A，多个 PLC 可以组成网络。

针	端口 0/1
1	逻辑地
2	逻辑地
3	RS-485 信号 B
4	RTS(TTL)
5	逻辑地
6	+5 V，100 Ω 串联电阻
7	+24 V
8	RS-485 信号 A
9	10- 位，协议选择（输入）
连接器外壳	机壳接地

图 2-87　S7-200 通信接口定义

S7-200 的通信接口为 RS-485，通信协议可以使用 PLC 自带标准的 PPI 协议或 Modbus 协议。也可以通过 S7-200 的通信指令使用自定义的通信协议进行数据通信。

在使用 PPI 协议进行通信时，只能有一台 PLC 或其他设备作为通信发起方，称为主站，其他的 PLC 或设备只能被动地传输或接收数据，称为从站。网络中的设备不能同时发数据，否则会引起网络通信错误。

PPI 通信协议格式在此不做介绍。只给出其通信参数：8 位数据位、1 位偶检验位、1 位停止位、1 位起始位，通信速率和站地址根据实际情况可以更改。

设置 S7-200 PPI 通信参数：

S7-200 的默认通信参数为：地址是 2，波特率为 9 600 kbit/s，8 位数据位、1 位偶检验位、1 位停止位、1 位起始位。

其地址和波特率可以根据实际情况进行更改，其他的数据格式是不能更改的。要设置 PLC 的通信参数，选择“系统块”的“通信端口”命令，出现如下提示窗口后设置地址和波特率，如图 2-88 所示。

参数设置完成后必须将数据下载到 PLC 中，在下载时选中“系统块”复选框，否则设置的参数在 PLC 中不生效，如图 2-89 所示。

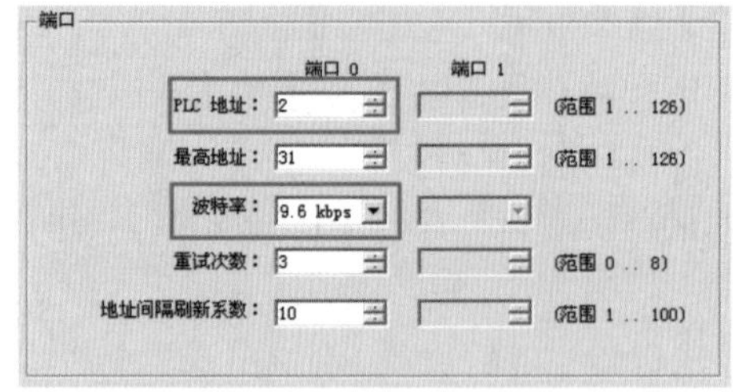

图 2-88　PLC 地址和波特率设置

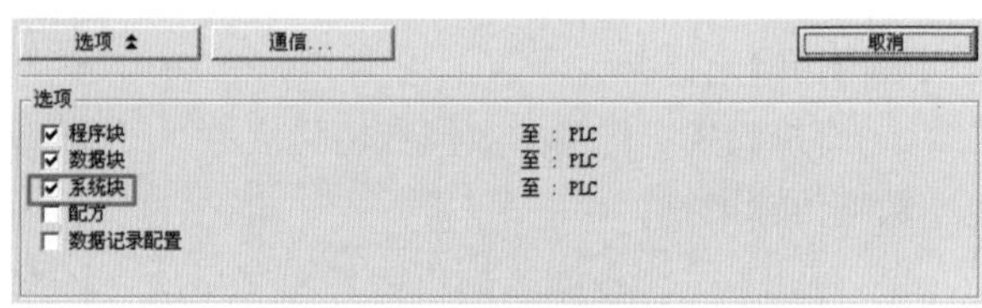

图 2-89　通信数据下载

子任务二　网络读/写命令的使用

给你一个任务：网络中有两台 PLC，A 的地址为 2，B 的地址为 10；要求用 A PLC 的输入控制 B PLC 的输出。假定 A PLC 输入为 I0.0 ~ I0.7，分别控 B PLC 的 Q0.0 ~ Q0.7。

PLC 的网络读/写命令可实现在多个 PLC 之间进行通信。

网络读 NETR 指令可从远程站最多读取 16 字节信息，网络写 NETW 指令可向远程站最多写入 16 字节信息。可在程序中使用任意数目的 NETR/NETW 指令，但在任何时刻最多只能有 8 条 NETR 和 NETW 指令同时被激活。

使用网络读/写命令前，确认 PLC 之间的通信线路必须相连畅通，PLC 之间的通信波特率一致，而地址则不相同。指令使用的通信协议为 PLC 自带的 PPI 协议，在使多个 PLC 之间进行通信时，必须保证网络中同一时刻只有一个 PLC 在发送数据，否则会出现通信数据的混乱。

1．网络读指令

网络读指令如图 2-90 所示，当 EN 为 ON 时，执行网络通信命令，从其他 PLC 连续的存

储单元中读取数据，但是最多只能读16字节的数据。

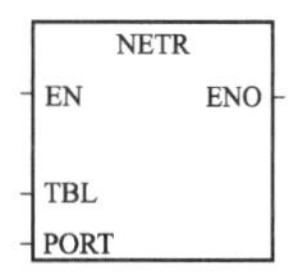

图2-90　网络读指令

PORT指定通信端口，如果只有一个通信端口，此值必须为0。有两个通信端口时，此值可以是0或1，分别对应两个通信端口。

NETR/NETW的TBL表定义格式及错误代码说明如表2-15和表2-16所示。

表2-15　TBL表定义格式

地址偏移	表头				
0	D	A	E	0	错误代码
1	对方PLC地址				
2	指针指向对方PLC数据单元的地址				
3	占用4字节				
4					
5	可以指向对方的Q、I、M、V				
6	数据长度				
7	接收或写入的第1个数据				
…	……				
22	接收或写入的第16个数据				

D：完成（功能完成）0 = 未完成　1 = 完成

A：现用（功能入队）0 = 非现用　1 = 现用

E：错误　0 = 无错　1 = 错误

表2-16　错误代码说明

0	无错
1	接收错误；远程站不应答
2	接收错误；应答中存在校验、帧或校验和错误
3	脱机错误；重复站址或故障硬件引起的冲突
4	队列溢出错误；8条以上NETR/NETW命令被激活
5	违反协议；未启用SMB30中的PPI+即尝试执行NETR/NETW
6	非法参数；NETR/NETW表格包含一个非法或无效数值
7	无资源；远程站繁忙（正在上载或下载序列）
8	第7层错误；违反应用程序协议
9	信息错误；数据地址错误或数据长度不正确

2．网络写指令

网络写指令如图2-91所示，当EN为ON时，执行网络通信命令，把数据写到其他PLC连续的存储单元中，但是最多只能写16字节的数据。

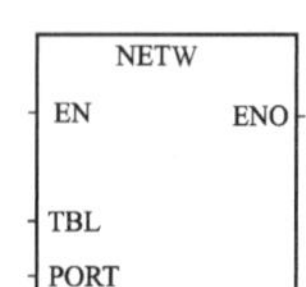

图2-91　网络写指令

PORT指定通信端口，如果只有一个通信端口，此值必须为0。有两个通信端口时，此值可以是0或1，分别对应两个通信端口。

为表达方便，把地址为2的PLC称为主站，而把地址为10的PLC称为从站。

根据前面所学的知识，首先必须设置两台PLC的通信参数，同时为保证编程软件的正常使用，其相应的通信参数也必须进行设置。

本任务中，从站PLC没有任何程序，只要设置好通信参数即可。主站PLC则要用网络读命令读从站PLC的输入，然后用读到的数据控制主站PLC的输出。

PPI通信中，主站PLC程序必须在加电第1个扫描周期，用特殊存储器SMB30指定其主站属性，从而使能其主站模式。在PPI模式下，控制字节的2～7位是忽略掉的，即SMB30=00000010，定义PPI主站。SMB30中协议选择默认值是00=PPI从站，因此，从站侧不需要初始化。

在执行网络读命令之前，设置好TBL表。假定表的首地址为VB200，因而表的设置参数如表2-17所示。

表 2–17　本任务中使用的 TBL 表

VB200	D	A	E	O	错误代码
VB201	从站地址：10				
VB202	指针指向对方 PLC 数据单元的地址				
VB203	占用 4 字节				
VB204					
VB205	此处是 IBO 的地址（&IBO）				
VB206	读数据长度：1				
VB207	接收第 1 个数据				

表 2–17 中数据的赋值可以采用数据传输指令完成。TBL 表初始化和通信程序如图 2–92 所示。

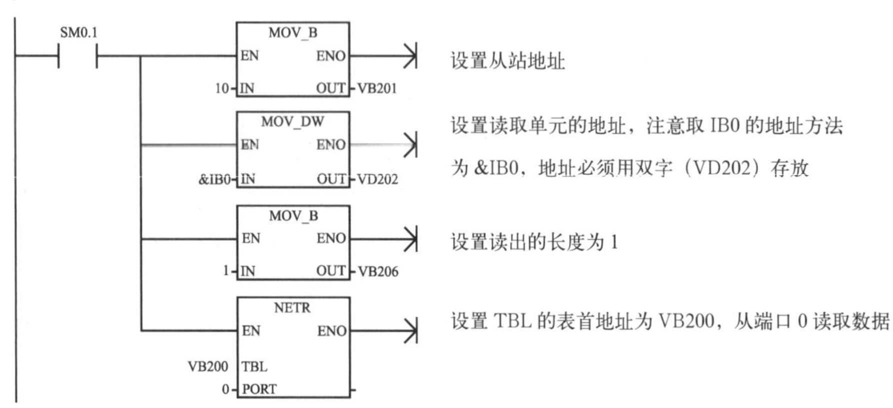

图 2–92　TBL 表初始化和通信程序

当命令执行后，成功读到数据时，其 V200.7 为 ON，V200.5 为 OFF，此时 VB207 就是正确的数据，可以用此数据直接控制主站 PLC 的输出。控制和通信程序如图 2–93 所示。

V200.7　V200.5
MOV_B
EN ENO
VB207 IN OUT QB0
正确读取数据，用从站的输入控制主站的输出
NETR
EN ENO
VB200 TBL
0 PORT
设置 TBL 的表首地址为 VB200，从端口 0 读取数据。只要通信完成，都应该重新读数据，而不论本次通信是否出错

图 2–93　控制和通信程序

根据上面的解释，读者可以编写完整的程序。当把程序下载到主站 PLC 以后，连接 PPI 电缆，然后加电运行程序，以检验程序是否正确。

有没有什么简单的办法？

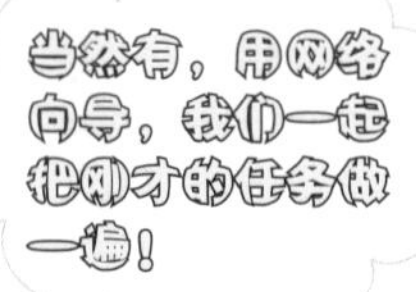

子任务三　网络读/写命令向导的使用

网络读/写命令除了自己编写程序外，还可以利用 SETP7 − Micro/Win 提供的向导功能，由向导编写好程序，只要直接使用其程序即可。

我们以上面的任务为例，讲解如何利用向导完成任务。

1．解决方法

假定主站中有程序，而从站中无程序。所以，主站的程序不仅要读取从站的输入，同时还要把主站的输入写到从站的输出中。

2．解决步骤

首先，必须设置好从站和主站的通信参数，其设置方法和前面一样，在此不再重复。现在利用向导直接产生程序。

① 单击“向导”中的 NETW/NETR 命令，弹出如图 2−94 所示的对话框。

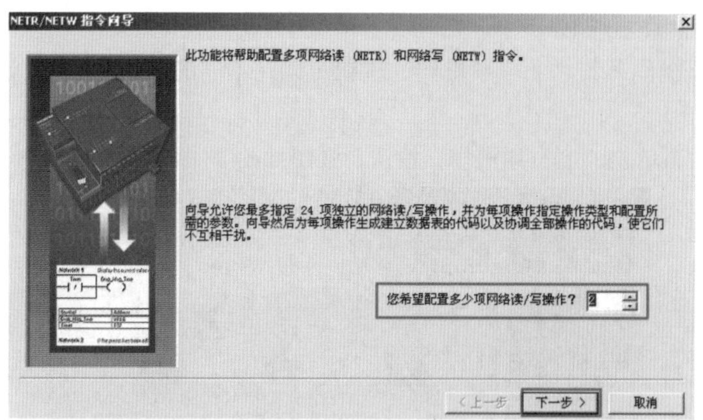

图 2−94　网络读 / 写命令向导对话框 1

② 因为程序中有读和写两个操作，所以网络读/写操作的项数值为 2，设置好后，单击“下一步”按钮，弹出如图 2−95 所示的对话框。

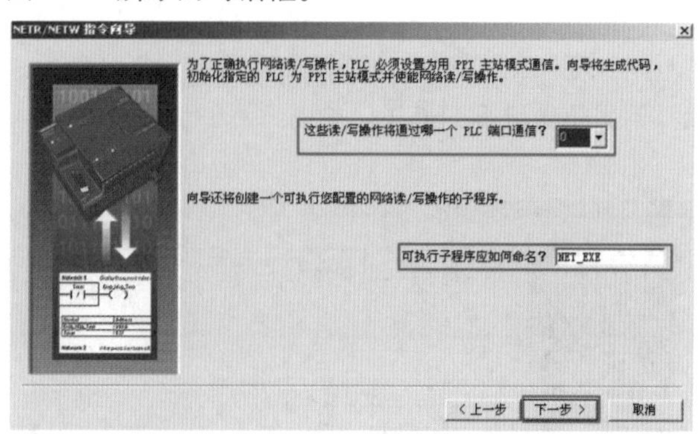

图 2−95　网络读 / 写命令向导对话框 2

③ 设定使用的通信口，此处为通信口 0，因为向导会自动生成子程序，所以必须给子程序设定一个名称，名称设定后单击“下一步”按钮，弹出如图 2−96 所示的对话框。

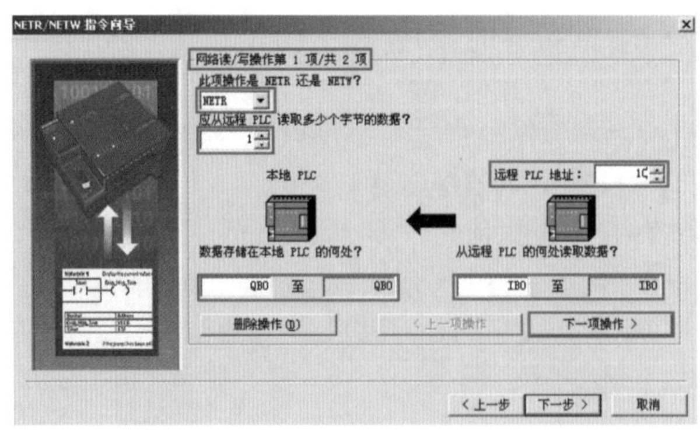

图 2–96　网络读 / 写命令向导对话框 3

④ 要配置读和写网络命令，假定我们先配置网络读命令，此时按照图 2–96 中所示设定好参数。

单击“删除操作”按钮可以删除当前的操作项，同时也会把网络读/写命令减少一个，即图 2–94 中设定的参数要减 1。

单击“下一项操作”和“上一项操作”按钮可以在不同的网络读/写命令之间切换设置参数对话框。

参数设置好后，单击“下一项操作”按钮，弹出如图 2–97 所示的对话框。

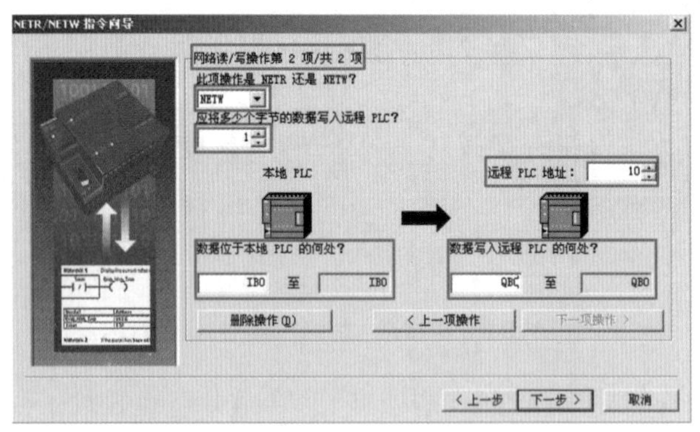

图 2–97　网络读 / 写命令向导对话框 4

⑤ 在此项操作中，要选择网络写命令，按图 2–97 所示设定好参数。其参数的含义对话框中的文字表达得很清楚，这里不做过多的描述。单击“下一步”按钮，弹出如图 2–98 所示的对话框。

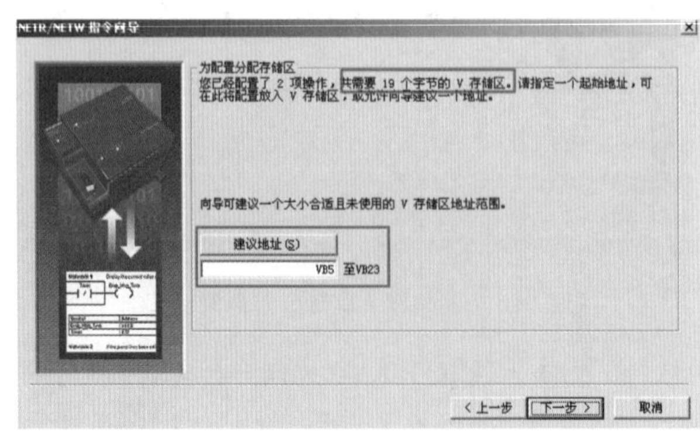

图 2–98　网络读 / 写命令向导对话框 5

⑥ 生成的子程序要使用一定数量的、连续的存储区，本任务中提示要用 19 字节的存储区，向导只要求设定连续存储区的起始位置即可，但是一定要注意，存储区必须是其他程序中没有使用的，否则程序无法正常运行。设定好存储区起始位置后，单击“下一步”按钮，弹出如图 2−99 所示的对话框。

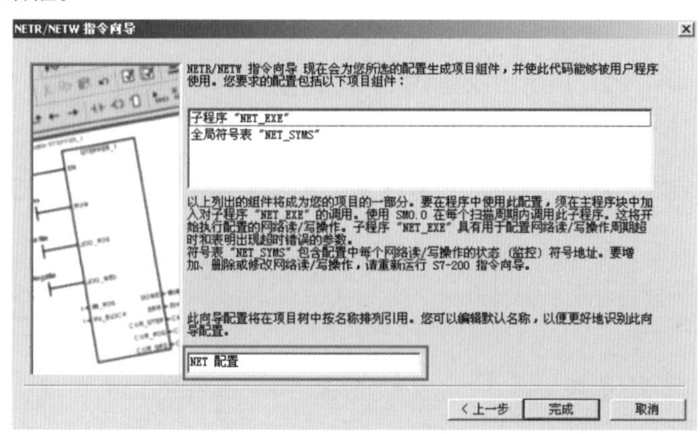

图 2−99　网络读 / 写命令向导对话框 6

⑦ 在图 2−99 所示对话框中，可以为此向导单独起一个名称，以便和其他的网络读/写命令向导区分开。如果要监视此子程序中读/写网络命令执行的情况，请记住“全局符号表”的名称。

如果要检查或更改前面设置的参数，单击“上一步”按钮，最后单击“完成”按钮，弹出如图 2−100 所示的对话框。

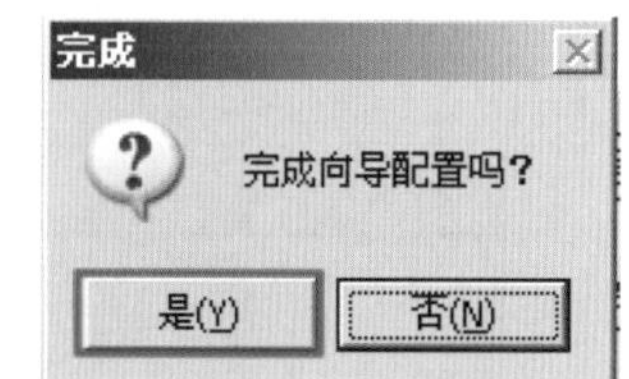

图 2−100　网络读 / 写命令向导对话框 7

⑧ 单击“是”按钮退出向导，此时程序中会自动产生一个子程序，此项目中子程序的名称为 NET_EXE。

要使得子程序 NET_EXE 运行，不断地读取和写入数据，必须在主程序中不停地调用它。

在指令树的最下面，“调用子程序”中出现了 NET_EXE 子程序，在“向导”的 NETR/NETW 子项中也会出现相应的提示。

如果要改变向导参数设置，只要双击向导名称下面的子项即可，如图 2−101 所示的“起始地址”或“网络读写操作”或“通信端口”。

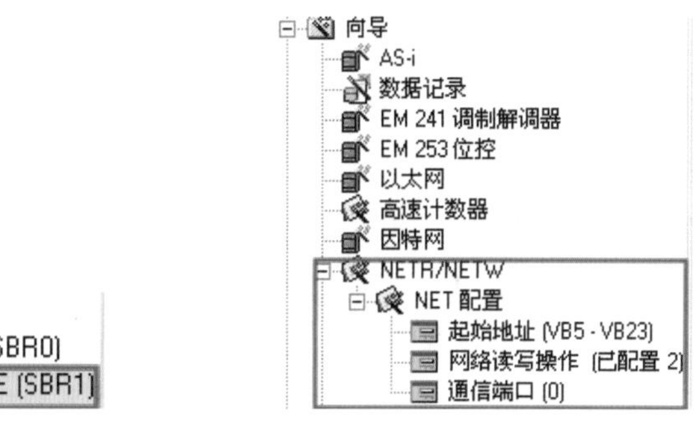

图 2−101　网络读/写命令向导完成后的提示

⑨ 当调用子程序时，还必须给子程序设定相关的参数。网络读/写子程序如图 2-102 所示，EN 为 ON 时子程序才会执行，程序要求必须用 SM0.0 控制。Timeout 用于时间控制，以秒（s）为单位设置，当通信的时间超出设定时间时，会给出通信错误信号，即位 Error 为 ON。

Cycle 是一个周期信号，如果子程序运行正常，会发出一个 ON（1）和 OFF（0）之间跳变的信号。

Error 为出错标志，当通信出错或超时时，此信号为 ON（1）。

⑩ 综上所述，主程序如图 2-103 所示。

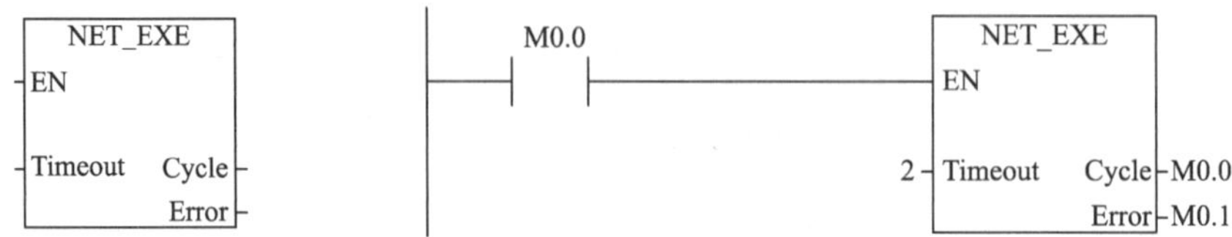

图 2-102 网络读/写子程序　　图 2-103 主程序

⑪ 程序中，设定超时时间为 2 s，周期信号 Cycle 输出到 M0.0 中，错误标志 Error 保存在 M0.1 中。

如果要监视通信程序运行的情况，可以打开“符号表”中的 NET_SYMS 子表，找到通信程序用到的各种标志的地址，监视它即可，如图 2-104 所示。

			符号	地址	注释
1			Timeout_Err	V5.3	0＝无超时错误，1＝超时错误
2			NETW2_Status	VB16	操作 2 的状态字节：NETW.
3			NETR1_Status	VB8	操作 1 的状态字节：NETR.

图 2-104 通信程序的符号表

知识、技能归纳

串行通信是工业现场常用的方式，S7-200 PLC 的通信端口物理上是一个 RS-485 端口，默认的通信软件协议为 PPI，用户在使用网络读／写命令和向导程序时，必须注意两个或多个通信的 PLC 之间通信参数设置要一致，在主从模式下只能有一个主站。

PPI 是一种主从协议通信，主从站在一个令牌环网中，主站发送要求到从站，从站响应；从站不发信息，只是等待主站的要求并对要求做出响应。如果在用户程序中使能 PPI 主站模式，就可以在主站程序中使用网络读／写命令来读／写从站信息。

工程素质培养

查阅 S7-200 系统手册，思考一下如何用 Modbus 总线、PROFIBUS 总线和以太网连接 S7-200 系列 PLC。

拓展训练——网络读/写命令向导

用网络读/写命令向导完成如下任务：网络中有三台 PLC，A 的地址为 2，B 的地址为 10，C 的地址为 11；要求用 A PLC 每分钟读一次 B PLC 的 VB100 的值，读一次 C PLC 的 VB102 的值。

任务七 人机界面及组态技术在自动化生产线中的使用

任务目标

1. 掌握人机界面的概念及特点、人机界面的组态方法；
2. 能编写人机交互的组态程序，并进行安装、调试。

PLC 具有很强的功能，能够完成各种控制任务。但是同时也注意到这样一个问题：PLC 无法显示数据，没有漂亮的界面。不能像计算机控制系统一样，能够以图形方式显示数据，操作设备简单方便。

借助智能终端设备，即人机界面（human-machine interface，HMI）设备提供的组态软件，能够很方便地设计出用户所要求的界面，也可以直接在人机界面设备上操作设备。

人机界面设备提供了人机交互的方式，就像一扇窗口，是操作人员与 PLC 之间进行对话的接口设备。人机界面设备以图形形式，显示所连接 PLC 的状态、当前过程数据及故障信息。用户可使用 HMI 设备方便地操作和观测正在监控的设备或系统。工业触摸屏（见图 2-105）已经成为现代工业控制系统中不可缺少的人机界面设备之一。

图 2-105 工业触摸屏

YL-335B 采用了昆仑通态研发的人机界面 TPC7062K，在 YL-335B 型自动化生产线中，通过触摸屏这扇窗口，操作人员可以观察、掌握和控制自动化生产线以及 PLC 的工作状况，如图 2-106 所示。

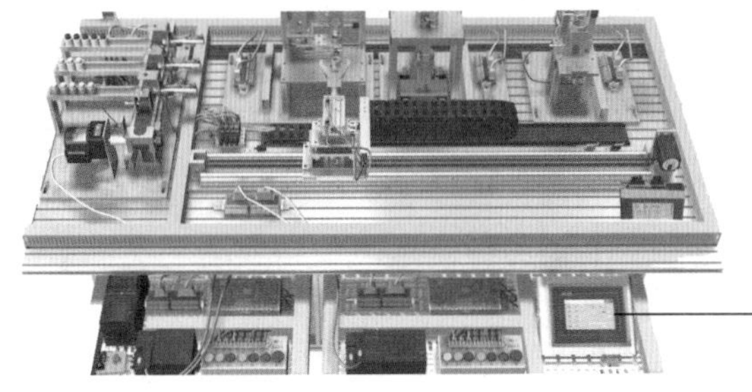

图 2-106 YL-335B 型自动化生产线

子任务一　认知人机界面TPC7062K和MCGS嵌入版组态软件

TPC7062K 是一套以嵌入式低功耗 CPU 为核心的高性能嵌入式一体化工控机。该产品设计采用了 7 英寸（1 英寸 =2.54 cm）高亮度 TFT 液晶显示屏（分辨率为 800×480），四线电阻式触摸屏（分辨率为 4 096×4 096），同时还预装了微软嵌入式实时多任务操作系统 WinCE.NET（中文版）和 MCGS 嵌入版组态软件（运行版）。

MCGS 嵌入版组态软件是昆仑通态公司专门开发用于 mcgsTpc 系列人机界面设备的组态软件，主要完成现场数据的采集与监测、前端数据的处理与控制。

1．TPC7062K的简单使用

图 2–107 所示是 mcgsTpc7062k 的正视和背视图。

TPC7062K 人机界面的电源进线、各种通信接口均在其背面。

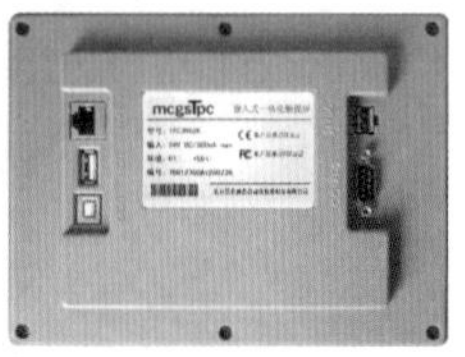

图 2–107　mcgsTpc7062k 的正视和背视图

（1）接口说明

TPC70262K 接口说明及背板图如图 2–108 所示。

（2）串口引脚定义

串口引脚说明及引脚图如图 2–109 所示。

接　　口	说　　明
LAN（RJ–45）	以太网接口
串口（DB9）	1×RS–232，1×RS–485
USB1	主口，USB1.1 兼容
USB2	从口，用于下载工程
电源接口	DC 24×(1±20%) V

（a）接口说明

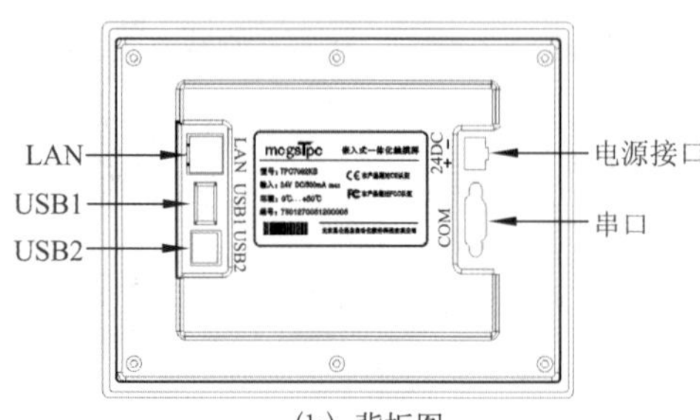

（b）背板图

图 2–108　TPC7062K 接口说明及背板图

接　口	PIN	引　脚　定　义
COM1	2	RS–232 RXD
	3	RS–232 TXD
	5	GND
COM2	7	RS–485 +
	8	RS–485 –

（a）串口引脚说明

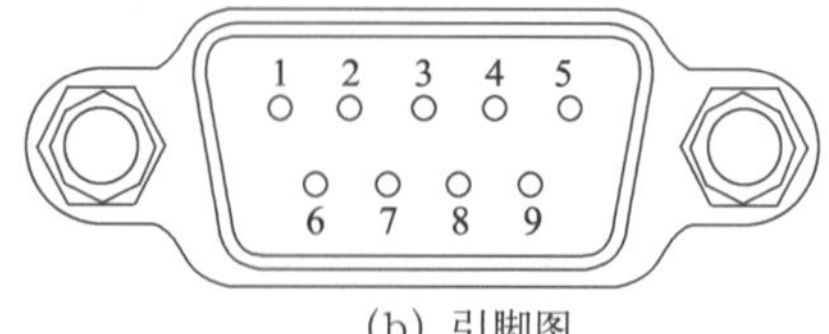

（b）引脚图

图 2–109　串口引脚说明及引脚图

（3）电源插头引脚定义及示意图

电源插头引脚定义及示意图如图 2–110 所示。

PIN	定义
1	+
2	–

（a）引脚定义

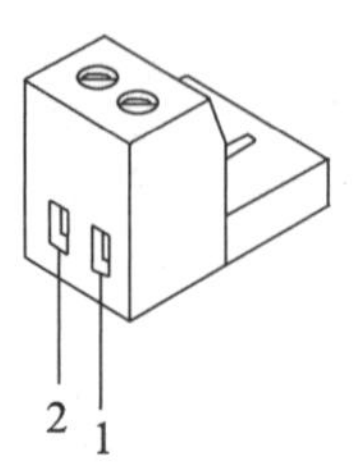

（b）示意图

图 2–110　电源插头引脚定义及示意图

(4) TPC7062K 启动

使用 24 V 直流电源给 TPC7062K 供电，开机启动后屏幕出现“正在启动”提示进度条，此时不需要任何操作系统将自动进入工程运行界面，如图 2-111 所示。

图 2-111　TPC7062K 启动及工程运行界面

2．认知MCGS嵌入版组态软件

MCGS 嵌入版组态软件与其他相关的硬件设备结合，可以快速、方便地开发各种用于现场采集、数据处理和控制的设备。如可以灵活组态各种智能仪表、数据采集模块、无纸记录仪、无人值守的现场采集站、人机界面等专用设备。

(1) MCGS 嵌入版组态软件的主要功能

① 简单灵活的可视化操作界面：采用全中文、可视化的开发界面，符合中国人的使用习惯和要求。

② 实时性强，有良好的并行处理性能：是真正的 32 位系统，以线程为单位对任务进行分时并行处理。

③ 丰富、生动的多媒体画面：以图像、图符、报表、曲线等多种形式为操作员及时提供相关信息。

④ 完善的安全机制:提供了良好的安全机制，可以为多个不同级别用户设定不同的操作权限。

⑤ 强大的网络功能：具有强大的网络通信功能。

⑥ 多样化的报警功能：提供多种不同的报警方式，具有丰富的报警类型，方便用户进行报警设置。

⑦ 支持多种硬件设备。

总之，MCGS 嵌入版组态软件具有与通用组态软件一样强大的功能，并且操作简单，易学易用。

(2) MCGS 嵌入版组态软件的组成

MCGS 嵌入版组态软件生成的用户应用系统由主控窗口、设备窗口、用户窗口、实时数据库和运行策略五个部分构成，如图 2-112 所示。

主控窗口构造了应用系统的主框架，它确定了工业控制中工程作业的总体轮廓，以及运行流程、特性参数和启动特性等项内容，是应用系统的主框架。设备窗口是 MCGS 嵌入版系统与外围设备联系的媒介，设备窗口专门用来放置不同类型和功能的设备构件，实现对外围设备的操作和控制。设备窗口通过设备构件把外围设备的数据采集进来，送入实时数据库，或把实时数据库中的数据输出到外围设备。用户窗口实现了数据和流程的“可视化”，用户窗口中可以放置三种不同类型的图形对象：图元、图符和动画构件。通过在用户窗口内放置不同的图形对象，用户可以构造各种复杂的图形界面，用不同的方式实现数据和流程的“可视化”。 实时数据库是 MCGS 嵌入版系统的核心，实时数据库相当于一个数据处理中心，同时也起到公共数据交换区的作用。从外围设备采集来的实时数据送入实时数据库，系统其他部分操作的数据也来自于实时数据库。运行策略是对系统运行流程实现有效控制的手段，运行策略本身是系统提供的一个框架，其里面放置由策略条件构件和策略构件组成的“策略行”，通过对运行策略的定义，使系统能够按照设定的顺序和条件操作任务，实现对外围设备工作过程的精确控制。

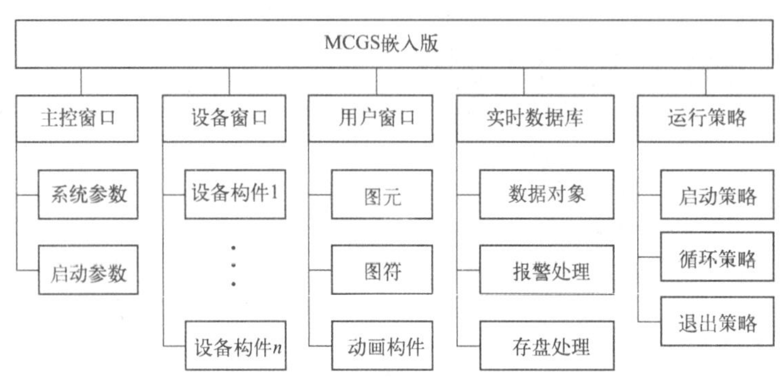

图 2-112　MCGS 嵌入版组态软件的组成图

(3) 嵌入式系统的体系结构

嵌入式组态软件的组态环境和模拟运行环境相当于一套完整的工具软件，可以在 PC 上运行。 嵌入式组态软件的运行环境则是一个独立的运行系统，它按照组态工程中用户指定的方式进行各种处理，完成用户组态设计的目标和功能。运行环境本身没有任何意义，必须与组态工程一起作为一个整体，才能构成用户应用系统。一旦组态工作完成，并且将组态好的工程通过 USB 口下载到嵌入式一体化触摸屏的运行环境中，组态工程就可以离开组态环境而独立运行在 TPC 上，从而实现了控制系统的可靠性、实时性、确定性和安全性。 TPC7062K 与组态计算机连接图如图 2-113 所示。

将普通的 USB 线，一端为扁平接口，插到计算机的 USB 口；一端为微型接口，插到 TPC 端的 USB2 口。

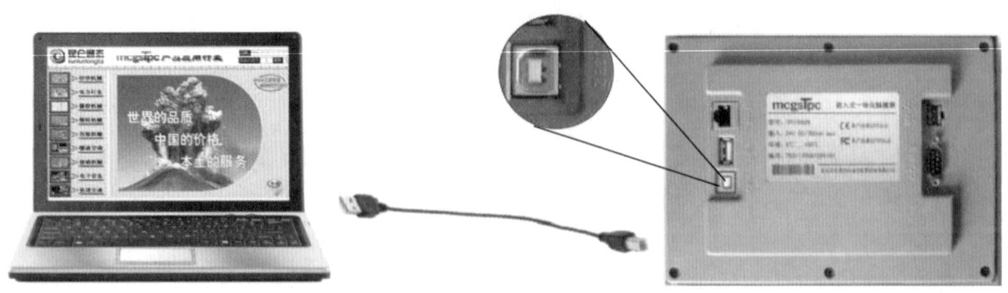

图 2-113　TPC7062K 与组态计算机连接图

1. TPC7062K与PLC的接线

认识了 TPC7062K 后，下面再来了解它与西门子 S7-200 系列 PLC 的通信方式。接线方式如图 2-114 所示。

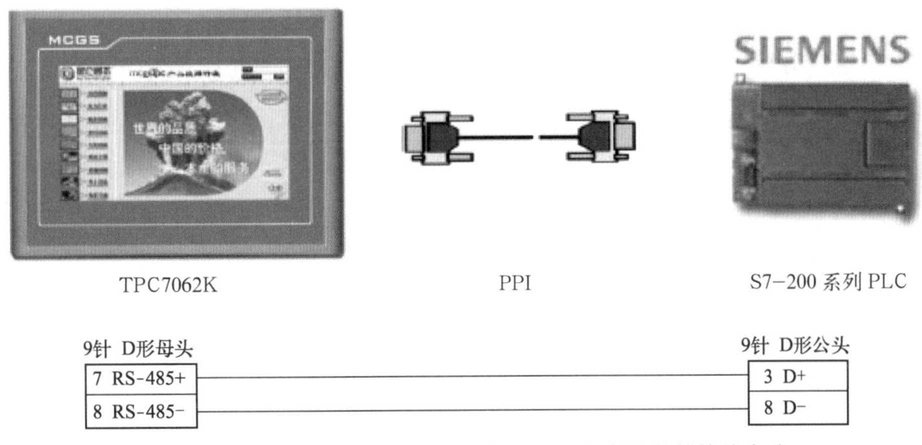

图 2-114　TPC7062K 与西门子 S7-200 系列 PLC 的接线方式

在安装了 MCGSE 嵌入版组态软件的计算机桌面上添加了如图 2-115 所示的两个快捷方式图标。

图 2-115　MCGS 嵌入式组态环境和模拟运行环境图标

2. TPC7062K与西门子S7-200系列 PLC连接的组态

下面简要介绍 TPC7062K 与西门子 S7-200 系列 PLC 连接的组态过程，下面开始实际动手操作一下吧！

（1）工程建立

双击 Windows 操作系统桌面上的组态环境快捷方式图标，可打开嵌入版组态软件，然后按如下步骤建立通信工程：

① 选择“文件”→“新建工程”命令，弹出“新建工程设置”对话框（见图 2-116），TPC 类型选择为 TPC7062K，单击“确定”按钮。

② 选择“文件”→“工程另存为”命令，弹出“文件保存”窗口。

③ 在“文件名”一栏内输入“TPC 通信控制工程”，单击“保存”按钮，工程创建完毕。

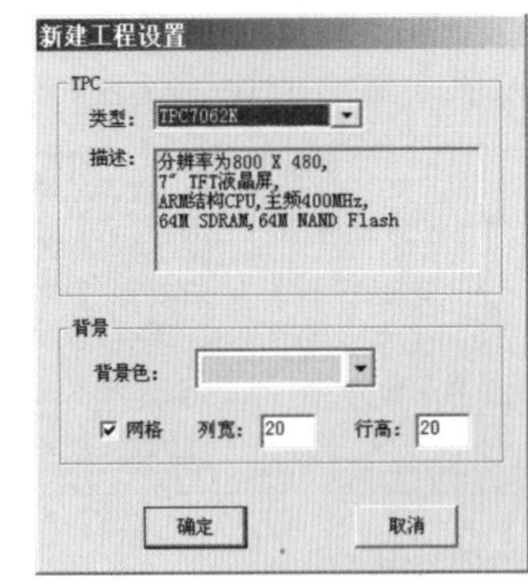

图 2-116　“新建工程设置”对话框

（2）工程组态

下面通过编写实例程序，验证触摸屏 TPC7062K 与西门子 S7-200 通信连接的正确性。具体的操作步骤请见光盘。

 知识、技能归纳

说明：随着触摸屏在工业中的广泛应用，人机界面及组态技术实现了人机可视化交互。人机界面产品由硬件和软件两部分组成，硬件部分包括处理器、显示单元、输入单元、通信接口、数据存储单元等，其中处理器的性能决定了HMI产品的性能高低，是HMI的核心单元。基于触摸屏的人机界面实际上是由触摸屏、触摸屏控制器、微控制器及其相应软件构成的。HMI软件一般分为两部分，即运行于HMI硬件中的系统软件和运行于PC中Windows操作系统下的画面组态软件，组态软件编程简单，维护方便。人机界面系统能实现生产设备工作状态显示，如指示灯、按钮、文字、图形、曲线等；数据、文字输入操作，打印输出；生产配方存储，设备生产实时、历史数据记录；简单的逻辑和数值运算；而且可连接多种工业控制设备组网。

工程素质培养

人机界面与组态技术，沟通无界，锦上添花！

查阅MCGS人机系统手册，编写组态程序，设计用户权限管理、生产统计、历史曲线、故障报警记录等功能界面。

拓展训练——设计YL-335B生产过程监控组态程序

要求满足以下功能：①用户管理；②整条生产监控，显示状态及动画过程；③单站状态查询；④参数设定；⑤生产统计；⑥故障报警历史记录。读者可根据表2-18进行评分。

表2-18　考核技能评分参考表

姓名		同组		开始时间			
专业／班级				结束时间			
项目内容	考核要求	配分	评分标准		扣分	自评	互评
1. 用户管理	分三级用户：查询、操作、参数修改	15	满足用户密码认证、分级操作功能，一项功能不能实现，扣5分				
2. 整条生产监控，显示状态及动画过程	画面直观清楚，显示数据状态正确	30	人机界面美观10分，状态数据准确10分，动画过程10分				
3. 单站状态查询	画面直观清楚，显示数据状态正确	20	每个单站4分				
4. 参数设定	编写设定变频器的参数、加工工件的数量的画面	10	能实现正确设定参数功能				
5. 生产统计	编写统计当前生产线的生产情况的画面	10	能正确统计生产线生产工件信息				
6. 故障报警历史记录	编写生产线异常报警记录画面	5	生产线故障异常能报警，并记录				
7. 职业素养、团队精神	团队合作，分工明确，技术文档详细	10	查看工作记录，程序设计说明书				
教师点评		成绩：（教师）	总成绩：				

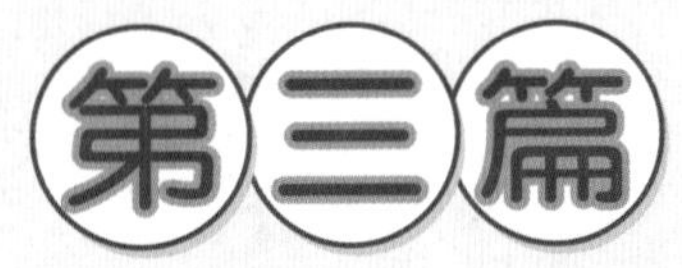

项目迎战——自动化生产线各单元安装与调试

不要担心，只要融会贯通所学招式，共五个套路，就能获胜，现在我们开始……

扫一扫

第三篇
项目迎战

通过在第二篇项目备战中核心技术的学习，我们已经掌握了自动化生产线安装与调试所具备的知识点，现在以 YL-335B 自动化生产线为例进行技能挑战，即进行各分站设备安装和程序设计调试的训练。

YL-335B 自动化生产线配置了五个站，每个站可以自成体系独立运行，又可以任意组合应用，这体现了 PLC 核心技术在不同工作情境下、不同的应用领域下、不同的应用时效下的应用。每个站都有一种主要技术单元，同时，还有其他技术单元出现。通过 PLC 核心技术在不同工作情境下的反复应用，反映了它在机电控制领域的核心地位，体现了 PLC 核心技术与教学环境一体化课程建设思路，其示意图如图 3-1 所示。

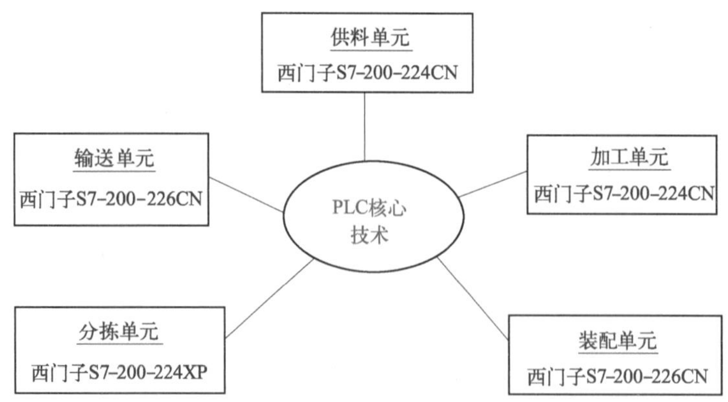

图 3-1　PLC 核心技术与教学环境一体化

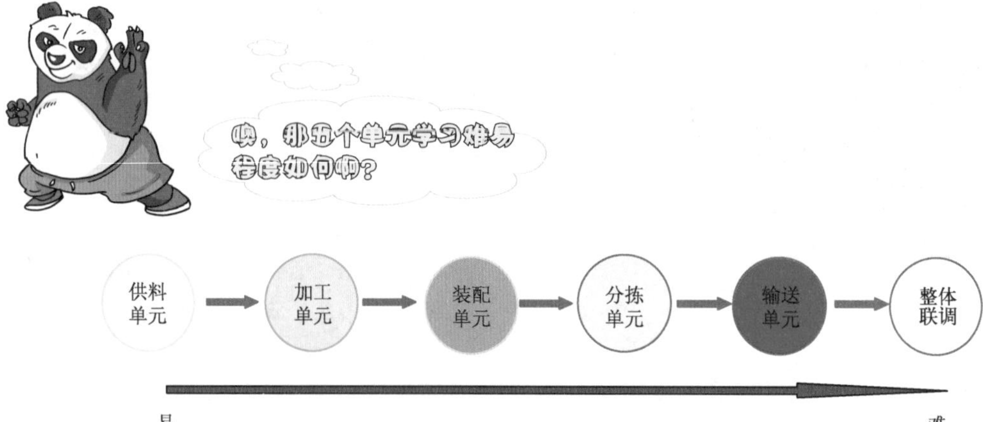

难度在这里哦！

训练模式：

三人一组分工协作，完成生产线中五个分站的安装、调试等工作。

为了达到训练目的，现在就从供料单元开始吧！

任务一　供料单元的安装与调试

任务目标

1．能在规定时间完成供料单元的安装和调试；

2．能根据控制要求进行供料单元控制程序设计和调试；

3．能解决自动化生产线安装与运行过程中出现的常见问题。

子任务一　初步认识供料单元

供料单元（见图 3–2）是自动化生产线中的起始单元，用于向系统中的其他单元提供原料，相当于实际生产线中的自动上料系统。供料单元的主要结构有：工件装料管、工件推出装置、支架、阀组、端子排组件、PLC、急停按钮和启动 / 停止按钮、走线槽、底板等。

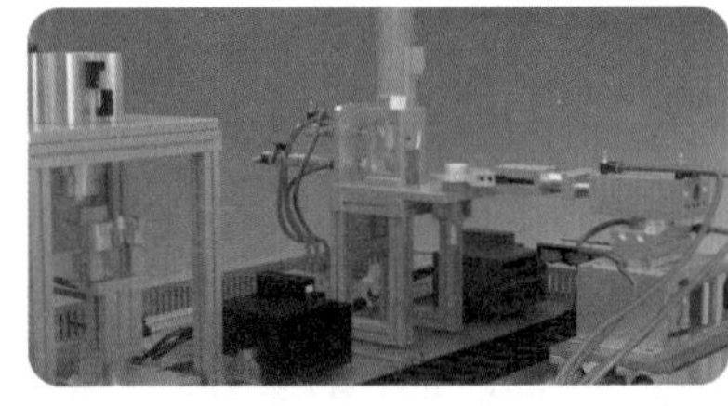
图 3–2　供料单元

1．供料单元功能

供料单元是按照需要，将放置在料仓中待加工的工件（原料）自动推到物料台上，以便使输送单元的机械手将其抓取，并输送到其他单元上。图 3–3 为供料单元实物图。

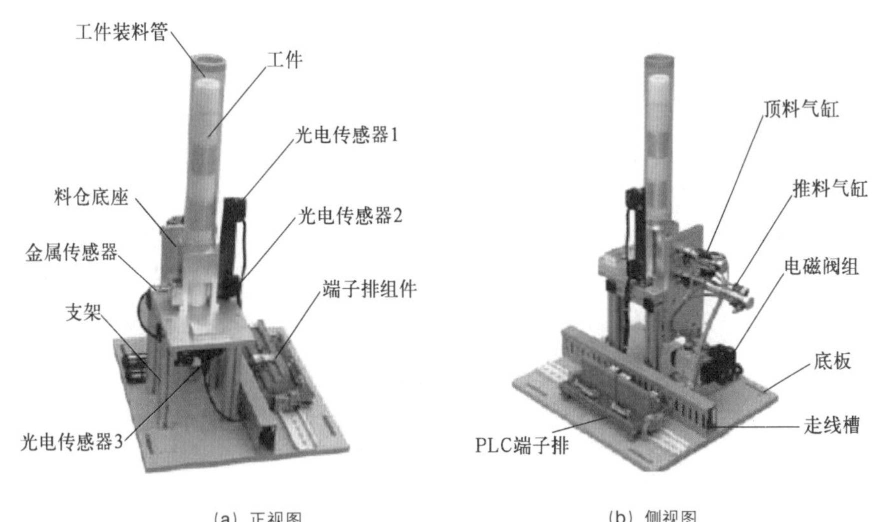

(a) 正视图　　(b) 侧视图

图 3–3　供料单元实物图

2．供料单元的动作过程

工件垂直叠放在料仓中，推料气缸处于料仓的底层并且其活塞杆可从料仓的底部通过。当活塞杆在退回位置时，它与最下层工件处于同一水平位置，而夹紧气缸则与次下层工件处于同一水平位置。在需要将工件推出到物料台上时，首先使夹紧气缸的活塞杆推出，压住次下层工件；然后使推料气缸活塞杆推出，从而把最下层工件推到物料台上。在推料气缸返回并从料仓底部抽出后，再使夹紧气缸返回，松开次下层工件。这样，料仓中的工件在重力的作用下，就自动向下移动一个工件，为下一次推出工件做好准备，供料单元结构示意图如图 3–4 所示。

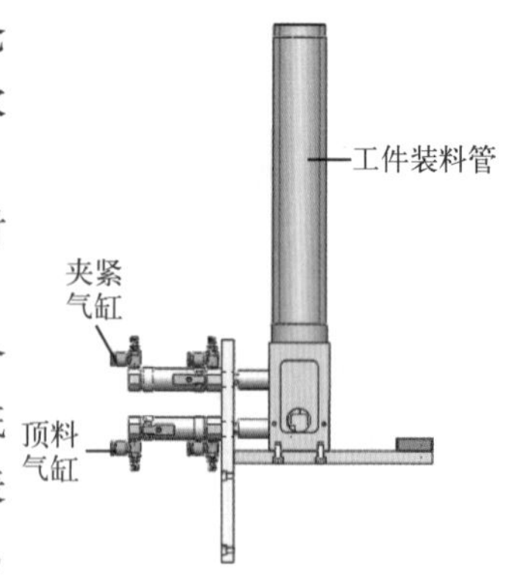

图 3–4　供料单元结构示意图

在底座和工件装料管第四层工件位置，分别安装了一个漫射式光电开关。它们的功能是检测料仓中有无储料或储料是否足够。

若该部分机构内没有工件，则处于底层和第四层位置的两个漫射式光电开关均处于常态；若从底层起仅剩下三个工件，则底层处漫射式光电开关动作而第四层漫射式光电开关处于常态，表明工件已经快用完了。这样，料仓中有无储料或储料是否足够，即可用这两个漫射式光电开关的信号状态反映出来。

推料气缸把工件推出到物料台上。物料台面开有小孔，物料台下面设有一个圆柱形漫射式光电开关，工作时向上发出光线，从而透过小孔检测是否有工件存在，以便向系统提供本单元物料台有无工件的信号。在输送单元的控制程序中，可以利用该信号状态来判断是否需要驱动机械手装置来抓取此工件。

子任务二　供料单元的控制

1. 招式1——气动控制

气动控制回路是本工作单元的执行机构，由 PLC 控制推料和顶料。供料单元气动控制回路的工作原理如图 3–5 所示。图中 1A 和 2A 分别为推料气缸和顶料气缸。1B1 和 1B2 为安装在推料气缸的两个极限工作位置的磁感应接近开关，2B1 和 2B2 为安装在顶料气缸的两个极限工作位置的磁感应接近开关。1Y1 和 2Y1 分别为控制推料气缸和顶料气缸的电磁阀的电磁控制端。

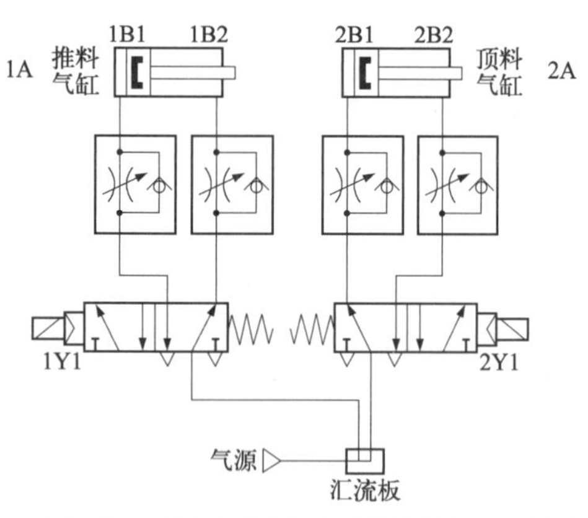

图 3–5　供料单元气动控制回路的工作原理

气缸两端分别有缩回限位和伸出限位两个极限位置，这两个极限位置都分别装有一个磁性开关。当气缸的活塞杆运动到哪一端时，哪一端的磁性开关就动作并发出电信号。

供料单元的阀组由两个二位五通的带手控开关的单电控电磁阀组成。两个单电控电磁阀集中安装在汇流板上，汇流板中两个排气口末端均连接了消声器。两个电磁阀分别对顶料气缸和推料气缸进行控制，以改变各自的动作状态。

2. 招式2——PLC控制

如图 3-3 所示，在底座和工件装料管第四层工件位置，均安装了 1 个漫射式光电开关，分别用于判断料仓中有无储料和储料是否足够。物料台面开有小孔，物料台下面也设有一个漫射式光电开关，向系统提供物料台有无工件的信号。

传感器信号（4 个传感器和 4 个磁性开关）占用 8 个输入点，启停和方式切换占 4 个输入点，输出有 2 个电磁阀和 3 个指示灯，则所需的输入、输出点数分别为 12 点输入和 5 点输出，如表 3-1 所示。选用西门子 S7-200-224 作为主单元，共 14 点输入和 10 点继电器输出，供料单元 PLC 的 I/O 接线原理图如图 3-6 所示。

表 3-1　供料单元 PLC 的 I/O 信号表

输入信号				输出信号			
序号	PLC 输入点	信号名称	信号来源	序号	PLC 输出点	信号名称	信号来源
1	I0.0	顶料到位检测	按钮 / 指示灯端子排	1	Q0.0	顶料电磁阀	
2	I0.1	顶料复位检测		2	Q0.1	推料电磁阀	
3	I0.2	推料到位检测		3	Q0.2		
4	I0.3	推料复位检测		4	Q0.3		
5	I0.4	物料台物料检测		5	Q0.4		
6	I0.5	供料不足检测		6	Q0.5		
7	I0.6	物料有无检测		7	Q0.6		
8	I0.7	金属传感器检测		8	Q0.7	黄色指示灯	
9	I1.2	停止按钮		9	Q1.0	绿色指示灯	
10	I1.3	启动按钮		10	Q1.1	红色指示灯	
11	I1.4	急停按钮					
12	I1.5	工作方式切换					

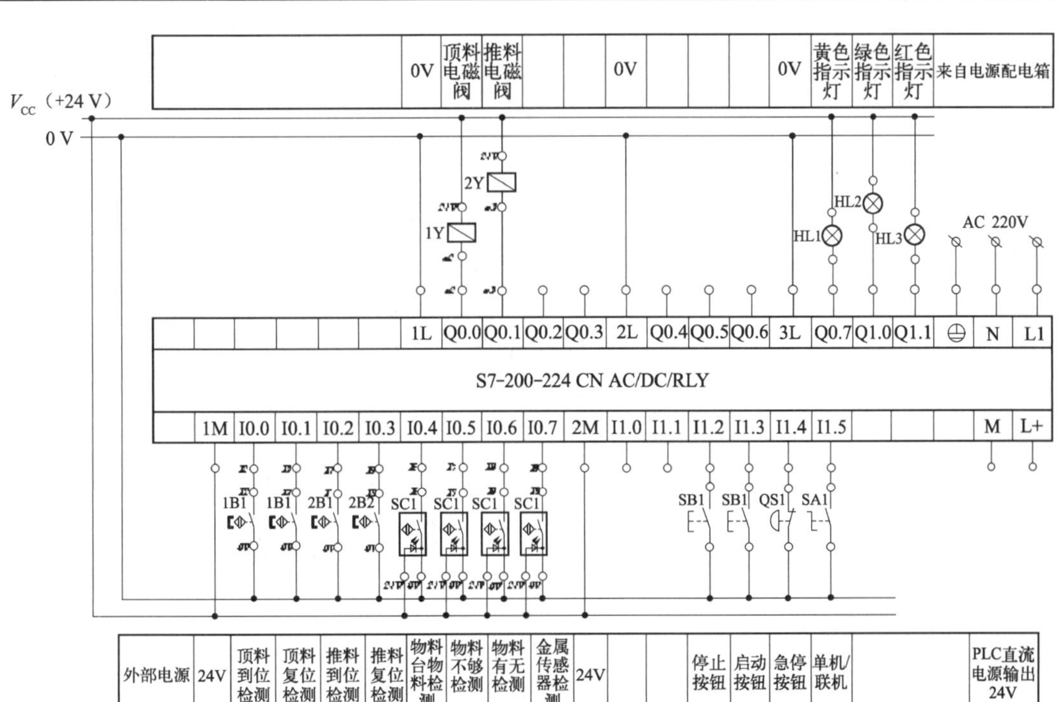

图 3-6　供料单元 PLC 的 I/O 接线原理图

3．招式3——人机界面设计

供料单元的监控画面采用 MCGS 触摸屏组态设计，实现供料单元的单站运行以及对其运行状态的全程监控。启动监控软件，即可自动进入初始界面，如图 3–7 所示。自动运行 30 s 后进入“供料站单元设计与调试”界面，如图 3–8 所示。“供料站单元设计与调试”窗口监控内容有：启动、停止、急停按钮，系统运行、停止状态显示，供料计数、金属料计数等一系列信息，也可以通过该界面进入“实时数据浏览”和“报警数据浏览”界面，如图 3–9 所示。

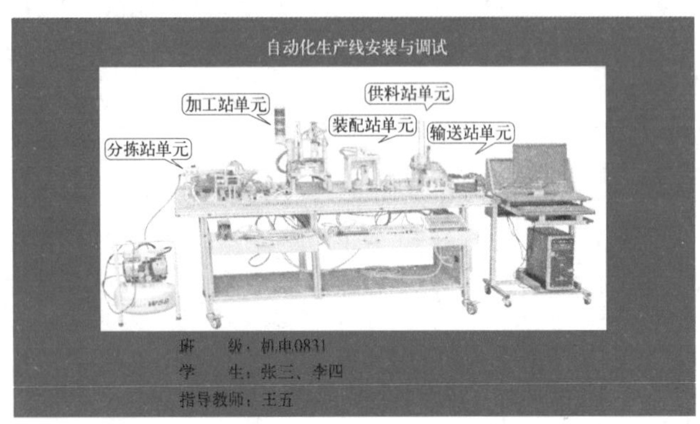

图 3–7　初始界面

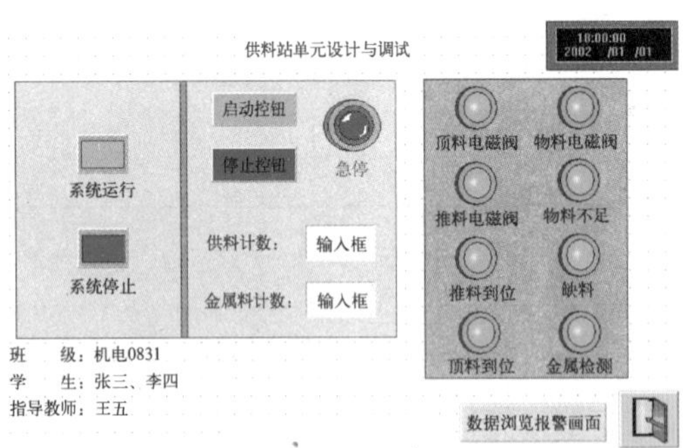

图 3–8 “供料站单元设计与调试” 界面

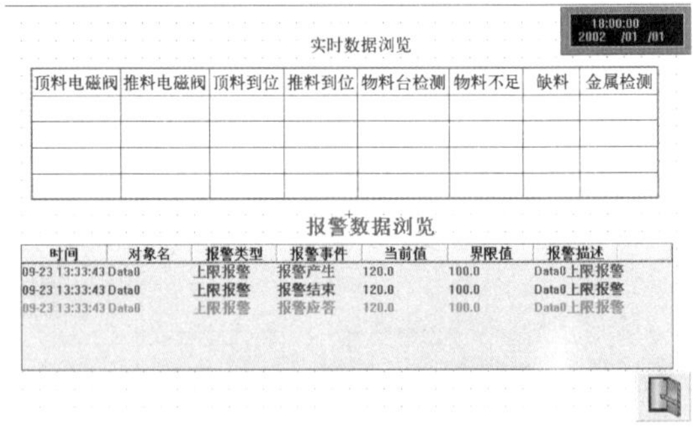

图 3–9 “实时数据浏览” 和 “报警数据浏览” 界面

供料单元人机界面的组态步骤和方法：

(1) 创建工程

TPC 类型选择“TPC7062KS”或者“TPC7062K”，建立工程“供料站安装与调试”。

(2) 定义数据对象（以数据对象“系统运行”为例）

① 单击工作台中的“实时数据库”窗口标签，进入实时数据库窗口页。

② 单击“新增对象”按钮，在窗口的数据对象列表中，增加新的数据对象，系统默认定义的名称为“Data1”、“Data2”和“Data3”等（多次单击该按钮，即可增加多个数据对象）。

③ 选中对象，单击“对象属性”按钮，或双击选中对象，则打开“数据对象属性设置”窗口。

④ 将对象名称改为“系统运行”；对象类型选择“开关型”，然后单击“确认”按钮。

按照此步骤，根据列表，设置其他数据对象。

(3) 画面制作(以运行指示灯为例)

① 参考设计示图,从工具箱中选择所需指示灯。在“单元属性设置”对话框中,切换到“动画连接”选项卡,如图 3-10 所示。

② 单击组合图符,单击 > 按钮进入下一步画面。

③ 切换到“填充颜色”选项卡。

④ 表达式为“运行_供料”;然后进行填充颜色连接,0 时无颜色,1 时呈现绿色,如图 3-11 所示。

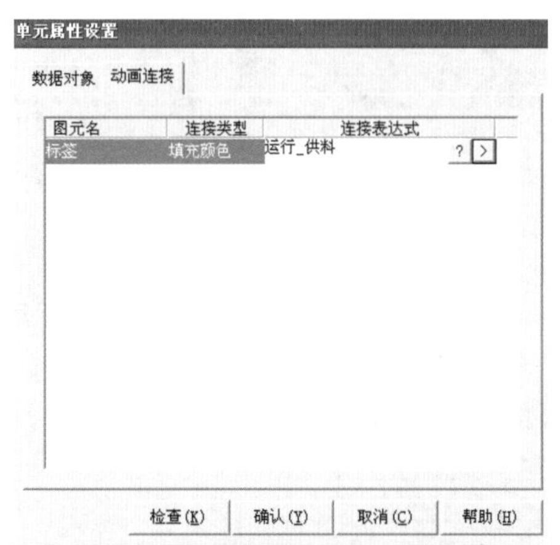

图 3-10 “单元属性设置”对话框

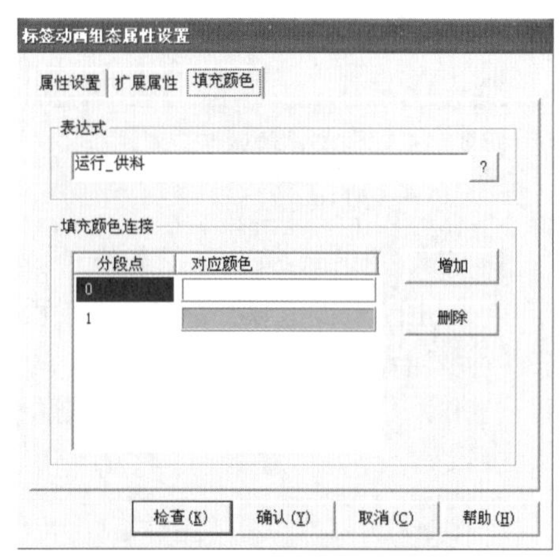

图 3-11 进行填充颜色连接

(4) 设备连接

① 进入设备窗口,单击“工具箱”图标,打开“设备工具箱”窗口,如图 3-12 所示。

② 单击“设备管理”按钮,选择所需连接的(PLC)设备和父设备。

③ 子设备关联到父设备下,并在父设备基本属性中设置好通信参数,如图 3-13 所示。

④ 进入子设备增加 PLC 设备通道,如图 3-14 所示。

⑤ 把设备通道与组态软件实时数据库中的数据相连接,如图 3-15 所示。

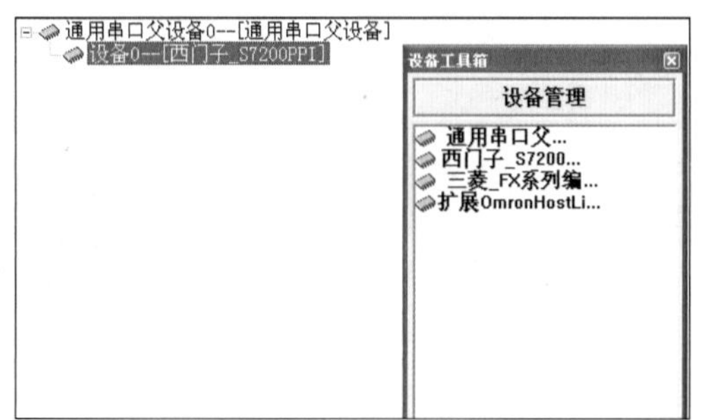

图 3-12 进行设备选择

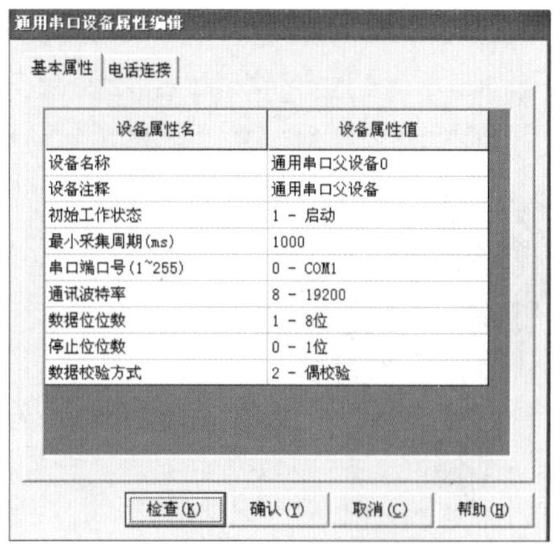

图 3-13 “通用串口设备属性编辑”对话框

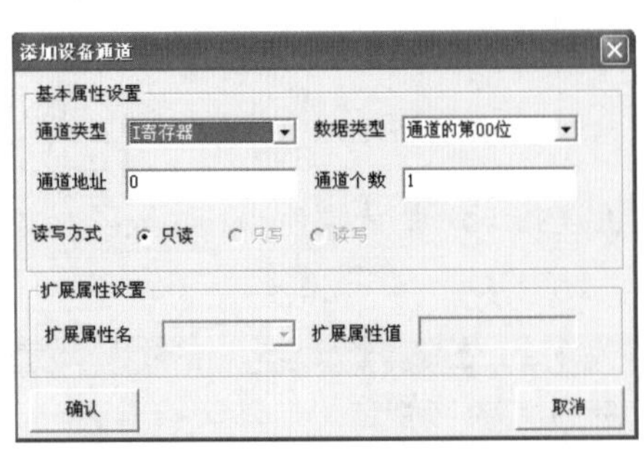

图 3–14 “添加设备通道”对话框

图 3–15 设备编辑窗口

(5) 程序下载调试

① 单击按钮，弹出“下载配置”对话框，如图 3–16 所示。

② 单击“工程下载”按钮，把工程传送到触摸屏，单击“确定”按钮完成工程，然后进入监控主界面。

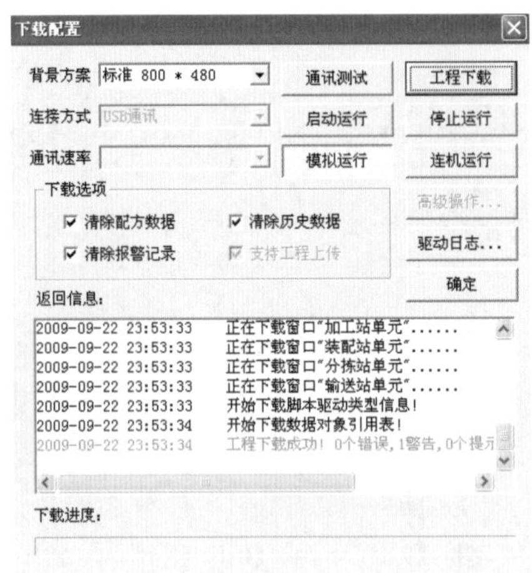

图 3–16 “下载配置”对话框

子任务三 供料单元技能训练

1. 训练目标

按照本单元控制要求，在规定时间内完成机械部分、传感器、气路的安装与调试，并进行 PLC 程序设计和供料单元的人机界面设计与调试。

2. 训练要求

① 熟悉供料单元的功能及结构组成。

② 能够根据控制要求，设计气动控制回路原理图，安装执行器件并进行调试。

③ 安装所使用的传感器并进行调试。

④ 查明 PLC 各端口地址，根据要求编写程序并调试。

⑤ 能够进行供料单元的人机界面设计和调试。

3. 安装与调试工作计划表

读者可按照表 3–2 所示的工作计划表对供料单元的安装与调试进行记录。

表 3–2　工作计划表

步　骤	内　　容	计划时间 /h	实际时间 /h	完 成 情 况
1	整个练习的工作计划	0.25		
2	制订安装计划	0.25		
3	本单元任务描述和任务所需图样程序	1		
4	写材料清单和领料单	0.25		
5	机械部分安装与调试	1		
6	传感器安装与调试	0.25		
7	按照图样进行电路安装	0.5		
8	气路安装	0.25		
9	气源与电源连接	0.25		
10	PLC 控制编程	1		
11	供料单元的人机界面设计	2		
12	按质量要求检查整个设备	0.25		
13	本单元各部分设备的通电、通气测试	0.25		
14	对教师发现和提出的问题进行回答	0.25		
15	输入程序，进行整个装置的功能调试	0.5		
16	排除故障	0.25		
17	该任务成绩的评估	0.5		

供料单元安装与调试总时间计划共计 9 h，请根据实际情况填写表 3–2。

4. 材料清单

请仔细查看器件，根据所选系统及具体情况填写表 3–3 中的规格、数量、产地。

表 3–3　供料单元材料清单

序　号	代　号	物 品 名 称	规　格	数　量	备注（产地）
1		大工件装料管			
2		推料气缸			
3		顶料气缸			
4		磁性开关			
5		光电传感器			
6		PLC			
7		端子排组件			
8		急停按钮			

续表

序　号	代　号	物品名称	规　格	数　量	备注（产地）
9		启动/停止按钮			
10		支撑板			
11		阀组			
12		工件漏斗			
13		走线槽			
14		底板			
15		金属传感器			

5．机械部分安装与调试

（1）机械部分安装步骤

① 在教师指导下，熟悉本单元功能和动作过程；观看本单元安装录像；在现场观察了解本单元结构，供料单元组件如图 3-17 所示。

还是谨慎从事好，听从师傅的指挥！

② 在独立安装时，首先把传感器支架安装在落料支撑板下方，在支撑板上装底座。注意：出料口方向朝前，与挡料板方向一致。然后装两个传感器支架，把以上整体安装在落料支撑架上。注意：支撑架的横架方向是在后面的，螺钉先不要拧紧，方向不能反，安装气缸支撑板后再固定紧。

③ 在气缸支撑板上装两个气缸，安装节流阀，装推料头，然后固定在落料板支架上。

④ 把以上整体安装到底板上，并固定于工作台上，在工作台第 4 道、第 10 道槽口安装螺钉固定。

⑤ 安装大工件装料管（俗称“料筒”或“料仓”），安装光电传感器、金属传感器和磁性开关。

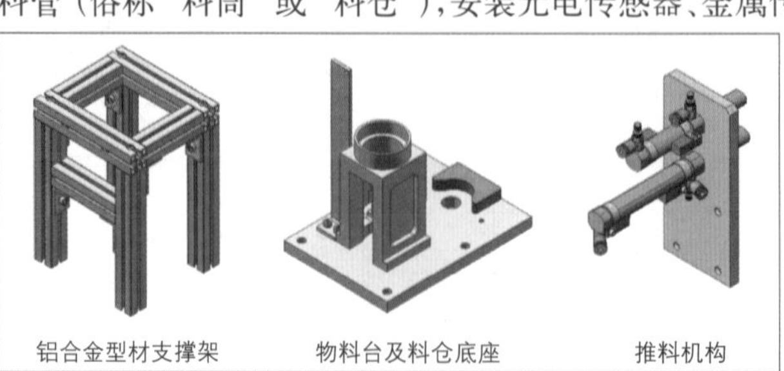

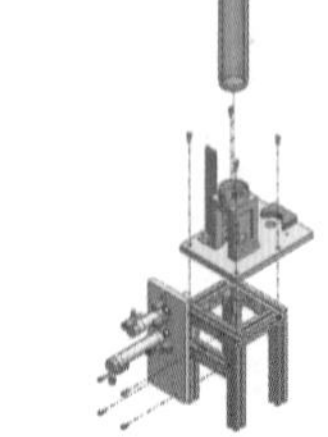

图 3-17　供料单元组件

（2）调试注意事项

① 要手动调整推料气缸或者挡料板位置，调整后，再固定螺栓；否则，位置不到位会引起工件推偏。

② 磁性开关的安装位置可以调整。调整方法是松开磁性开关的紧定螺栓，让它顺着气缸滑动；到达指定位置后，再旋紧紧定螺栓。注意：夹料气缸只要把工件夹紧即可，因此行程很短，因此它上面的两个磁性开关几乎靠在一起。如果磁性开关安装位置不当，会影响控制过程。

③ 底座和工件装料管安装的光电开关。若该部分机构内没有工件，光电开关上的指示灯不亮；若在底层起有三个工件，底层处光电开关上的指示灯亮，而第四层处光电开关上的指示灯不亮；若在底层起有四个工件或者以上，两个光电开关上的指示灯都亮；否则，调整光电开关位置或者光强度。

④ 物料台面开有小孔，物料台下面也设有一个光电开关，工作时向上发出光线，从而透过小孔检测是否有工件存在，以便向系统提供本单元物料台有无工件的信号。在输送单元的控制程序中，就可以利用该信号状态来判断是否需要驱动机械手装置来抓取此工件。该光电开关选用圆柱形的光电接近开关（MHT15-N2317 型）。注意：所用工件中心也有个小孔，调整传感器位置时，应防止传感器发出光线透过工件中心小孔而没有反射，从而引起误动作。

⑤ 所采用的电磁阀，带手动换向、加锁钮，有锁定（LOCK）和开启（PUSH）两个位置。用小螺丝刀把加锁钮旋到 LOCK 位置时，手控开关向下凹进去，不能进行手控操作。只有在 PUSH 位置时，才可用工具向下按，信号为 1，等同于该侧的电磁信号为 1；常态时，手控开关的信号为 0。在进行设备调试时，可以使用手控开关对阀进行控制，从而实现对相应气路的控制，以改变推料气缸等执行机构的控制，从而达到调试的目的。

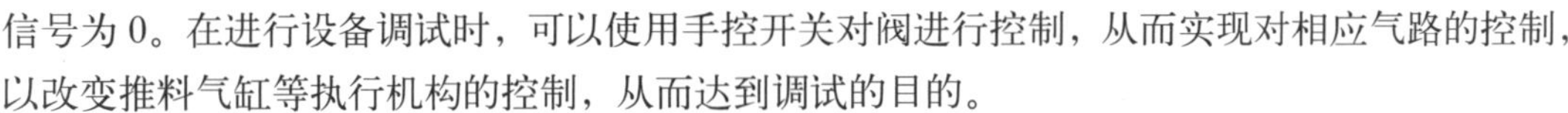

6. 生产工艺流程

① 设备加电后，若工作单元的两个气缸均处于缩回位置，且料仓内有足够的待加工工件，则“正常工作”指示灯 HL1 长亮，表示设备已准备好；否则，该指示灯以 1Hz 的频率闪烁。

② 若设备准备好，按下启动按钮，工作单元启动，“设备运行”指示灯 HL2 长亮。启动后，若出货台上没有工件，则应把工件推到出货台上。出货台上的工件被人工取出后，若没有停止信号，则进行下一次推出工件的操作。

③ 若在运行中按下停止按钮，则在完成本工作周期任务后，各工作单元停止工作，指示灯 HL2 熄灭。

④ 若在运行中料仓内工件不足，则工作单元将继续工作，但“正常工作”指示灯 HL1 以 1 Hz 的频率闪烁，“设备运行”指示灯 HL2 保持长亮；若料仓内没有工件，则指示灯 HL1 以 2 Hz 的频率闪烁。工作站在完成本工作周期任务后停止。除非向料仓补充足够的工件，工作站不能再启动。

要编写满足控制要求、安全要求的控制程序，首先要了解设备的基本结构；其次要清楚各个执行结构之间的准确动作关系，即清楚生产工艺；同时还要考虑安全、效率等因素；最后才是通过编程实现控制功能。供料单元单周期控制工艺流程如图 3-18 所示，供料单元自动循环控制工艺流程如图 3-19 所示。

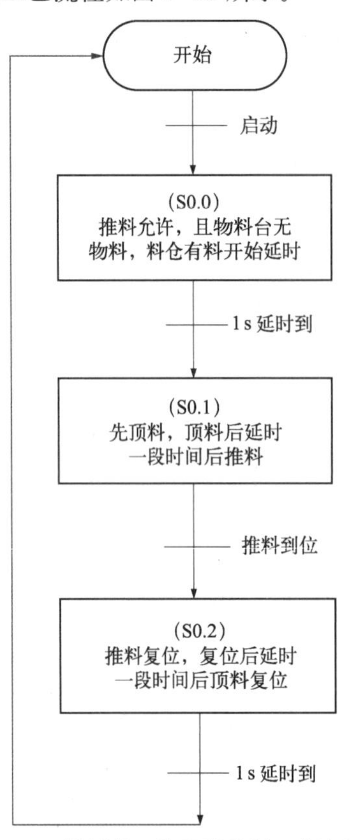

图 3-18　供料单元单周期控制工艺流程

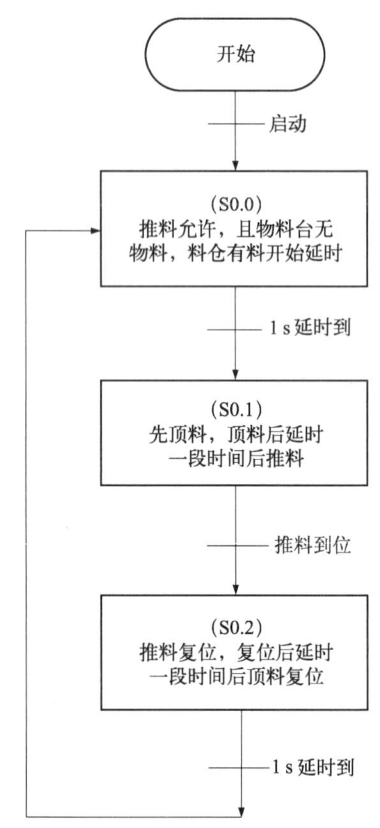

图 3-19　供料单元自动循环控制工艺流程

7．调试运行

在编写、传输、调试程序过程中，进一步了解并掌握设备调试的方法、技巧及注意点，培养严谨的作风，需要做到以下几点：

① 在下载、运行程序前，必须认真检查程序。在检查程序时，重点检查：各个执行机构之间是否会发生冲突；采用什么措施避免了冲突；同一执行机构在不同阶段所做的动作是否区分开了。(只有认真、全面检查了程序，并确定准确无误时，才可以运行程序。若在不经过检查的情况下直接在设备上运行所编写的程序，如果程序存在问题，就很容易造成设备损毁和人员伤害。)

② 在调试过程中，仔细观察执行机构的动作，并且在调试运行记录表（见表 3-4）中做好实时记录，并将其作为依据，来分析程序可能存在的问题。如果程序能够实现预期的控制功能，则应该多运行几次，以便检查其运行的稳定性，然后进行程序优化。

③ 总结经验，把调试过程中遇到的问题、解决的方法记录下来。

④ 在运行过程中，应该在现场时刻注意运行情况，一旦发生执行机构相互冲突的事件，应该及时采取措施（如急停、切断执行机构控制信号、切断气源和切断总电源等），以免造成设备的损毁。

表 3–4　调试运行记录表

观察项目 / 结果 / 操作步骤	光电开关（物料有无）	光电开关（物料够不够）	金属传感器	推料气缸	顶料气缸	推料气缸磁性开关		顶料气缸磁性开关	
料筒放入四个工件	1	1	0	0	0				
按启动按钮，顶料到位	1	0	0	0	1				
推料到位	1	0	1	0					
推料复位	1	0	1						
顶料复位									
顶料到位									

教师、学生可根据表 3–5 进行评分。

表 3–5　评　分　表

评　分　表 ______学年		工 作 形 式 □个人　□小组分工　□小组	实际工作时间 __________	
训练项目	训 练 内 容	训 练 要 求	学生自评	教师评分
供料单元	1．工作计划与图样（20 分） 工作计划； 材料清单； 气路图； 电路图； 程序清单	电路绘制有错误，每处扣 0.5 分；机械手装置运动的限位保护没有设置或绘制有错误，扣 1.5 分；主电路绘制有错误，每处扣 0.5 分；电路图形符号不规范，每处扣 0.5 分，最多扣 2 分		
	2．部件安装与连接（20 分）	装配未能完成，扣 2.5 分；装配完成，但有紧固件松动现象，每处扣 1 分		
	3．连接工艺（20 分） 电路连接及工艺； 气路连接及工艺； 机械安装及装配工艺	端子连接、插针压接不牢或超过两根导线，每处扣 0.5 分，端子连接处没有线号，每处扣 0.5 分，两项最多扣 3 分；电路接线没有绑扎或电路接线凌乱，扣 2 分；机械手装置运动的限位保护未接线或接线错误，扣 1.5 分；气路连接未完成或有错，每处扣 2 分；气路连接有漏气现象，每处扣 1 分；气缸节流阀调整不当，每处扣 1 分；气管没有绑扎或气路连接凌乱，扣 2 分		
	4．测试与功能（30 分） 夹料功能； 送料功能； 整个装置全面检测	启动/停止方式不按控制要求，扣 1 分；运行测试不满足要求，每处扣 0.5 分；工件送料测试，但推出位置明显偏差，每处扣 0.5 分		
	5．职业素养与安全意识（10 分）	现场操作安全保护符合安全操作规程；工具摆放、包装物品、导线线头等的处理符合职业岗位的要求；团队合作有分工有合作，配合紧密；遵守纪律，尊重教师，爱惜设备和器材，保持工位的整洁		

知识、技能归纳

通过训练，熟悉了供料单元的结构，亲身实践、了解了气动控制技术、传感器技术、PLC 控制技术的应用，并且在一个单元中将它们有机地融合在一起，从而体验了机电一体化控制技术的具体应用。

工程素质培养

掌握工程工作方法，培养严谨的工作作风。

拓展训练

1. 料仓中工件少于四个时，传感器提示报警，这如何在程序中反映？
2. 如何在程序中实现单循环、手动单步、全自动控制的转换？
3. 组态界面如何反映已完成的供料元件数量？金属物料有几个？

任务二　加工单元的安装与调试

任务目标

1. 能在规定时间完成加工单元的安装和调试；
2. 能根据控制要求进行加工单元控制程序设计和调试；
3. 能解决自动化生产线安装与运行过程中出现的常见问题。

图 3–20 所示为加工单元的全貌。

图 3–20　加工单元的全貌

任务要点：根据加工单元功能，进行气动、控制电路设计，并按照正确步骤进行安装与调试。

套路2真有意思，我要好好学习……

子任务一　初步认识加工单元

加工单元的功能是完成把待加工工件从物料台移送到加工区域冲压气缸的正下方、对工件的冲压加工，以及把加工好的工件重新送回物料台等工作。图 3–21 所示为加工单元的前视图与后视图。

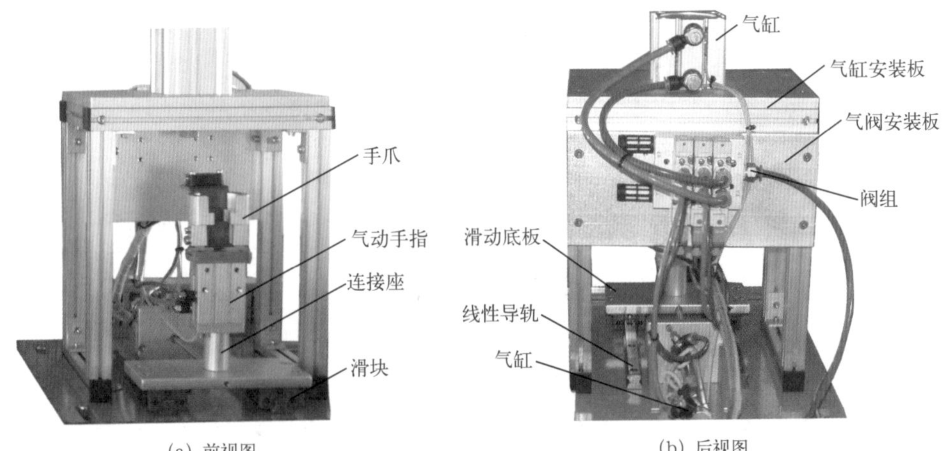

(a) 前视图　　(b) 后视图

图 3–21　加工单元的前视图与后视图

物料台用于固定被加工件，并把工件移到加工（冲压）机构正下方进行冲压加工。它主要由手爪、气动手指、伸缩气缸活塞杆、线性导轨及滑块、磁感应接近开关、漫射式光电传感器等组成。物料台及滑动机构如图 3–22 所示。

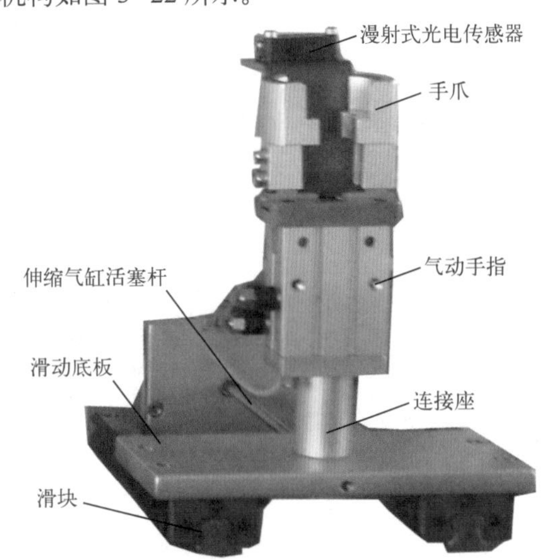

图 3–22　物料台及滑动机构

滑动物料台在系统正常工作后的初始状态为伸缩气缸伸出、物料台气动手爪张开的状态，当输送机构把物料送到物料台上后，物料检测传感器检测到工件后，PLC 控制程序驱动气动手指将工件夹紧→物料台回到加工区域冲压气缸下方→冲压气缸活塞杆向下伸出冲压工件→完成冲压动作后向上缩回→物料台重新伸出→到位后气动手指松开，完成工件加工工序，并向系统发出加工完成信号，为下一次工件到来加工做准备。

在滑动物料台上安装一个漫射式光电开关。若物料台上没有工件，则漫射式光电开关处于常态；若物料台上有工件，则漫射式光电开关动作，表明物料台上已有工件。该光电传感器的输出信号送到加工单元 PLC 的输入端，用以判别物料台上是否有工件需进行加工；加工过程结束后，物料台伸出到初始位置。

滑动物料台上安装的漫射式光电开关仍选用 CX-441 型放大器内置型光电开关（细小光束型）。滑动物料台伸出和返回到位的位置是通过调整伸缩气缸上两个磁性开关位置来定位的。要求缩回位置位于加工冲头正下方；伸出位置应与整体状态下的输送单元的抓取机械手装置配合，确保输送单元的抓取机械手能顺利地把待加工工件放到物料台上。

加工机构用于对工件进行冲压加工。它主要由冲压气缸、冲压头、安装板等组成。加工（冲压）机构如图 3-23 所示。

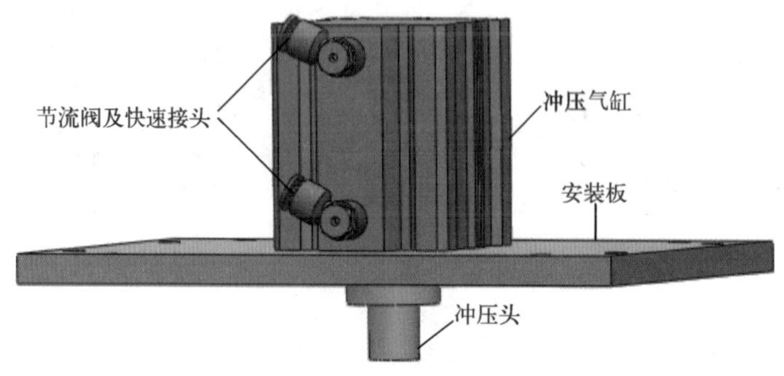

图 3-23　加工（冲压）机构

当工件到达冲压位置，即伸缩气缸活塞杆缩回到位，冲压气缸伸出对工件进行加工。完成加工动作后冲压气缸缩回，为下一次冲压做准备。冲压头根据工件的要求对工件进行冲压加工，冲压头安装在冲压气缸头部。安装板用于安装冲压气缸，对冲压气缸进行固定。

子任务二　加工单元的控制

1. 招式1——气动控制

加工单元的气爪气缸、物料台伸缩气缸和冲压气缸均分别用一个二位五通的带手控开关的单向电控电磁阀控制，它们均集中安装在带有消声器的汇流板上，并分别对冲压气缸、物料台手爪气缸和物料台伸缩气缸的气路进行控制，以改变各自的动作状态。冲压气缸控制电磁阀所配的快速接头口径较大，这是由于冲压气缸对气体的压力和流量要求比较高，冲压气缸的配套气管较粗的缘故。

电磁阀所带手控开关有锁定（LOCK）和开启（PUSH）两种。在进行设备调试时，使手控开关处于开启位置，可以使用手控开关对阀进行控制，从而实现对相应气路的控制，以及对相应气路的控制，以改变冲压气缸等执行机构的控制，从而达到调试的目的。

本工作单元气动控制回路的工作原理如图 3-24 所示。1B1 和 1B2 为安装在冲压气缸的两

个极限工作位置的磁感应接近开关；2B1 和 2B2 为安装在物料台伸缩气缸的两个极限工作位置的磁感应接近开关；3B1 为安装在手爪气缸工作位置的磁感应接近开关；1Y1、2Y1 和 3Y1 分别为控制冲压气缸、物料台伸缩气缸和手爪气缸的电磁阀的电磁控制端。

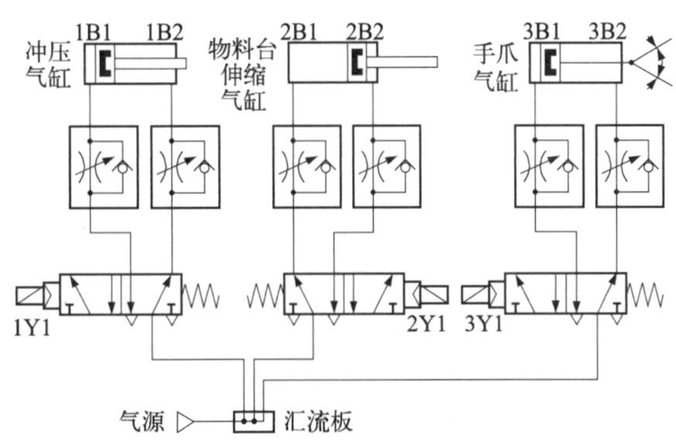

图 3–24　加工单元气动控制回路的工作原理

当气源接通时，物料台伸出气缸的初始状态是在伸出位置。这一点，在进行气路安装时应予注意。

2．招式2——PLC控制

(1) PLC 的 I/O 接线

在本单元中，传感器信号（包括 1 个光电开关、5 个磁性开关、1 个光纤传感器，共计占用 7 个输入点；另外 4 个点提供给急停按钮和启动 / 停止按钮及方式切换开关作为本地主令信号。输出有 3 个阀和 3 个指示灯，则所需的 PLC I/O 点数分别为 11 点输入、6 点输出，如表 3–6 所示。选用西门子 S7–200–224 CN AC/DC/RLY 作为主单元，共 14 点输入和 10 点继电器输出，加工单元 PLC 的 I/O 接线原理图如图 3–25 所示。

表 3–6　加工单元 PLC 的 I/O 信号表

输　入　信　号				输　出　信　号			
序号	PLC 输入点	信 号 名 称	信号来源	序号	PLC 输出点	信 号 名 称	信号来源
1	I0.0	物料台物料检测		1	Q0.0	夹紧电磁阀	
2	I0.1	料台夹紧检测		2	Q0.1		
3	I0.2	料台伸出到位检测		3	Q0.2	料台伸缩电磁阀	
4	I0.3	料台缩回到位检测		4	Q0.3	加工压头电磁阀	
5	I0.4	加压头上限检测		5	Q0.4		
6	I0.5	加压头下限检测	按钮 / 指示灯端子排	6	Q0.5		
7	I0.6	加工安全检测		7	Q0.6		
8	I1.2	停止按钮		8	Q0.7	黄色指示灯	
9	I1.3	启动按钮		9	Q1.0	绿色指示灯	
10	I1.4	急停按钮		10	Q1.1	红色指示灯	
11	I1.5	工作方式切换					

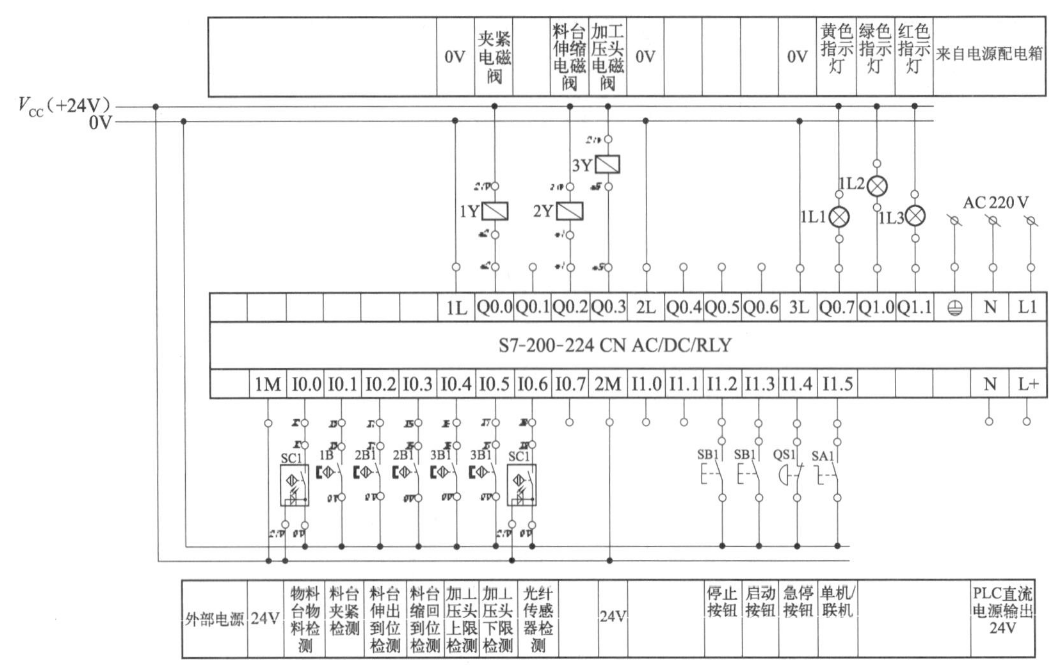

图 3-25　加工单元 PLC 的 I/O 接线原理图

（2）加工单元控制工艺要求

① 在加工单元中，提供一个启动/停止按钮和一个急停按钮。本单元的急停按钮是当本单元出现紧急情况下提供的局部急停信号。一旦发生紧急情况，本单元所有机构应立即停止运行，直到急停解除为止。

② 加工单元的工艺过程也是一个顺序控制过程：物料台的物料检测传感器检测到工件后，机械手指夹紧工件→物料台回到加工区域冲压气缸下方→冲压气缸向下伸出冲压工件→完成冲压动作后向上缩回→物料台重新伸出→到位后机械手指松开，工件加工工序完成。

3．招式3——人机界面设计

加工单元的组态监控有两个界面，内容包括启动按钮、停止按钮、急停按钮，系统运行、系统停止状态显示，加工工件计数，夹紧电磁阀、料台伸缩电磁阀、加工压头电磁阀、夹紧检测、物料检测、料台动作到位、压头动作到位等一系列的信号显示，实时反映设备的运动过程。图 3-26 所示为"加工单元设计与调试"界面。可以通过单击"数据浏览与报警画面"按钮进入另一个界面，"加工单元实时数据浏览"和"报警数据浏览"界面，如图 3-27 所示。在该界面中，可以及时显示出当前的运行状态及运行过程中的报警信息。

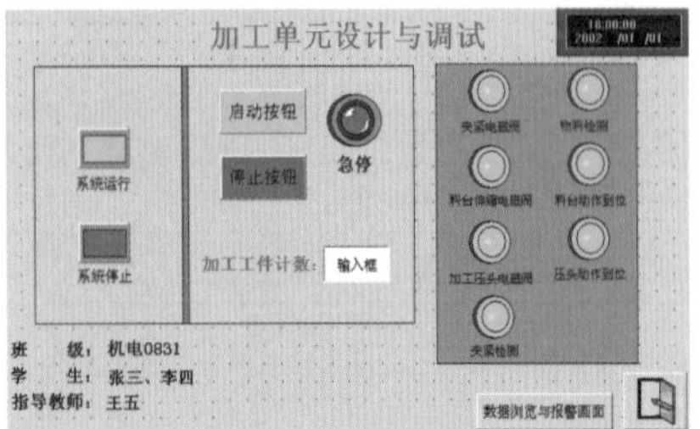

图 3-26　"加工单元设计与调试"界面

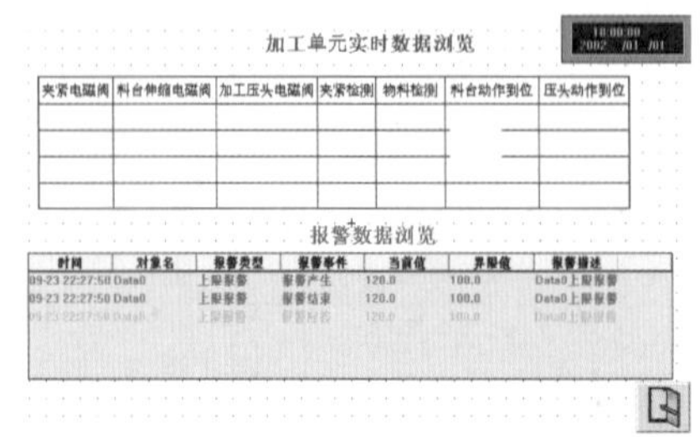

图 3-27　"加工单元实时数据浏览"和"报警数据浏览"界面

子任务三　加工单元技能训练

1．训练目标

按照加工单元工艺要求，先进行机械安装与调试，设计手动单步控制、单周期控制和自动连续控制，设计人机监控界面，并进行调试。

2．训练要求

① 熟悉加工单元的功能及结构组成，并能进行正确安装。

② 能够根据控制要求，设计气动控制回路原理图，安装执行器件并调试。

③ 安装所使用的传感器并进行调试。

④ 查明 PLC 各端口地址，根据要求编写程序并调试。

⑤ 能够进行加工单元的人机界面设计和调试。

3．安装与调试工作计划表

加工单元安装与调试总时间计划共计 6 h，请根据表 3–7 安排计划时间并填写实际时间。

表 3–7　工作计划表

步　骤	内　容	计划时间 /h	实际时间 /h	完 成 情 况
1	整个练习的工作计划	0.5		
2	制订安装计划	0.5		
3	线路描述和项目执行图样	1		
4	写材料清单和领料单	0.5		
5	机械部分安装与调试	1		
6	传感器安装与调试	0.5		
7	气路安装	1		
8	电路安装	2		
9	连接各部分器件	2.5		
10	按质量要求检查整个设备	1		
11	项目各部分设备的测试	2		
12	对教师发现和提出的问题进行回答	1		
13	输入程序，进行整个装置的功能调试	1		
14	排除故障	1		
15	该任务成绩的评估	0.5		

4．材料清单

请仔细查看器件，根据所选系统及具体情况填写表 3–8 中的规格、数量、产地。

表 3–8　加工单元材料清单

序　号	代　号	物 品 名 称	规　格	数　量	备注（产地）
1		PLC			
2		物料台			
3		滑动机构			
4		加工（冲压）机构			
5		电磁阀组			
6		接线端口			

续表

序　　号	代　　号	物品名称	规　　格	数　　量	备注（产地）
7		急停按钮			
8		启动按钮			
9		停止按钮			
10		底板			

5．部分安装与调试

（1）机械部分安装步骤

① 安装支架。

② 安装上下气缸安装板。

③ 安装气阀安装板。

④ 将导轨固定在导轨滑板上，安装前、后气缸，连接座，气爪，气缸支架，装好后连接到气缸滑块上，将传感器安装板安装到手爪气缸上。

（2）调试注意事项

① 导轨要灵活，否则调整导轨固定螺钉或滑板固定螺钉。

② 气缸位置要调整正确。

③ 传感器位置和灵敏度要调整正确。

6．生产工艺过程

① 初始状态：设备加电和气源接通后，滑动物料台伸缩气缸处于伸出位置，物料台气动手爪处于松开状态，冲压气缸处于缩回状态，急停按钮没有按下。

若设备在上述初始状态，则“正常工作”指示灯 HL1 长亮，表示设备准备好；否则，该指示灯以 1 Hz 频率闪烁。

② 若设备准备好，按下启动按钮，系统启动，“设备运行”指示灯 HL2 长亮。当待加工工件被送到物料台上，物料检测传感器检测到工件后，PLC 控制程序驱动气动手指将工件夹紧→物料台回到加工区域冲压气缸下方→冲压气缸活塞杆向下伸出冲压工件→完成冲压动作后向上缩回→物料台重新伸出→到位后气动手指松开，工件加工工序完成。如果没有停止信号输入，当再有待加工工件送到物料台上时，加工单元又开始下一周期工作。

③ 在工作过程中，若按下停止按钮，加工单元在完成本工作周期的动作后停止工作。指示灯 HL2 熄灭。

④ 当急停按钮被按下时，本单元所有机构应立即停止运行，指示灯 HL2 以 1 Hz 频率闪烁。急停按钮复位后，设备从急停前的断点开始继续运行。

要编写满足控制要求、安全要求的控制程序，首先要了解设备的基本结构；其次要清楚各个执行结构之间的准确动作关系，即清楚生产工艺；同时还要考虑安全、效率等因素；最后才是通过编程实现控制功能。加工单元单周期控制工艺流程如图 3-28 所示，加工单元自动循环控制工艺流程如图 3-29 所示。

7．调试运行

在编写、传输、调试程序过程中，进一步了解并掌握设备调试的方法、技巧及注意点，培养严谨的作风。根据表 3-9 所示填写调试运行记录表。

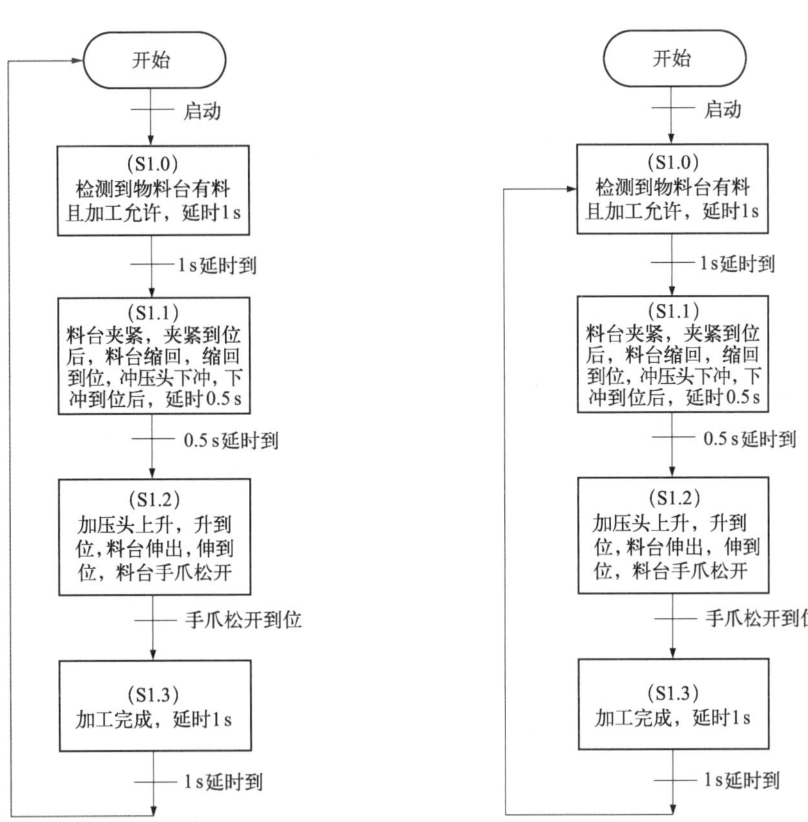

图 3–28　加工单元单周期控制工艺流程

图 3–29　加工单元自动循环控制工艺流程

表 3–9　调试运行记录表

结果 观察项目 / 操作步骤	光电开关	伸缩气缸2Y1	冲压气缸1Y1	夹紧气缸3Y1	夹紧气缸磁性开关	伸缩气缸磁性开关		冲压气缸磁性开关	
					B1	2B1	2B2	1B1	1B2
初始状态									
启动									
物料台的物料									
机械手指夹紧工件									
物料台回到加工区域冲压气缸下方									
冲压气缸向下伸出冲压工件									
冲压动作后向上缩回									
物料台重新伸出									
到位后机械手指松开									

教师、学生可根据表 3–10 进行评分。

表3-10 评 分 表

评 分 表 ______学年		工 作 形 式 □个人 □小组分工 □小组	实际工作时间 __________	
训练项目	训 练 内 容	训 练 要 求	学生自评	教师评分
加工单元	1. 工作计划和图样（20分） 工作计划； 材料清单； 气路图； 电路图； 程序清单	电路绘制有错误，每处扣0.5分；机械手装置运动的限位保护没有设置或绘制有错误，扣1.5分；主电路绘制有错误，每处扣0.5分；电路图形符号不规范，每处扣0.5分，最多扣2分		
	2. 部件安装与连接（20分）	装配未能完成，扣2.5分；装配完成，但有紧固件松动现象，每处扣1分		
	3. 连接工艺（20分） 电路连接及工艺； 气路连接及工艺； 机械安装及装配工艺	端子连接、插针压接不牢或超过两根导线，每处扣0.5分，端子连接处没有线号，每处扣0.5分，两项最多扣3分；电路接线没有绑扎或电路接线凌乱，扣2分；机械手装置运动的限位保护未接线或接线错误，扣1.5分；气路连接未完成或有错，每处扣2分；气路连接有漏气现象，每处扣1分；气缸节流阀调整不当，每处扣1分；气管没有绑扎或气路连接凌乱，扣2分		
	4. 测试与功能（30分） 夹料功能； 送料功能； 整个装置全面检测	启动/停止方式不按控制要求，扣1分；运行测试不满足要求，每处扣0.5分；具备送料功能，但推出位置明显偏差，每处扣0.5分		
	5. 职业素养与安全意识（10分）	现场操作安全保护符合安全操作规程；工具摆放、包装物品、导线线头等的处理符合职业岗位的要求；团队有分工有合作，配合紧密；遵守纪律，尊重教师，爱惜设备和器材，保持工位的整洁		

知识、技能归纳

通过训练，熟悉了加工单元的结构，亲身实践了解了气动控制技术、传感器技术、PLC控制技术的应用，并且在一个单元中有机融合在一起，从而体验了机电一体化控制技术的具体应用。

工程素质培养

掌握工程工作方法方式，培养严谨的工作作风。

任务三 装配单元的安装与调试

任务目标

1. 能在规定时间完成装配单元的安装和调试；
2. 能根据控制要求进行装配单元控制程序设计和调试；
3. 能解决自动化生产线安装与运行过程中出现的常见问题。

装配单元可以模拟两个物料装配过程，并通过旋转工作台模拟物流传送过程，图 3–30 为装配单元实物图。

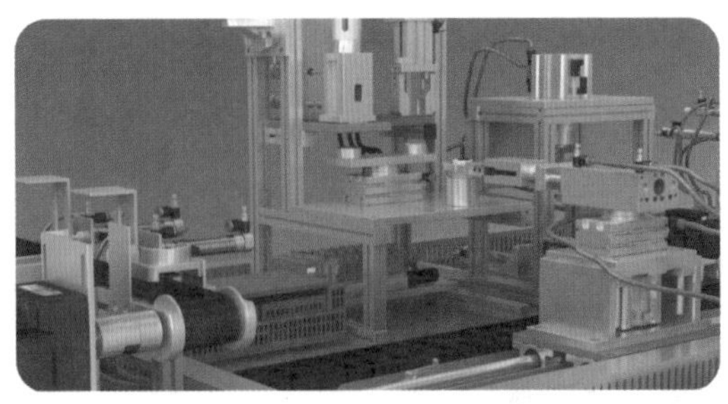

图 3–30　装配单元实物图

现在开始学习装配单元的套路……

学习这个套路要注意以下招式：根据装配单元功能进行气动、控制电路设计，并按照正确步骤进行安装与调试。

子任务一　初步认识装配单元

装配单元用于将生产线中的两个大小不同的小圆柱工件装配到一起，即将料仓中的小圆柱工件（见图 3–31）（黑、白两种颜色）装入物料台上的工件中心孔中。

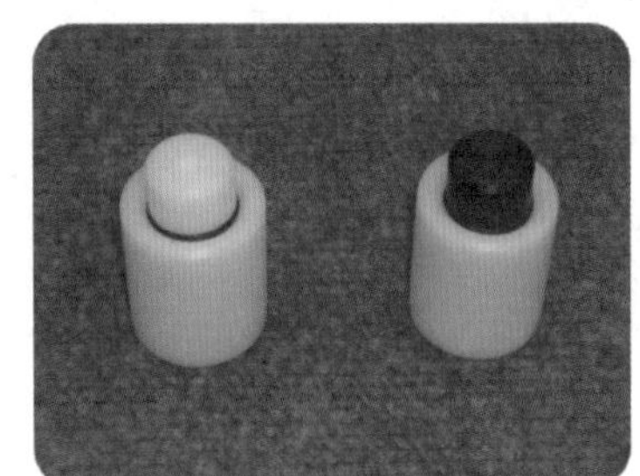

图 3–31　小圆柱工件

装配单元总装示意图如图 3–32 所示。该单元的基本工作过程：料仓中的物料在重力作用下自由下落到底层，顶料和挡料两直线气缸对底层相邻两物料夹紧与松开，对连续下落的物料进行分配，最底层的物料按指定的路径落入料盘，摆台完成 180° 位置变换后，由伸缩气缸、升降气缸、气动手指所组成的机械手夹持并移位，再插入已定位在装配台上的半成品工件中。

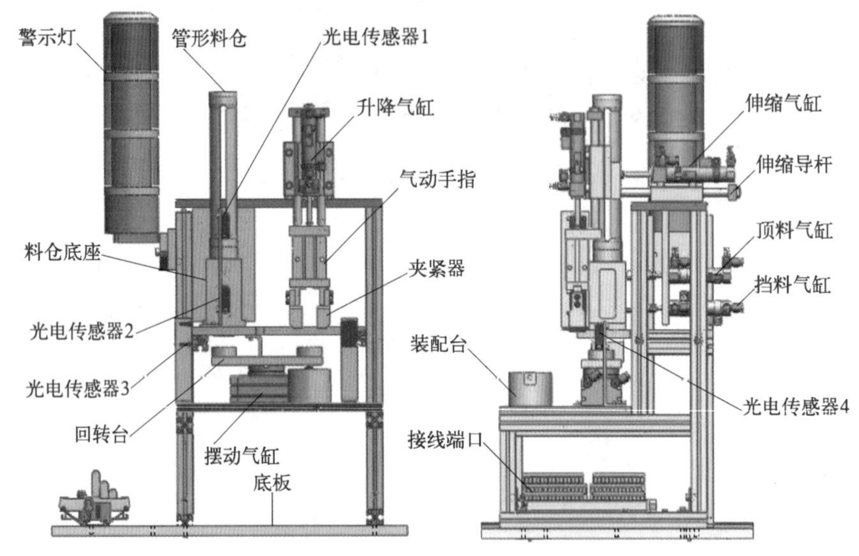

图 3–32　装配单元总装示意图

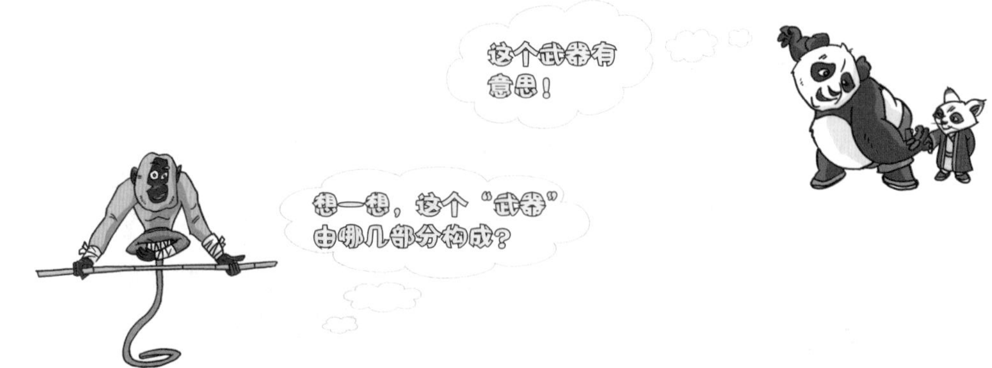

装配单元的结构包括简易料仓、供料机构、回转物料台、装配机械手、半成品工件的定位机构、电磁阀组、信号采集及其自动控制系统以及用于电器连接的端子排组件，整条生产线状态指示的信号灯和用于其他机构安装的铝型材支架及底板，传感器安装支架等其他附件。

1．简易料仓

简易料仓由塑料圆棒加工而成，其实物图与结构示意图如图 3–33 所示。它直接插装在供料机构的连接孔中，并在顶端放置加强金属环，用以防止空心塑料圆柱被破损。物料被竖直放入料仓的空心圆柱内，由于二者之间有一定的间隙，物料能在重力作用下自由下落。

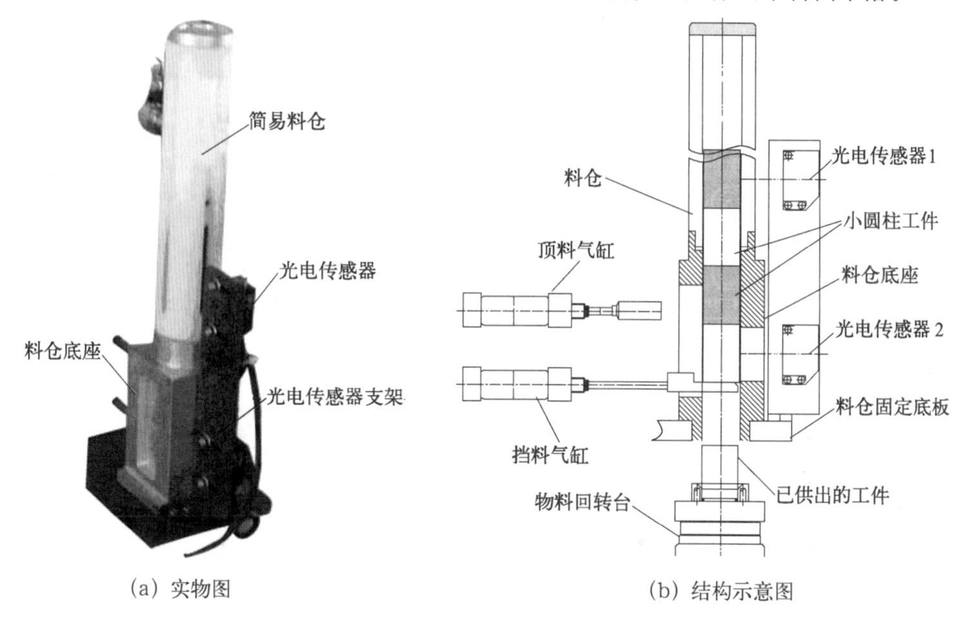

(a) 实物图　　(b) 结构示意图

图 3–33　简易料仓实物图与结构示意图

为了能对料仓缺料即时报警，在料仓的外部安装有漫射式光电传感器（CX–441 型），并在料仓塑料圆柱上纵向铣槽，以使光电传感器的红外光斑能可靠照射到被检测的工件上，料仓中的工件外形一致，但颜色分为黑色和白色，光电传感器的灵敏度调整应以能检测到黑色工件为准。

2．供料机构

它的动作过程是由上下位置安装、水平动作的两直线气缸在 PLC 的控制下完成的。其初始位置是上面的气缸处于活塞杆缩回位置，而下面的气缸则处于活塞杆伸出位置。下面的气缸使因重力而下落的物料被阻挡，故称为挡料气缸。系统加电并正常运行后，当回转物料台旁的光电传感器检测到当回转物料台需要物料时，上面的气缸在电磁阀的作用下活塞杆伸出，把次下层的物料顶住，使其不能下落，故称为顶料气缸。这时，挡料气缸活塞杆缩回，物料掉入回转物料台的料盘中，然后挡料气缸复位伸出，顶料气缸缩回，次下层物料下落，为下一次分料做好准备。在两直线气缸上均装有检测活塞杆伸出与缩回到位的磁性开关，用于动作到位检测，当系统正常工作并检测到活塞磁钢时，磁性开关的红色指示灯点亮，并将检测到的信号传送给控制系统的 PLC。

3．回转物料台

回转物料台由摆动气缸和料盘构成，如图 3–34 所示。摆动气缸驱动料盘旋转 180°，并将摆动到位信号通过磁性开关传送给 PLC。在 PLC 的控制下，实现有序、往复循环动作。

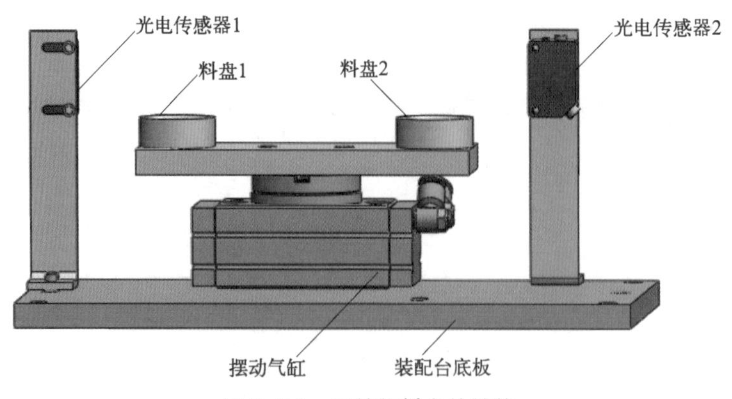

图 3-34　回转物料台的结构

回转物料台的主要器件是气动摆台，如图 3-35 所示。它是由直线气缸驱动齿轮齿条实现回转运动的。回转角度能在 0 ~ 90° 和 0 ~ 180° 之间任意可调，而且可以安装磁性开关，检测旋转到位信号，多用于方向和位置需要变换的机构。

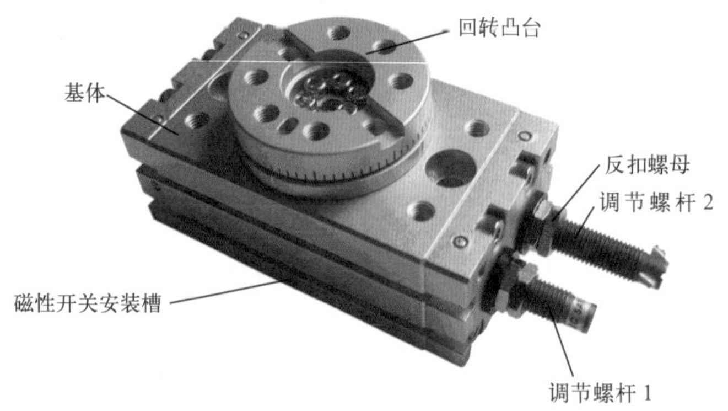

图 3-35　气动摆台

本单元所使用的气动摆台的摆动回转角度为 0 ~ 180°。当需要调节回转角度或调整摆动位置精度时，应首先松开调节螺杆上的反扣螺母，通过旋入和旋出调节螺杆，改变回转凸台的回转角度，调节螺杆 1 和调节螺杆 2 分别用于左旋和右旋角度的调整。当调整好摆动角度后，应将反扣螺母与基体反扣锁紧，防止调节螺杆松动从而造成回转精度降低。

回转到位的信号是通过调整气动摆台滑轨内的两个磁性开关的位置实现的，图 3-36 是磁性开关位置调整示意图。磁性开关安装在气缸体的滑轨内，松开磁性开关的紧定螺钉，磁性开关即可沿着滑轨左右移动。确定开关位置后，旋紧紧定螺钉，即可完成位置的调整。

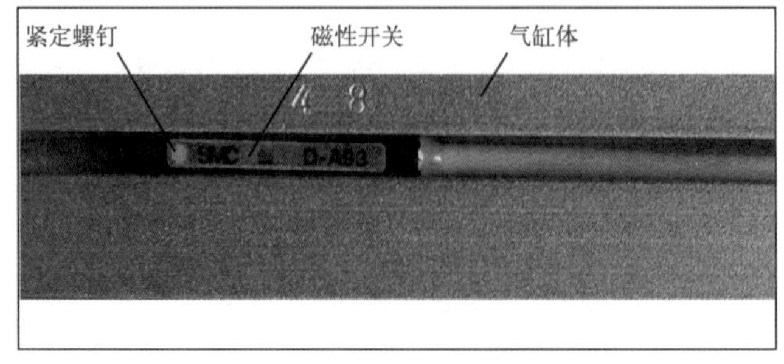

图 3-36　磁性开关位置调整示意图

4．装配机械手

装配机械手是整个装配单元的核心。当装配机械手正下方的回转物料台上有物料，且被半成品工件定位机构传感器检测到的情况下，机械手从初始状态开始执行装配操作过程。装配机械手的整体外形如图 3-37 所示。

装配机械手装置是一个三维运动的机构，它由水平方向移动和竖直方向移动的两个导杆气缸和气动手指组成。

导杆气缸外形如图 3-38 所示。该气缸由直线运动气缸带双导杆和其他附件组成。

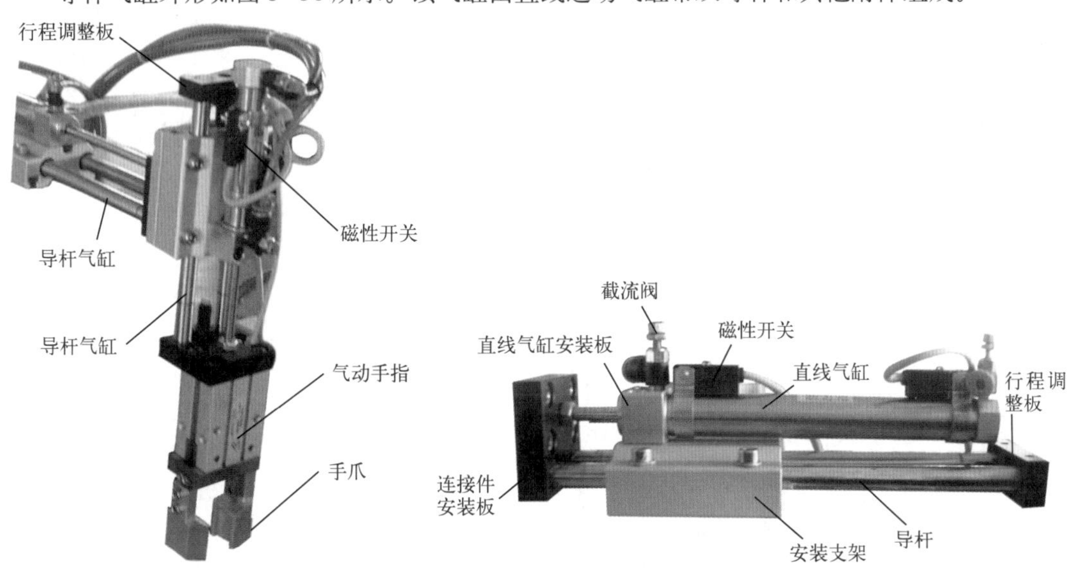

图 3-37　装配机械手的整体外形　　　　图 3-38　导杆气缸外形

安装支架用于导杆导向件的安装和导杆气缸整体的固定；连接件安装板用于固定其他需要连接到该导杆气缸上的物件，并将两导杆和直线气缸活塞杆的相对位置固定，当直线气缸的一端接通压缩空气后，活塞被驱动做直线运动，活塞杆也一起移动，被连接件安装板固定到一起的两导杆也随活塞杆的伸出或缩回而运动，从而实现导杆气缸的整体功能；安装在导杆末端的行程调整板用于调整该导杆气缸的伸出行程。具体调整方法是松开行程调整板上的紧定螺钉，让行程调整板在导杆上移动，当达到理想的伸出距离以后，再完全锁紧紧定螺钉，从而完成行程的调节。

装配机械手的运行过程：PLC 驱动与竖直移动气缸相连的电磁换向阀动作，由竖直移动带导杆气缸驱动气动手指向下移动。到位后，气动手指驱动手爪夹紧物料，并将夹紧信号通过磁性开关传送给 PLC。在 PLC 的控制下，竖直移动气缸复位，被夹紧的物料随气动手指一并提起。当回转物料台的料盘提升到最高位后，水平移动气缸在与之对应的换向阀的驱动下，活塞杆伸出，移动到气缸前端位置后，竖直移动气缸再次被驱动下移，移动到最下端位置，气动手指松开。最后经短暂延时，竖直移动气缸和水平移动气缸缩回，机械手恢复初始状态。

在整个机械手动作过程中，除气动手指松开到位无传感器检测外，其余动作的到位信号检测均采用与气缸配套的磁性开关，将采集到的信号输入 PLC，由 PLC 输出信号驱动电磁阀换向，使由气缸及气动手指组成的机械手按程序自动运行。

5．半成品工件的定位机构（物料台）

输送单元运送来的半成品工件直接放置在该机构的物料定位孔中，由定位孔与工件之间较小的间隙配合实现定位，从而完成准确的装配动作并保证定位精度，如图 3−39 所示。

6．电磁阀组

装配单元的阀组由六个二位五通单向电控电磁阀组成，如图 3−40 所示。这些阀分别对物料分配、位置变换和装配动作气路进行控制，以改变各自的动作状态。

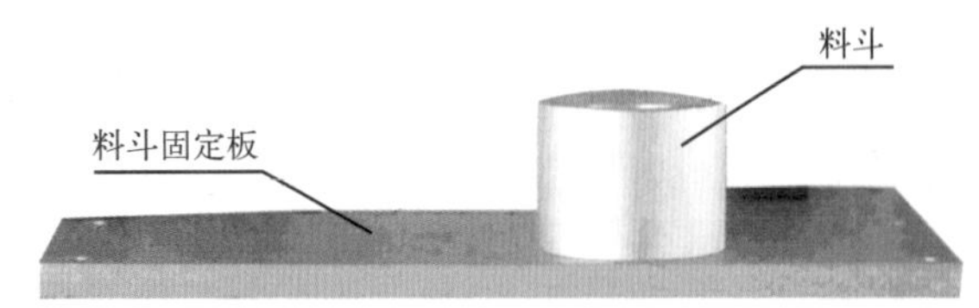

图 3−39　半成品工件的定位机构（物料台）

图 3−40　装配单元的电磁阀组

子任务二　装配单元的控制

1．招式1——气动控制

图 3−41 所示是装配单元气动控制回路的工作原理。在进行气路连接时，请注意各气缸的初始位置。挡料气缸在伸出位置，手爪提升气缸在提升位置。

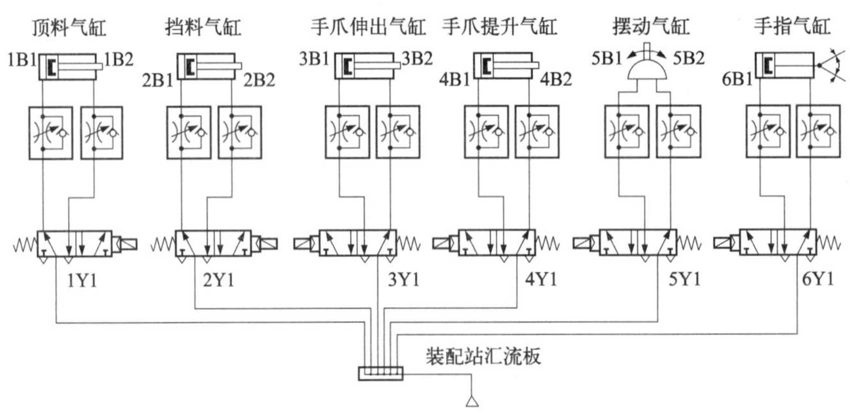

图 3−41　装配单元气动控制回路的工作原理

2．招式2——PLC控制

(1) PLC 的 I/O 接线

装配单元的输入点使用了 16 个传感器（4 个光电开关、1 个光纤传感器、11 个磁性开关），启、停及方式切换也占了另外 4 个输入点，输出点为 6 个电磁阀、3 个警示灯及 3 个指示灯，故选用西门子 S7−200−226　AC/DC/RLY 作为主单元，共 24 点输入，16 点输出。实际使用为 20 点输入（包括急停按钮和启动/停止按钮信号），12 点输出，如表 3−11 所示。

表 3-11　装配单元 PLC 的 I/O 信号表

输入信号				输出信号			
序号	PLC 输入点	信号名称	信号来源	序号	PLC 输出点	信号名称	信号来源
1	I0.0	物料不足检测		1	Q0.0	挡料电磁阀	
2	I0.1	物料有无检测		2	Q0.1	顶料电磁阀	
3	I0.2	物料左检测		3	Q0.2	回转电磁阀	
4	I0.3	物料右检测		4	Q0.3	加工压头电磁阀	
5	I0.4	物料台物料检测		5	Q0.4	手爪下降电磁阀	
6	I0.5	顶料到位检测		6	Q0.5	手爪伸出电磁阀	
7	I0.6	顶料复位检测		7	Q0.6	红色警示灯	
8	I0.7	挡料状态检测		8	Q0.7	黄色警示灯	
9	I1.0	落料状态检测		9	Q1.0	绿色警示灯	
10	I1.1	旋转缸左限位检测		10	Q1.1		
11	I1.2	旋转缸右限位检测		11	Q1.2		
12	I1.3	手爪夹紧检测	按钮/指示灯模块	12	Q1.3		
13	I1.4	手爪下降到位检测		13	Q1.4		
14	I1.5	手爪上升到位检测		14	Q1.5	黄色指示灯	
15	I1.6	手爪缩回到位检测		15	Q1.6	绿色指示灯	
16	I1.7	手爪伸出到位检测		16	Q1.7	红色指示灯	
17	I2.0						
18	I2.1						
19	I2.2						
20	I2.3						
21	I2.4	停止按钮					
22	I2.5	启动按钮					
23	I2.6	急停按钮					
24	I2.7	单机/联机					

装配单元 PLC 的输入端和输出端接线原理图分别如图 3-42、图 3-43 所示。

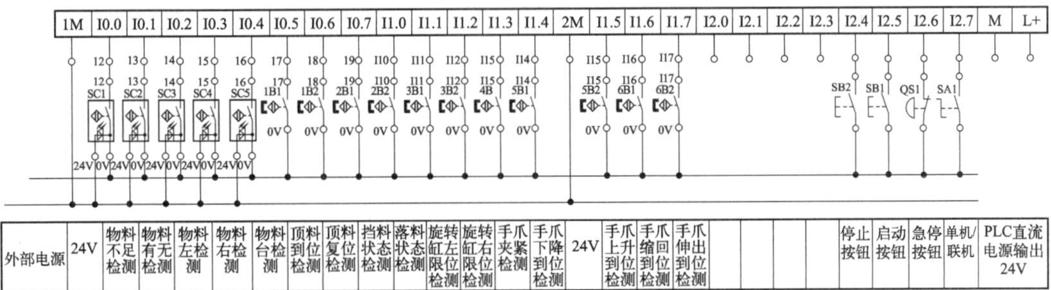

图 3-42　装配单元 PLC 的输入端接线原理图

（2）装配单元的编程

由装配单元的工艺过程可见，控制程序可分为四部分：

① 响应启动、停止、急停等指令。

② 实现把料仓内小圆柱工件送到装配机械手下面的下料控制。

③ 实现装配机械手抓取小圆柱工件，放入大工件中的控制。

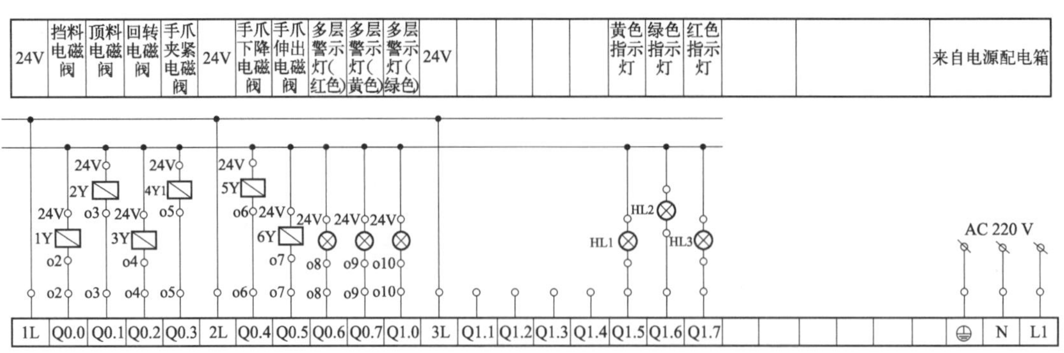

图 3–43　装配单元 PLC 的输出端接线原理图

④ 装配单元上安装的红、黄、绿三色警示灯，可作为整个系统警示用，具体动作方式由本单元 PLC 程序控制。

3．招式3——人机界面设计

装配单元组态监控有两个界面，一个界面包含启动按钮、停止按钮、急停按钮和系统运行、系统停止等信息显示以及总供料计数，如图 3–44 所示。在该界面中还包括挡料电磁阀、顶料电磁阀、回转电磁阀、手爪夹紧电磁阀、下降电磁阀、伸出电磁阀、红色警示灯、黄色警示灯、绿色警示灯、物料台检测、物料不足、缺料等一系列的信号显示，实时反映设备的运动过程。

另一个界面是“装配单元实时数据浏览”和“报警数据浏览”界面，如图 3–45 所示。通过单击“装配单元设计与调试”界面中的“数据浏览和报警画面”按钮，即可进入该界面。在该界面中，可以及时地显示出当前的运行状态及运行过程中的报警信息。

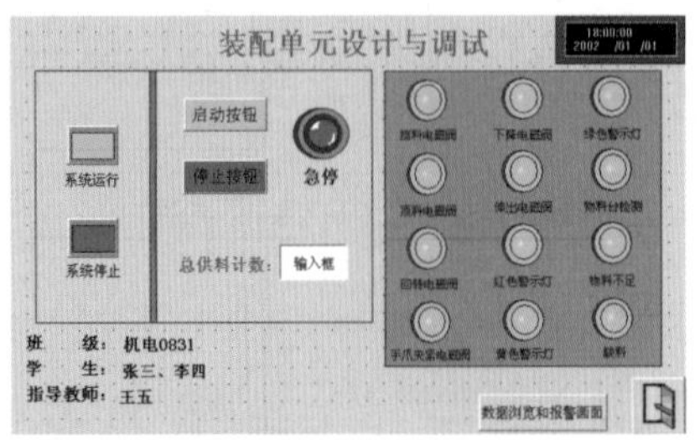

图 3–44　“装配单元设计与调试”界面

图 3–45　“装配单元实时数据浏览”和“报警数据浏览”界面

子任务三　装配单元技能训练

1．训练目标

按照装配单元单步控制、自动连续控制和单周期控制的要求，在 6 h 内完成机械、传感器、气路的安装与调试，进行 PLC 程序设计与调试。

2．训练要求

① 熟悉装配单元的功能及结构组成，并能进行正确安装。

② 能够根据控制要求设计气动控制回路原理图，安装气动执行器件并调试。

③ 安装所使用的传感器并进行调试。

④ 查明 PLC 各端口地址，根据要求编写程序，并调试。

3．安装与调试工作计划表

装配单元安装与调试计划时间为 6 h，请根据表 3-12 所示的工作计划表安排计划时间，并填写实际时间。

表 3-12　工作计划表

步　骤	内　容	计划时间 /h	实际时间 /h	完成情况
1	整个练习的工作计划	0.25		
2	制订安装计划	0.25		
3	线路描述和项目执行图样	1		
4	写材料清单和领料单	0.25		
5	机械部分安装	1		
6	传感器安装	0.25		
7	气路安装	0.5		
8	电路安装	0.25		
9	连接各部分器件	0.25		
10	按质量要求检查整个设备	0.25		
11	项目各部分设备的测试	0.25		
12	对教师发现和提出的问题进行回答	0.25		
13	输入程序，进行整个装置的功能调试	0.5		
14	排除故障	0.25		
15	该任务成绩的评估	0.5		

4．材料清单

请仔细查看器件，根据所选系统及具体情况填写表 3-13 中的物品名称及其规格、数量、产地。

表 3-13　装配单元材料清单

序　号	代　号	物品名称	规　格	数　量	备注（产地）
1		简易料仓			
2		供料机构			
3		回转物料台			
4		机械手			
5		定位机构			
6		光电传感器			
7		PLC			
8		端子排组件			
9		急停按钮			
10		启动 / 停止按钮			
11		支撑板			
12		阀组			
13		工件漏斗			
14		走线槽			
15		底板			

5．机械部分安装与调试

(1) 机械部分安装步骤

① 安装支架。

② 安装小工件投料机构安装板。

③ 安装料仓库。

④ 把三个气缸安装成一体。

⑤ 整体安装到支架上。

⑥ 把回转台安装在旋转气缸上，然后整体安装到旋转气缸底板上。

⑦ 整体安装在底板上。

在完成以上组件（见图 3-46 装配单元装配过程的组件）的装配后，把电磁阀组组件安装到底板上，如图 3-47 所示。

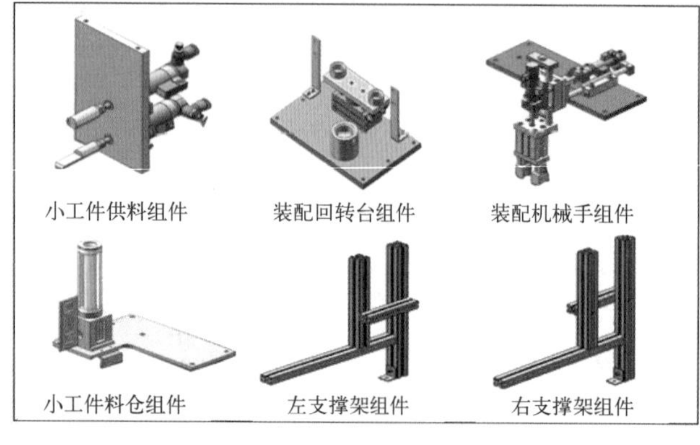

图 3-46　装配单元装配过程的组件

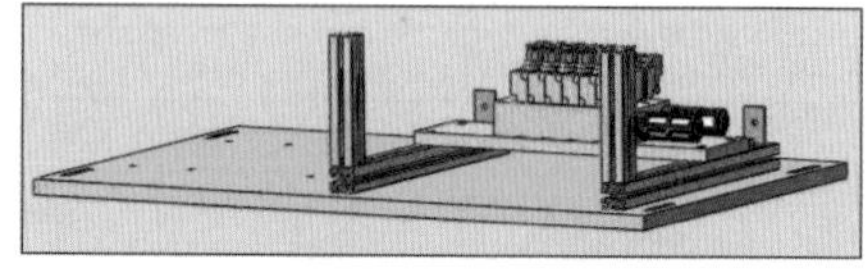
图 3-47　电磁阀组组件在底板上的安装

然后把图 3-46 中的组件逐个安装上去，顺序为：左、右支撑架组件→装配回转台组件→小工件料仓组件→小工件供料组件→装配机械手组件。

最后，安装警示灯及各传感器，从而完成装配单元机械部分的安装。

(2) 调试注意事项

① 安装时铝型材要对齐。

② 导杠气杠行程要调整恰当。

③ 气动摆台要调整到 180°，并且与回转物料台平行。

④ 挡料气缸和顶料气杠位置要正确。

⑤ 传感器位置与灵敏度调整适当。

6．生产工艺流程

① 在单站工作情况下，装配单元上安装的红、黄、绿三色警示灯用于本单元的状态显示和报警显示。按钮/指示灯模块的指示灯暂不使用。

② 各执行部件的初始状态：挡料气缸处于伸出状态，顶料气缸处于缩回状态，料仓上已经有足够的小圆柱零件；装配机械手的升降气缸处于提升状态，伸缩气缸处于缩回状态，气爪处于松开状态；工件装配台上没有待装配工件；急停按钮没有按下。

设备加电和气源接通后，若设备在上述初始状态，则绿色警示灯常长亮，表示设备准备好；否则，该警示灯以 1 Hz 频率闪烁。

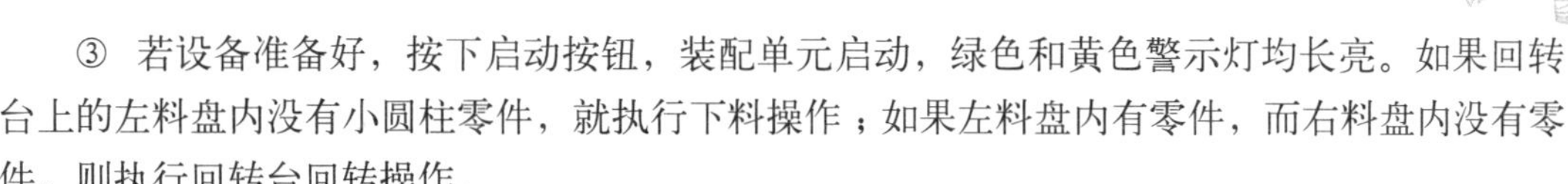

③ 若设备准备好，按下启动按钮，装配单元启动，绿色和黄色警示灯均长亮。如果回转台上的左料盘内没有小圆柱零件，就执行下料操作；如果左料盘内有零件，而右料盘内没有零件，则执行回转台回转操作。

④ 如果回转台上的右料盘内有小圆柱零件且装配台上有待装配工件，执行装配机械手抓取小圆柱零件，放入待装配工件中的控制。

⑤ 完成装配任务后，装配机械手应返回初始位置，等待下一次装配。

⑥ 若在运行过程中按下停止按钮，则供料机构应立即停止供料，在装配条件满足的情况下，装配单元在完成本次装配后将停止工作。

⑦ 在运行中发生“零件不足”报警时，红色警示灯以 1 Hz 的频率闪烁，绿色和黄色警示灯长亮；在运行中发生“零件没有”报警时，红色警示灯以亮 1 s、灭 0.5 s 的方式闪烁，黄色警示灯熄灭，绿色警示灯长亮。

⑧ 急停按钮一旦启动，本单元所有机构应立即停止运行；急停按钮复位后，则恢复原来的工作。

要编写满足控制要求、安全要求的控制程序，首先要了解设备的基本结构，其次要清楚各个执行结构之间的准确动作关系，即清楚生产工艺；同时还要考虑安全、效率等因素；最后才是通过编程实现控制功能。装配单元单周期控制工艺流程如图 3-48 所示，装配单元自动循环控制工艺流程如图 3-49 所示。

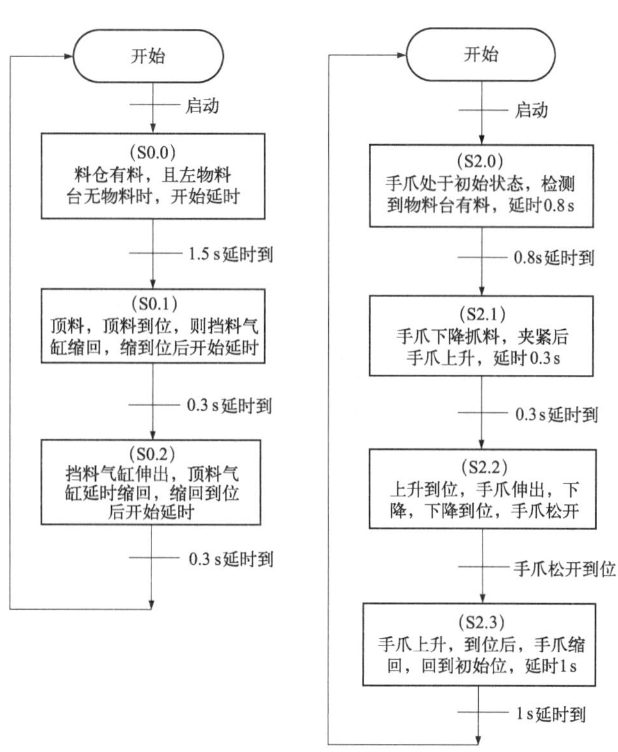

图 3-48 装配单元单周期控制工艺流程

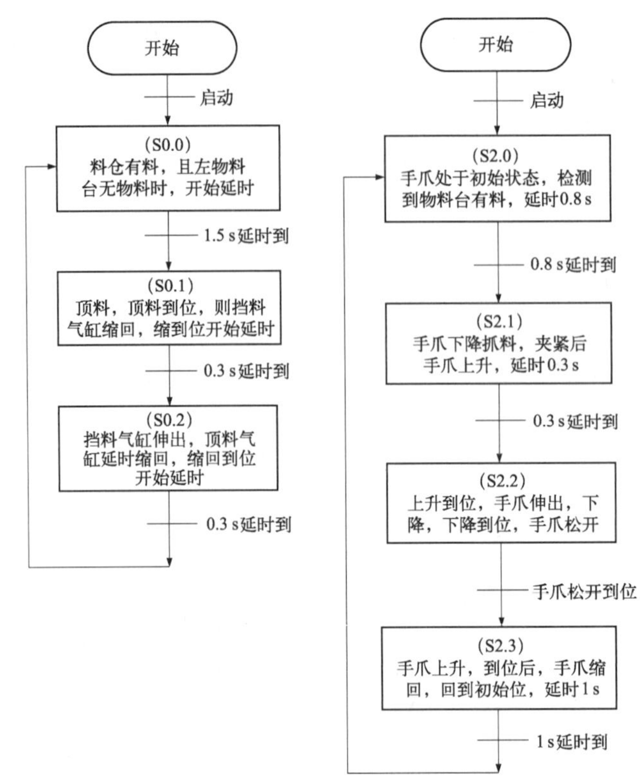

图 3-49　装配单元自动循环控制工艺流程

7. 调试运行

在编写、传输、调试程序过程中，进一步了解并掌握设备调试的方法、技巧及注意点。根据表 3-14 所示填写调试运行记录表。

表 3-14　调试运行记录表

结果＼观察项目／操作步骤	光电开关（回转台检测）	光纤传感器（料台检测）	光电开关（料仓有无）	光电开关（料仓满）	手爪气缸	回转气缸	挡料气缸	回转气缸	顶料气缸	水平导杠气缸	上下导杠气缸

续表

结果＼观察项目 操作步骤	光电开关（回转台检测）	光纤传感器（料台检测）	光电开关（料仓有无）	光电开关（料仓满）	手爪气缸	回转气缸	挡料气缸	回转气缸	顶料气缸	水平导杠气缸	上下导杠气缸

教师、学生可根据表 3-15 进行评分。

表 3-15 评 分 表

<table>
<tr><td colspan="2">评 分 表
_____学年</td><td>工 作 形 式
□个人 □小组分工 □小组</td><td colspan="2">实际工作时间
__________</td></tr>
<tr><td>训练项目</td><td>训 练 内 容</td><td>训 练 要 求</td><td>学生自评</td><td>教师评分</td></tr>
<tr><td rowspan="2">装配单元</td><td>1. 工作计划和图样（20 分）
工作计划；
材料清单；
气路图；
电路图；
程序清单</td><td>电路绘制有错误，每处扣 0.5 分；机械手装置运动的限位保护没有设置或绘制有错误，扣 1.5 分；主电路绘制有错误，每处扣 0.5 分；电路图形符号不规范，每处扣 0.5 分，最多扣 2 分</td><td></td><td></td></tr>
<tr><td>2. 部件安装与连接（20 分）</td><td>装配未能完成，扣 2.5 分；装配完成，但有紧固件松动现象，每处扣 1 分</td><td></td><td></td></tr>
<tr><td rowspan="3">装配单元</td><td>3. 连接工艺（20 分）
电路连接及工艺；
气路连接及工艺；
机械安装及装配工艺</td><td>端子连接、插针压接不牢或超过两根导线，每处扣 0.5 分，端子连接处没有线号，每处扣 0.5 分，两项最多扣 3 分；电路接线没有绑扎或电路接线凌乱，扣 2 分；机械手装置运动的限位保护未接线或接线错误，扣 1.5 分；气路连接未完成或有错，每处扣 2 分；气路连接有漏气现象，每处扣 1 分；气缸节流阀调整不当，每处扣 1 分；气管没有绑扎或气路连接凌乱，扣 2 分</td><td></td><td></td></tr>
<tr><td>4. 测试与功能（30 分）
夹料功能；
送料功能；
整个装置全面检测</td><td>启动/停止方式不按控制要求，扣 1 分；运行测试不满足要求，每处扣 0.5 分；工件送料测试，但推出位置明显偏差，每处扣 0.5 分</td><td></td><td></td></tr>
<tr><td>5. 职业素养与安全意识（10 分）</td><td>现场操作安全保护符合安全操作规程；工具摆放、包装物品、导线线头等的处理符合职业岗位的要求；团队合作有分工有合作，配合紧密；遵守纪律，尊重教师，爱惜设备和器材，保持工位的整洁</td><td></td><td></td></tr>
</table>

装配单元上安装的红、黄、绿三色警示灯是作为整个系统警示用的。想一想，在本单元控制中，警示灯的作用是什么？

知识、技能归纳

通过训练，熟悉了装配单元的结构，亲身实践、了解了气动机械手、回转气缸控制技术、传感器技术、PLC控制技术的应用，并且将它们有机融合在一起，从而体验了机电一体化控制技术的具体应用。

工程素质培养

掌握工程工作方法，培养严谨的工作作风。

任务四　分拣单元的安装与调试

任务目标

1. 能在规定时间完成分拣单元的安装和调试；
2. 能根据控制要求进行分拣单元控制程序设计和调试；
3. 能解决自动化生产线安装与运行过程中出现的常见问题。

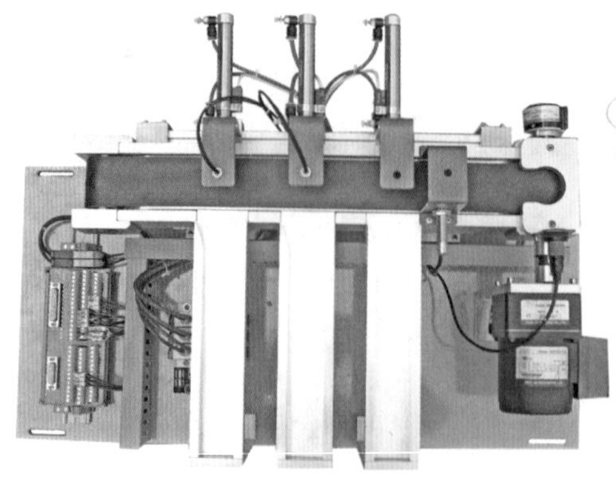

图3-50　分拣单元

在这个套路中你需要练就一下功夫：根据分拣单元功能进行气动、控制电路设计，并按照正确的步骤进行安装与调试。

子任务一　初步认识分拣单元

分拣单元是自动化生产线中的最末单元，用于对上一单元送来的已加工、装配的工件进行分拣，并使不同颜色的工件从不同的物料槽分流。当输送单元送来的工件被放到传送带上并被入料口光电传感器检测到时，变频器即可启动，工件开始送入分拣单元进行分拣。

1．分拣单元的结构组成

分拣单元的结构组成如图 3-51 所示。其主要结构组分为：传送和分拣机构、传动机构、变频器模块、电磁阀组、接线端口、PLC 模块、底板等。传送和分拣机构用于传送已经加工、装配好的工件，并在金属传感器和光纤传感器检测到并进行分拣。它主要由传送带、物料槽、推料（分拣）气缸、漫射式光电传感器、旋转编码器、金属传感器、光纤传感器、磁感应接近式传感器组成。

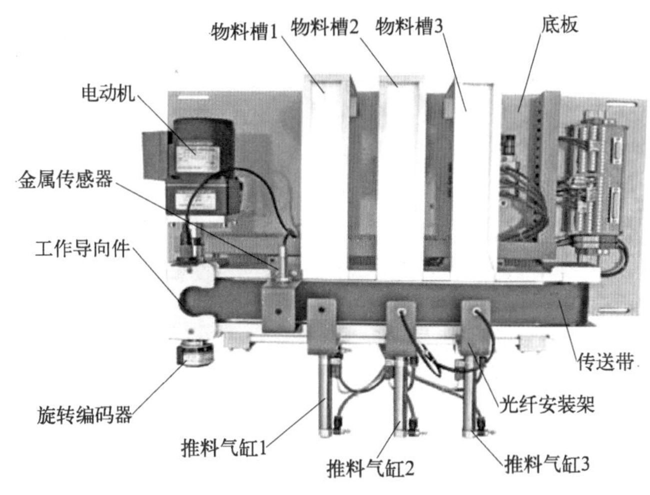

图 3-51　分拣单元的结构组成

传送带用于传送机械手输送过来加工好的工件至分拣单元。导向件是用纠偏机械手输送过来的工件。三条物料槽分别用于存放加工好的金属、黑色工件和白色工件。

传送和分拣的工作过程：本单元的功能是将装配单元送来的装配好的工件进行分拣。当输送单元送来工件放到传送带上并为入料口漫射式光电传感器检测到时，将信号传输给 PLC，通过 PLC 的程序启动变频器，电动机运转驱动传送带工作，把工件带进分拣区，如果进入分拣单元工件为金属，则检测金属工件的接近开关动作，作为 1 号槽推料气缸启动信号，将金属工件推到 1 号槽里；如果进入分拣单元工件为白色，则检测白色工件的光纤传感器动作，作为 2 号槽推料气缸启动信号，将白色工件推到 2 号槽里；如果进入分拣区工件为黑色，检测黑色工件的光纤传感器动作工作，作为 3 号槽推料气缸启动信号，将黑色工件推到 3 号槽里。

在每个物料槽的对面都装有推料（分拣）气缸，把分拣出的工件推到对号的料槽中。在三个推料（分拣）气缸的前极限位置分别装有磁感应接近开关，PLC 的自动控制可根据该信号来判别分拣气缸当前所处位置。当推料（分拣）气缸将物料推出时磁感应接近开关动作，输出信号为 1；反之，输出信号为 0。

安装、调试分拣机构的注意事项：

① 安装分拣单元的三个气缸时，一是要注意安装位置，应使工件从料槽中间被推入；二

是要注意安装水平，否则有可能推翻工件。

② 为了准确且平稳地把工件从滑槽中间推出，需要仔细地调整三个分拣气缸的位置和气缸活塞杆的伸出速度。

③ 在传送带入料口位置装有漫射式光电传感器，用以检测是否有工件输送过来并进行分拣。有工件时，漫射式光电传感器将信号传输给 PLC，用户 PLC 程序输出启动变频器信号，从而驱动三相减速电动机启动，将工件输送至分拣单元。该光电开关灵敏度的调整以能在传送带上方检测到工件为准，过高的灵敏度会引入干扰。

④ 在传送带上方分别装有两个光纤传感器。光纤传感器由光纤检测头、光纤放大器两部分组成，光纤放大器和光纤检测头是分离的两个部分，光纤检测头的尾端部分分成两条光纤，使用时分别插入光纤放大器的两个光纤孔。光纤式光电接近开关的放大器的灵敏度调节范围较大。当光纤传感器灵敏度调得较小时，对于反射性较差的黑色工件，光电探测器无法接收到反射信号；而对于反射性较好的白色工件，光电探测器就可以接收到反射信号；反之，若调高光纤传感器灵敏度，则即使对反射性较差的黑色工件，光电探测器也可以接收到反射信号，从而可以通过调节灵敏度判别黑白两种颜色工件，将两种工件区分开，从而完成自动分拣工序。

2. 传动机构

传动机构如图 3-52 所示。它采用的三相减速电动机用于拖动传送带从而输送物料。它主要由电动机安装支架、减速电动机、联轴器等组成。

电动机是传动机构的主要部分，电动机转速的快慢由变频器来控制，其作用是带动传送带从而输送物料。电动机安装支架用于固定电动机；联轴器用于把电动机的轴和传送带主动轮的轴连接起来，从而组成一个传动机构。

在安装和调整传动机构时，要注意如下两点：

① 传动机构安装基线（导向器中心线）与输送单元滑动导轨中心线重合。

② 电动机的轴和输送带主动轮的轴重合。

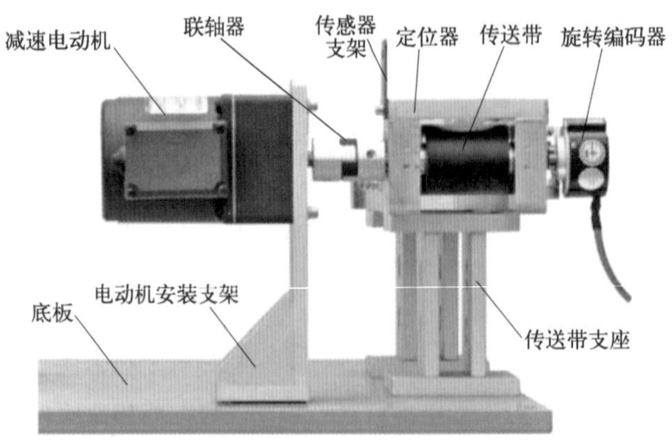

图 3-52 传动机构

子任务二 分拣单元的控制

1. 招式1——气动控制

本单元气动控制回路的工作原理如图 3-53 所示。图中 1A、2A 和 3A 分别为分拣气缸 1、

分拣气缸 2 和分拣气缸 3。1B1、2B1 和 3B1 分别为安装在各分拣气缸的前极限工作位置的磁感应接近开关。1Y1、2Y1 和 3Y1 分别为控制三个分拣气缸电磁阀的电磁控制端。

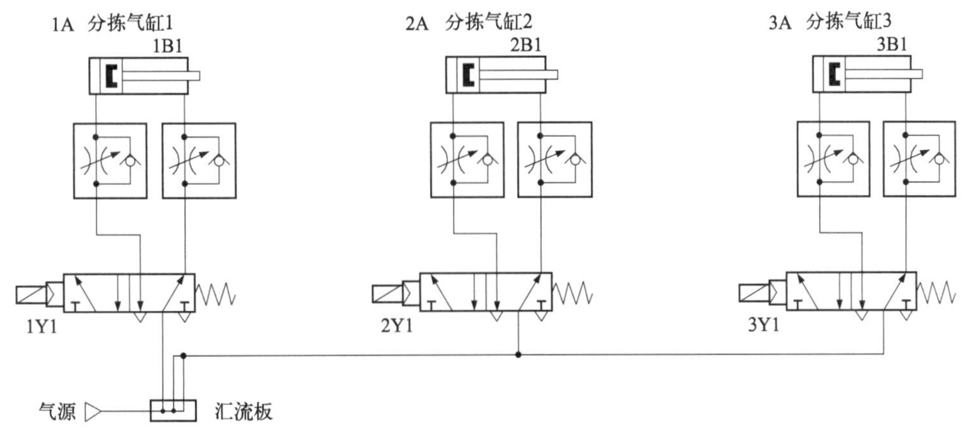

图 3-53　分拣单元气动控制回路的工作原理

分拣单元的电磁阀组使用了三个二位五通的带手控开关的单向电控电磁阀，它们安装在汇流板上。这三个阀分别对金属、白料和黑料推动气缸的气路进行控制，以改变各自的动作状态。

2．招式2——PLC控制

(1) PLC 的 I/O 接线

本单元中，传感器信号占用 6 个输入点（1 个光电开关、2 个光纤传感器、1 个金属传感器、3 个磁性开关），输出点数为 7 个，其中 1 个输出点提供给变频器使用。选用西门子 S7-200-224XP AC/DC/RLY 作为主单元，共 14 点输入和 12 点继电器输出，如表 3-16 所示。

由 PLC 进行变频器的启动 / 停止操作、物料颜色属性的判别及相应的推出操作。在物料被推出后，推杆伸出运动可能产生干扰信号，致使推出操作反复进行，为此应采取相应的屏蔽措施。

如果希望增加变频器的控制点数，可把 Q0.4、Q0.5 和 Q0.6 分配给分拣气缸电磁阀，而把 Q0.0 ~ Q0.2 分配给变频器的 5、6、7 号控制端子。

表 3-16　分拣单元 PLC 的 I/O 信号表

输入信号				输出信号			
序号	PLC 输入点	信号名称	信号来源	序号	PLC 输出点	信号名称	信号来源
1	I0.0	编码器 A 相	按钮 / 指示灯端子排	1	Q0.0	变频器启/停控制	
2	I0.1	编码器 B 相		2	Q0.1		
3	I0.2	编码器 Z 相		3	Q0.2		
4	I0.3	物料口检测传感器		4	Q0.3		
5	I0.4	光纤传感器检测		5	Q0.4	推料 1 电磁阀	
6	I0.5	金属传感器检测		6	Q0.5	推料 2 电磁阀	
7	I0.6			7	Q0.6	推料 3 电磁阀	
8	I0.7	推杆 1 到位检测		8	Q0.7	黄色指示灯	
9	I1.0	推杆 2 到位检测		9	Q1.0	绿色指示灯	
10	I1.1	推杆 3 到位检测		10	Q1.1	红色指示灯	

续表

输　入　信　号				输　出　信　号			
序号	PLC 输入点	信 号 名 称	信号来源	序号	PLC 输出点	信 号 名 称	信号来源
11	I1.2	停止按钮	按钮 / 指示灯端子排	11	V	变频器频率给定	
12	I1.3	启动按钮		12	M	0V	
13	I1.4	急停按钮					
14	I1.5	单机/联机					

分拣单元 PLC 的 I/O 接线原理图如图 3–54 所示。

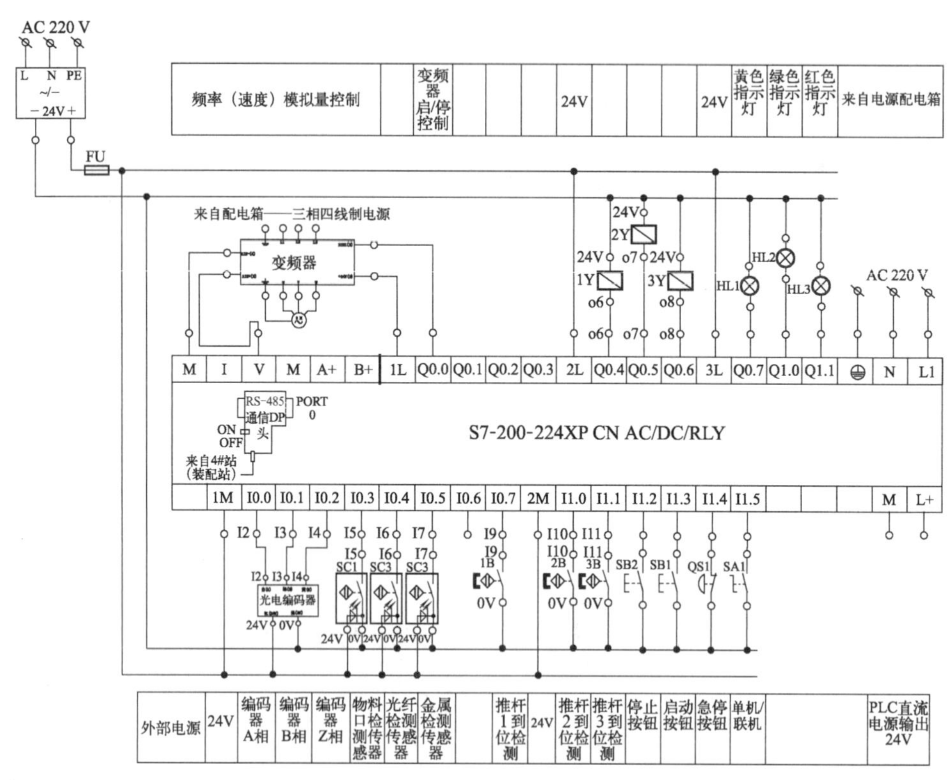

图 3–54　分拣单元 PLC 的 I/O 接线原理图

（2）分拣单元控制工艺要求

分拣单元与前述几个单元电气接线方法有所不同，该单元的变频器模块是安装在抽屉式模块放置架上的。因此，该单元 PLC 输出到变频器控制端子的控制线，须首先通过接线端口连接到实训台面上的接线端子排上，然后用安全导线插接到变频器模块上。同样，变频器的驱动输出线也须首先用安全导线插接到实训台面上的接线端子排插孔侧，再由接线端子排连接到三相交流电动机上。

分拣单元需要完成在传送带上把不同颜色的工件从不同的滑槽分流的任务。为了使工件能被准确地推出，光纤传感器灵敏度的调整、变频器参数（运转频率、斜坡下降时间等）的设置及软件编程中定时器设定值的设置等应相互配合。

3．招式3——人机界面设计

分拣单元组态监控有两个界面，一个界面包含启动按钮、停止按钮、急停按钮，分拣完成白色工件、黑色工件、金属工件累积计数，同时在输送带传送时把输送带转速及时地反馈到界面上，界面如图 3–55 所示。另一个是“分拣单元实时数据浏览”和“报警数据浏览”界面，如图 3–56 所示。

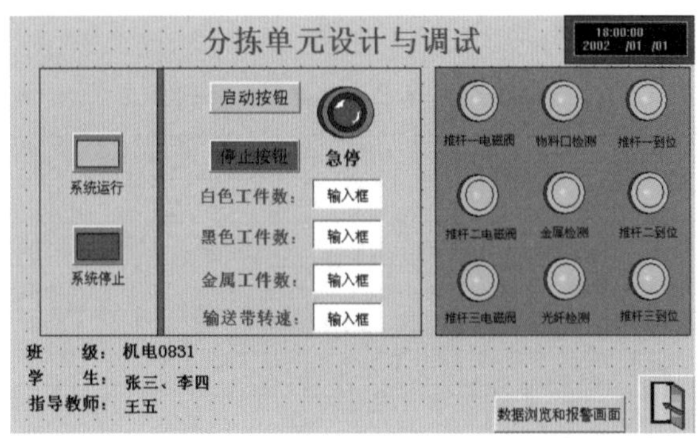

图 3–55 “分拣单元设计与调试”界面

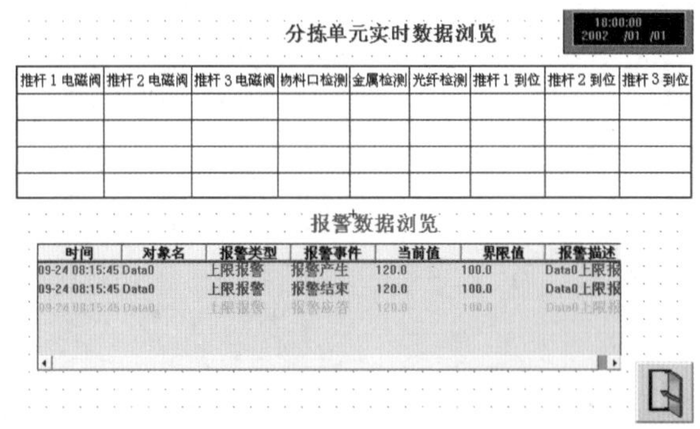

图 3–56 “分拣单元实时数据浏览”和“报警数据浏览”界面

在分拣单元设计与调试界面中还包括推杆一电磁阀、推杆二电磁阀、推杆三电磁阀、物料口检测、金属检测、光纤检测、推杆一到位、推杆二到位、推杆三到位等一系列的信号显示，实时反映设备的运动过程。

在图 3–55 中，可以通过单击“数据浏览和报警画面”按钮进入“分拣单元实时数据浏览”和“报警数据浏览”界面。在该界面中，可以及时地显示出当前的运行状态及运行过程中的报警信息。

子任务三　分拣单元技能训练

1．训练目标

按照分拣单元工艺要求，进行机械部分安装与调试，设计手动控制程序和自动连续运行程序，并且进行调试。

2．训练要求

① 熟悉分拣单元的功能及结构组成，并能进行正确安装。

② 能够根据控制要求设计气动控制回路原理图，安装气动执行器件并调试。

③ 安装所使用的传感器并进行调试。

④ 查明 PLC 各端口地址，根据要求编写程序，并调试。

3．安装与调试工作计划表

分拣单元安装与调试时间计划时间为 4 h，请根据表 3-17 所示的工作计划表安排计划时间，并填写实际时间。

表 3-17　安装与调试工作计划表

步　骤	内　容	计划时间	实际时间	完成情况
1	整个练习的工作计划			
2	制订安装计划			
3	线路描述和项目执行图样			
4	写材料清单和领料单			
5	机械部分安装			
6	传感器安装			
7	气路安装			
8	电路安装			
9	连接各部分器件			
10	按质量要求检查整个设备			
11	项目各部分设备的测试			
12	对教师发现和提出的问题进行回答			
13	输入程序，进行整个装置的功能调试			
14	排除故障			
15	该任务成绩的评估			

4．材料清单

请仔细查看器件，根据所选系统及具体情况填写表 3-18 中的规格、数量、产地。

表 3-18　分拣单元材料清单

序　号	代　号	物品名称	规　格	数　量	备注（产地）
1		编码器			
2		PLC			
3		端子排组件			
4		急停按钮			
5		启动 / 停止按钮			
6		漫射式光电传感器			
7		光纤传感器			
8		金属传感器			
9		走线槽			
10		磁性开关			
11		光电传感器			
12		变频器			
13		电动机			

5．机械部分安装与调试

(1) 机械部分安装步骤

① 先把支架、输送带定位，然后进行整体安装。

② 传感器支架、气缸支架安装。

③ 安装三个气缸。

④ 料槽安装，根据气缸位置调整，一般与料槽支架两边平衡。

⑤ 安装电动机。

⑥ 装调位置，将三个气缸调整到料槽中间。

(2) 调试

请独立完成表 3–19 所示调试项目表。

表 3–19　调试项目表

调 试 项 目	调试注意事项
三个气缸调试	
传动机构调试	
光电开关调试	
光纤传感器调试	
变频器设定与调试	

6．生产工艺流程

作为独立设备被控制时，需要有工件。工件可通过人工方式放置金属和黑白两种颜色的方法来解决，只要工件放置在工件导向件处即可。具体过程如下：

① 初始状态：设备加电和气源接通后，若工作单元的三个气缸满足初始位置要求，则“正常工作”指示灯 HL1 长亮，表示设备准备好；否则，该指示灯以 1 Hz 频率闪烁。

② 若设备准备好，按下启动按钮，系统启动，“设备运行”指示灯 HL2 长亮。当传送带入料口人工放下已装配的工件时，变频器即可启动，驱动传动电动机以 30 Hz 频率把工件带往分拣区。

③ 如果金属工件上的小圆柱工件为白色，则该工件对到达 1 号滑槽中间，传送带停止，工件对被推到 1 号槽中；如果塑料工件上的小圆柱工件为白色，则该工件对到达 2 号滑槽中间，传送带停止，工件对被推到 2 号槽中；如果工件上的小圆柱工件为黑色，则该工件对到达 3 号滑槽中间，传送带停止，工件对被推到 3 号槽中。工件被推出滑槽后，该工作单元的一个工作周期结束。仅当工件被推出滑槽后，才能再次向传送带下料。

如果在运行期间按下停止按钮，该工作单元在本工作周期结束后停止运行。

要编写满足控制要求、安全要求的控制程序，首先要了解设备的基本结构；其次要清楚各个执行结构之间的准确动作关系，即生产工艺；同时还要考虑安全、效率等因素；最后才是通过编程实现控制功能。分拣单元单周期控制工艺流程如图 3–57 所示，分拣单元自动循环控制工艺流程如图 3–58 所示。

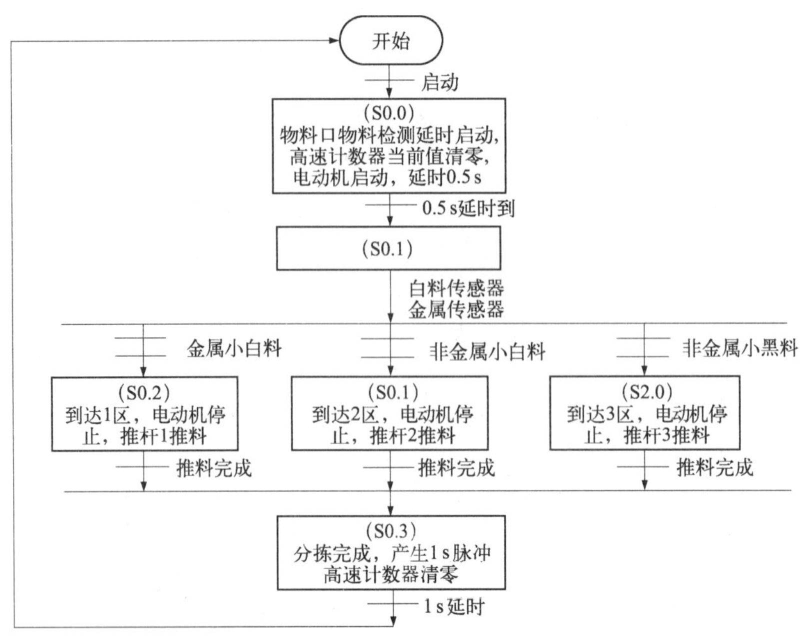

图 3-57　分拣单元单周期控制工艺流程

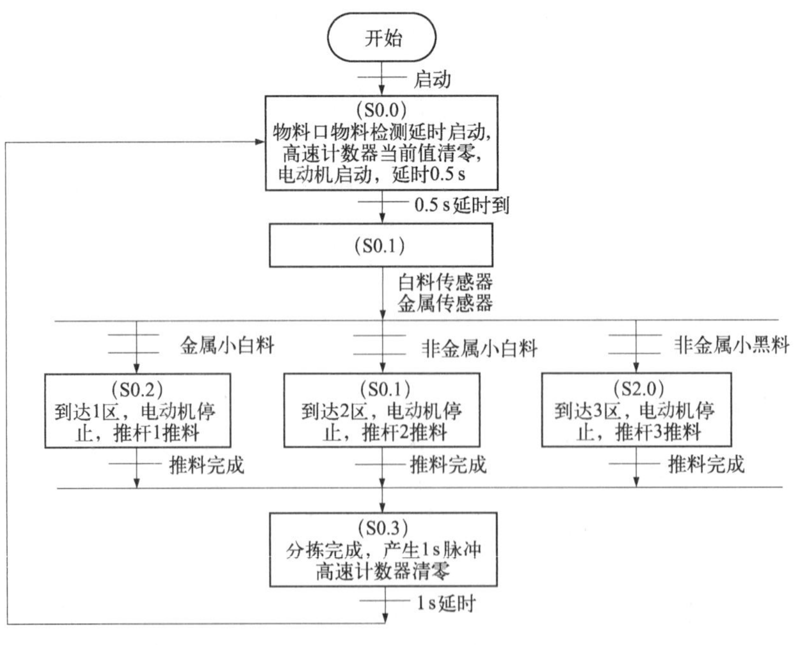

图 3-58　分拣单元自动循环控制工艺流程

7．调试运行

在编写、传输、调试程序过程中，进一步了解并掌握设备调试的方法、技巧及注意点。根据表 3-20 所示填写调试运行记录表。

表 3–20 调试运行记录表

结果　观察项目 操作步骤	金属传感器	光纤 1SC1 黑检	光纤 2SC2 白检	光电传感器	电动机	气缸 1	气缸 2	气缸 3	气缸 1 磁性开关	气缸 2 磁性开关	气缸 3 磁性开关
按启动/停止按钮											
放置金属工件											
放置黑色工件											
放置白色工件											
按下急停按钮											
复位急停											
再按启动/停止按钮											

教师、学生可根据表 3–21 进行评分。

表 3–21 评 分 表

<table>
<tr><td colspan="2">评 分 表
______学年</td><td>工 作 形 式
□个人　□小组分工　□小组</td><td colspan="2">实际工作时间
__________</td></tr>
<tr><td>训练项目</td><td>训 练 内 容</td><td>训 练 要 求</td><td>学生自评</td><td>教师评分</td></tr>
<tr><td>分拣单元</td><td>1. 工作计划和图样（20 分）
工作计划；
材料清单；
气路图；
电路图；
程序清单</td><td>电路绘制有错误，每处扣 0.5 分；机械手装置运动的限位保护位没有设置或绘制有错误，扣 1.5 分；主电路绘制有错误，每处扣 0.5 分；电路图形符号不规范，每处扣 0.5 分，最多扣 2 分</td><td></td><td></td></tr>
<tr><td rowspan="4">分拣单元</td><td>2. 部件安装与连接（20 分）</td><td>装配未能完成，扣 2.5 分；装配完成，但有紧固件松动现象，每处扣 1 分</td><td></td><td></td></tr>
<tr><td>3. 连接工艺（20 分）
电路连接及工艺；
气路连接及工艺；
机械安装及装配工艺</td><td>端子连接、插针压接不牢或超过两根导线，每处扣 0.5 分，端子连接处没有线号，每处扣 0.5 分，两项最多扣 3 分；电路接线没有绑扎或电路接线凌乱，扣 2 分；机械手装置运动的限位保护未接线或接线错误，扣 1.5 分；气路连接未完成或有错，每处扣 2 分；气路连接有漏气现象，每处扣 1 分；气缸节流阀调整不当，每处扣 1 分；气管没有绑扎或气路连接凌乱，扣 2 分</td><td></td><td></td></tr>
<tr><td>4. 测试与功能（30 分）
夹料功能；
送料功能
整个装置全面检测</td><td>启动/停止方式不按控制要求，扣 1 分；运行测试不满足要求，每处扣 0.5 分；具备送料功能，但推出位置明显偏差，每处扣 0.5 分</td><td></td><td></td></tr>
<tr><td>5. 职业素养与安全意识（10 分）</td><td>现场操作安全保护符合安全操作规程；工具摆放、包装物品、导线线头等的处理符合职业岗位的要求；团队合作有分工有合作，配合紧密；遵守纪律，尊重教师，爱惜设备和器材，保持工位的整洁</td><td></td><td></td></tr>
</table>

想一想，如何使用编码器定位完成精确分拣？如何使用编码器在触摸屏中反映变频电动机速度？

知识、技能归纳

通过训练，熟悉了分拣单元的结构，亲身实践、了解了气动控制技术、传感器技术、PLC 控制技术的应用，并且将它们有机融合在一起，从而体验了机电一体化控制技术的具体应用。

工程素质培养

掌握工程工作方法，培养严谨的工作作风。

任务五　输送单元的安装与调试

任务目标

1. 能在规定时间完成输送单元的安装和调试；
2. 能根据控制要求进行输送单元控制程序设计和调试；
3. 能解决自动化生产线安装与运行过程中出现的常见问题。

输送单元是自动化生产线中最为重要，同时也是承担任务最为繁重的工作单元。该单元主要是驱动抓取机械手装置精确定位到指定单元的物料台，并在物料台上抓取工件，然后把抓取到的工件输送到指定地点后放下。

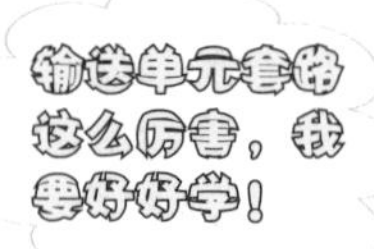

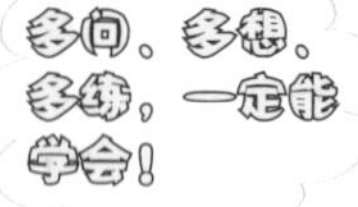

输送单元套路的套路秘诀在于：根据输送单元功能进行气动、控制电路设计，并按照正确步骤进行安装与调试。

子任务一　初步认识输送单元

输送单元由抓取机械手装置、伺服传动组件、PLC 模块、按钮/指示灯模块和接线端子排等部件组成。

1. 抓取机械手装置

抓取机械手装置是一个能实现四种自由度运动（即升降、伸缩、气动手指夹紧/松开和沿垂直轴旋转的四维运动）的工作单元。该装置被整体安装在伺服传动组件的滑动溜板上，并在传动组件带动下整体做直线往复运动，定位到其他各工作单元的物料台，然后完成抓取和放下工件的功能。其结构如图 3-59 所示。

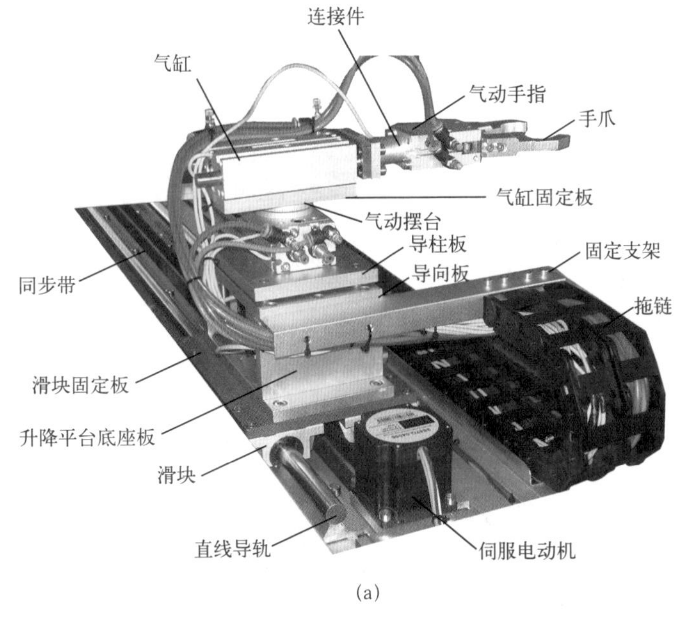

(a)

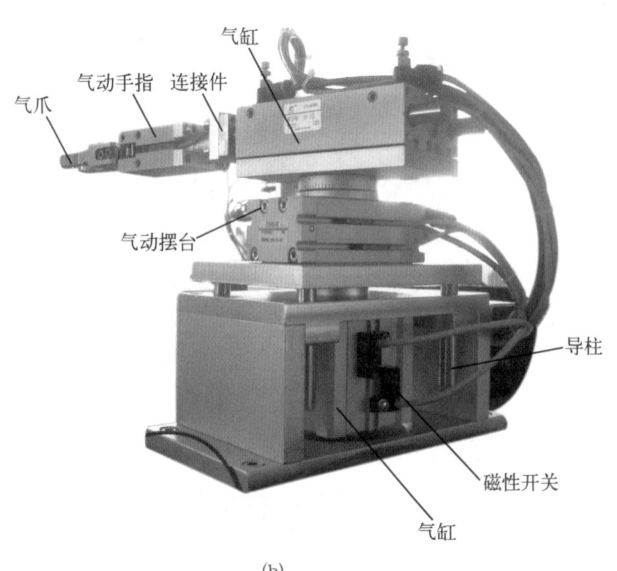

(b)

图 3-59　抓取机械手装置结构图

看一看，想一想，抓取机械手装置由哪几部分组成？

具体构成介绍如下：

① 气动手指：双作用气缸，由一个二位五通双向电控电磁阀控制，带状态保持功能，用于各个工作单元抓物搬运。双向电控电磁阀工作原理类似双稳态触发器，即输出状态由输入状态决定，如果输出状态确认了，即使无输入状态，双向电控电磁阀一样保持被触发前的状态。

② 双杆气缸：双作用气缸，由一个二位五通单向电控电磁阀控制，用于控制手爪伸出缩回。

③ 回转气缸：双作用气缸，由一个二位五通单向电控电磁阀控制，用于控制手臂正反向90°旋转，气缸旋转角度可以任意调节，范围为0°～180°，通过节流阀下方两个固定缓冲器进行调整。

④ 提升气缸：双作用气缸，由一个二位五通单向电控电磁阀控制，用于整个机械手的提升与下降。以上气缸的运行速度由进气口节流阀调整进气量来进行调节。

2. 伺服传动组件

伺服传动组件用于拖动抓取机械手装置做往复直线运动，完成精确定位的功能。图3-60所示是该组件的正视和俯视示意图。在图中，抓取机械手装置已经安装在组件的滑动溜板上。

传动组件由伺服电动机，同步轮，同步带，直线导轨，滑动溜板，拖链和原点开关，左、右极限开关组成。

伺服电动机由伺服驱动器驱动，通过同步轮和同步带带动滑动溜板沿直线导轨做往复直线运动，从而带动固定在滑动溜板上的抓取机械手装置做同样的运动。

抓取机械手装置上所有气管和导线沿拖链敷设，进入线槽后分别连接到电磁阀组和接线端子排组件上。

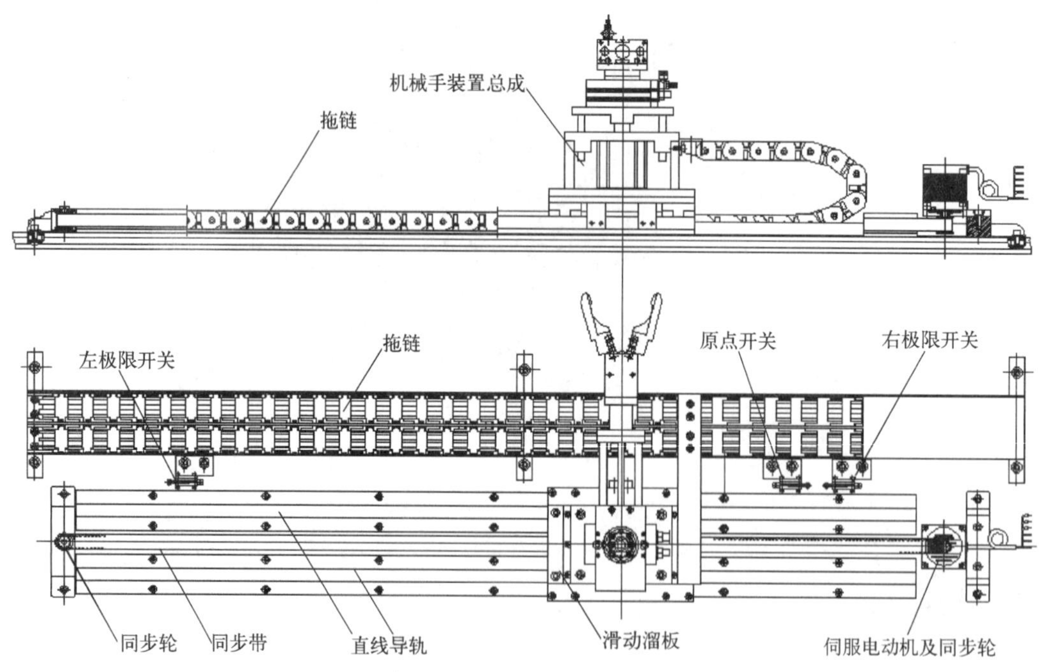

图3-60 伺服传动组件的正视和俯视示意图

原点开关是一个无触点的电感式接近传感器，用来提供直线运动的起始点信号。它被直接安装在工作台上。

左、右极限开关用于提供越程故障时的保护信号，当滑动溜板在运动中越过左或右极限位置时，极限开关会动作，从而向系统发出越程故障信号。

3．按钮/指示灯模块

按钮 / 指示灯模块被放置在抽屉式模块放置架上，面板布置如图 3-61 所示。模块上的指示灯和按钮的端脚全部引到端子排上。

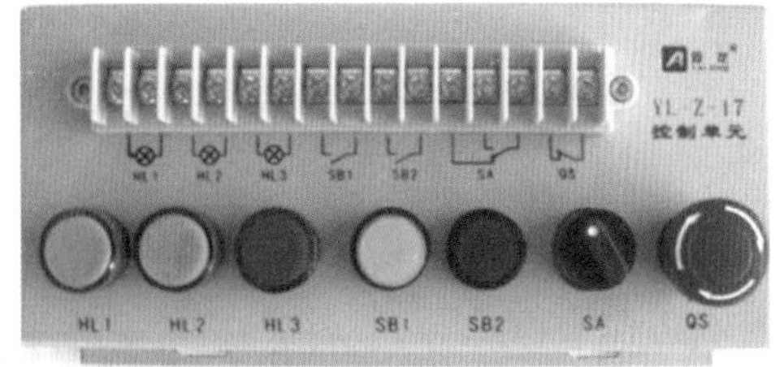

图 3-61　按钮/指示灯模块面板布置

模块盒上器件包括：

① 指示灯（DC 24 V）：黄色（HL1）、绿色（HL2）、红色（HL3）各一个。

② 主令器件：绿色常开按钮 SB1 一个，红色常开按钮 SB2 一个，选择开关 SA（一对转换触点），急停按钮 QS（一个常闭触点）。

子任务二　输送单元的控制

1．招式1——气动控制

输送单元的抓取机械手装置上的所有气缸连接的气管沿拖链敷设，插接到电磁阀组上，其气动控制回路的工作原理如图 3-62 所示。

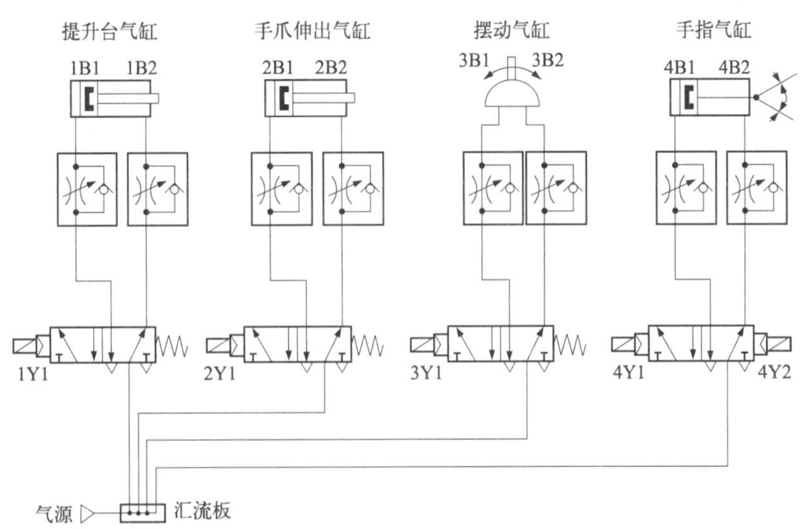

图 3-62　输送单元气动控制回路的工作原理

在气动控制回路中，驱动气动手指气缸的电磁阀采用二位五通双向电控电磁阀，其外形如图 3-63 所示。

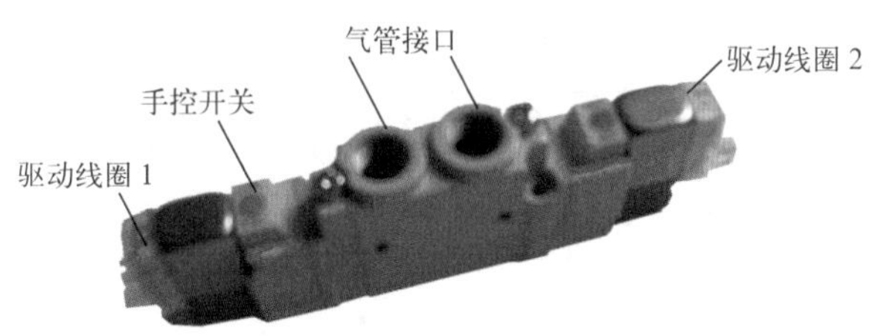

图 3-63　双向电控电磁阀外形

双向电控电磁阀与单向电控电磁阀的区别在于：对于单向电控电磁阀，在无电控信号时，阀芯在弹簧力的作用下会被复位；而对于双电控电磁阀，在两端都无电控信号时，阀芯的位置取决于前一个电控信号。

2．招式2——PLC控制

输送单元所需的I/O点较多。其中，输入信号包括来自按钮/指示灯模块的按钮、开关等主令信号，单元各构件的传感器信号等；输出信号包括输出到抓取机械手装置各电磁阀的控制信号和输出到伺服驱动器的脉冲信号和驱动方向信号；此外，还要考虑在需要时输出信号到按钮/指示灯模块的指示灯等，以显示本单元或系统的工作状态。

由于需要输出驱动伺服的高速脉冲，PLC应采用晶体管输出型。基于上述考虑，选用西门子S7-200-226 CN DC/DC/DC型PLC，共24点输入，16点晶体管输出，如表3-22所示。

表3-22 输送单元PLC的I/O信号表

输入信号					输出信号				
序号	PLC输入点	信号名称	设备编号	信号来源	序号	PLC输出点	信号名称	设备编号	信号来源
1	I0.0	原点传感器检测	SC	装置侧	1	Q0.0	伺服脉冲		装置侧
2	I0.1	右限位保护	K1	装置侧	2	Q0.1	脉冲方向		装置侧
3	I0.2	左限位保护	K2		3	Q0.2			
4	I0.3	机械手抬升下限检测	1B1		4	Q0.3	抬升台上升电磁阀	1Y	
5	I0.4	机械手抬升上限检测	1B2	装置侧	5	Q0.4	回转气缸左旋电磁阀	2Y1	
6	I0.5	机械手旋转左限检测	2B1		6	Q0.5	回转气缸右旋电磁阀	2Y2	
7	I0.6	机械手旋转右限检测	2B2		7	Q0.6	手爪伸出电磁阀	3Y	
8	I0.7	机械手伸出检测	3B1		8	Q0.7	手爪夹紧电磁阀	4Y1	
9	I1.0	机械手缩回检测	3B2		9	Q1.0	手爪放松电磁阀	4Y2	
10	I1.1	机械手夹紧检测	4B		10	Q1.1			
11	I1.2	伺服报警			11	Q1.2			
12	I1.3				12	Q1.3			
13	I1.4				13	Q1.4			
14	I1.5				14	Q1.5	报警指示	HL1	按钮/指示灯端子排
15	I1.6				15	Q1.6	运行指示	HL2	
16	I1.7				16	Q1.7	停止指示	HL3	
17	I2.0								
18	I2.1								
19	I2.2								
20	I2.3								
21	I2.4	启动按钮	SB2						
22	I2.5	复位按钮	SB1						
23	I2.6	急停按钮	QS						
24	I2.7	方式选择	SA						

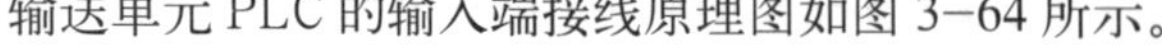

输送单元PLC的输入端接线原理图如图3-64所示。

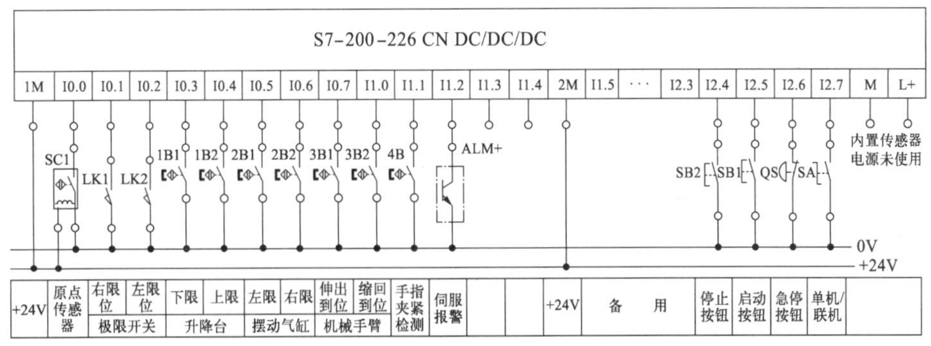

图 3-64　输送单元 PLC 的输入端接线原理图

由图 3-64 可见，左右两极限开关 LK2 和 LK1 的动合触点分别连接到 PLC 输入点 I0.2 和 I0.1。必须注意的是，LK2、LK1 均提供一对转换触点，它们的静触点应连接到公共点 COM，而动断触点必须连接到伺服驱动器的控制端口 CNX5 的 CCWL（9 引脚）和 CWL（8 引脚）作为硬联锁保护，目的是防范由于程序错误引起冲极限故障而造成设备损坏，接线时请注意。

晶体管输出的 S7-200 系列 PLC，供电电源采用 DC 24 V 的直流电源，与前面各工作单元的继电器输出的 PLC 不同。接线时也请注意，千万不要把 AC 220 V 电源连接到其电源输入端。

输送单元 PLC 的输出端接线原理图如图 3-65 所示。

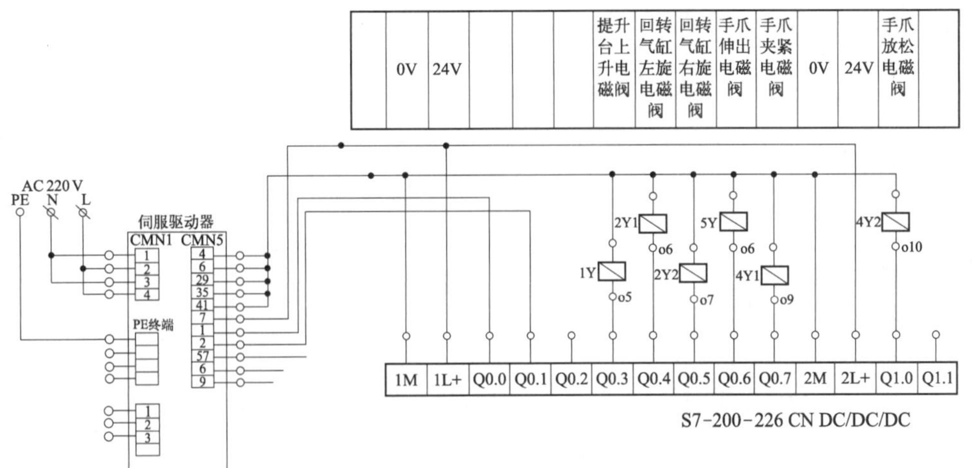

图 3-65　输送单元 PLC 的输出端接线原理图

输送单元抓取机械手装置控制和伺服定位控制基本上是顺序控制：伺服驱动抓取机械手装置从某一起始点出发，到达某一个目标点，然后抓取机械手按一定的顺序操作，完成抓取或放下工件的任务。因此，输送单元程序控制的关键点是伺服的定位控制。

3．招式3——人机界面设计

输送单元组态监控有两个界面，一个界面包含启动按钮、停止按钮、复位按钮、急停按钮以及系统运行、系统停止、输送站输送计数，如图 3-66 所示。另一个组态界面是“输送单元实时数据浏览”和“报警数据浏览”界面，如图 3-67 所示。

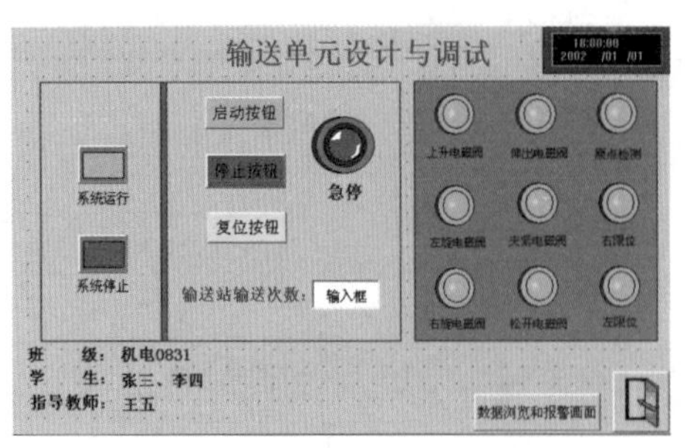

图 3-66　“输送单元设计与调试”界面

图 3-67　“输送单元实时数据浏览”和“报警数据浏览”界面

在“输送单元设计与调试”界面中还包括上升电磁阀、左旋电磁阀、右旋电磁阀、伸出电磁阀、夹紧电磁阀、松开电磁阀、原点检测、右限位、左限位等一系列的信号显示，实时反映设备的运动过程。

在图 3-66 中，可以通过单击“数据浏览和报警画面”按钮进入“输送单元实时数据浏览”和“报警数据浏览”界面。在该界面中，可以及时地显示出当前的运行状态及运行过程中的报警信息。

子任务三　输送单元技能训练

1．训练目标

按照输送单元自动连续控制要求，在 4 h 内完成机械、传感器、气路安装与调试，并进行 PLC 的程序设计与调试。

2．训练要求

① 熟悉输送单元的功能及结构组成，并能进行正确安装。

② 能够根据控制要求设计气动控制回路原理图，安装气动执行器件并调试。

③ 安装所使用的传感器并进行调试。

④ 伺服驱动器能够正确设定参数。

⑤ 查明 PLC 各端口地址，根据要求编写程序，并调试。

3．安装与调试工作计划表

请根据表 3-23 所示的工作计划表安排计划时间，并填写实际时间。

表 3-23　安装与调试工作计划表

步　骤	内　容	计划时间	实际时间	完成情况
1	整个练习的工作计划			
2	制订安装计划			
3	线路描述和项目执行图样			
4	写材料清单和领料单			
5	机械部分安装			
6	气路安装			
7	电路安装			
8	连接各部分器件			

续表

步　骤	内　容	计划时间	实际时间	完成情况
9	按质量要求检查整个设备			
10	项目各部分设备的测试			
11	对教师发现和提出的问题进行回答			
12	输入程序，进行整个装置的功能调试			
13	排除故障			
14	该任务成绩的评估			

4．材料清单

请仔细查看器件，根据所选系统及具体情况填写表 3-24 中的规格、数量、产地。

表 3-24　输送单元材料清单

序　号	代　号	物品名称	规　格	数　量	备注（产地）
1		回转气缸			
2		手爪伸出夹紧气缸			
3		提升气缸			
4		电磁阀			
5		直线运动机构			
6		伺服电动机			
7		PLC			
8		伺服放大器			
9		急停按钮			
10		启动、停止按钮			
11		原点接近开关			
12		左、右极限开关			
13		同步轮			
14		同步带			
15		滑动溜板			

5．机械部分安装与调试

① 先把支架、输送带定位，然后进行整体安装。

② 传感器支架、气缸、支架安装。

③ 安装两个气缸。

④ 料槽安装，根据气缸位置调整，一般与料槽支架两边平衡。

⑤ 安装电动机。

⑥ 装调位置，先拆后装，气缸调整到料槽中间。

6．生产工艺流程

① 输送单元在通电后，按下复位按钮 SB1，执行复位操作，使抓取机械手装置回到原点位置。在复位过程中，“正常工作”指示灯 HL1 以 1 Hz 的频率闪烁。

当抓取机械手装置回到原点位置，且输送单元各个气缸满足初始位置的要求时，则复位完成，“正常工作”指示灯 HL1 长亮。按下起动按钮 SB2，设备启动，“设备运行”指示灯 HL2

也长亮，开始功能测试过程。

② 抓取机械手装置从供料单元出料台抓取工件，抓取的顺序：手臂伸出→手爪夹紧抓取工件→提升台上升→手臂缩回。

③ 抓取动作完成后，伺服电动机驱动机械手装置向加工单元移动，移动速度不小于300 mm/s。

④ 机械手装置移动到加工单元物料台的正前方后，即把工件放到加工单元物料台上。抓取机械手装置在加工单元下工件的顺序：手臂伸出→提升台下降→手爪松开放下工件→手臂缩回。

⑤ 放下工件动作完成 2 s 后，抓取机械手装置执行抓取加工单元工件的操作。抓取的顺序与供料单元抓取工件的顺序相同。

⑥ 抓取动作完成后，伺服电动机驱动机械手装置移动到装配单元物料台的正前方；然后把工件放到装配单元物料台上，其动作顺序与加工单元放下工件的顺序相同。

⑦ 放下工件动作完成 2 s 后，抓取机械手装置执行抓取装配单元工件的操作。抓取的顺序与供料单元抓取工件的顺序相同。

⑧ 机械手手臂缩回后，摆台逆时针旋转 90°，伺服电动机驱动机械手装置从装配单元向分拣单元运送工件，到达分拣单元传送带上方入料口后把工件放下，动作顺序与加工单元放下工件的顺序相同。

⑨ 放下工件动作完成后，机械手手臂缩回，然后执行返回原点的操作。伺服电动机驱动机械手装置以 400 mm/s 的速度返回，返回 900 mm 后，摆台顺时针旋转 90°，然后以 100 mm/s 的速度低速返回原点停止。

当抓取机械手装置返回原点后，一个测试周期结束。当供料单元的出料台上放置了工件时，再按一次启动按钮 SB2，开始新一轮的测试。

要编写满足控制要求、安全要求的控制程序，首先要了解设备的基本结构；其次要清楚各个执行结构之间的准确动作关系，即清楚生产工艺；同时还要考虑安全、效率等因素；最后才是通过编程实现控制功能。输送单元控制工艺流程如图 3-68 所示。

系统工作过程中按下输送单元的急停按钮，则系统立即全线停车。在急停复位后应从急停前的断点开始继续运行；但如果按下急停按钮，输送单元机械手装置正在向某一目标移动，则急停复位后输送单元应首先返回原点位置，然后再向目标点运动。

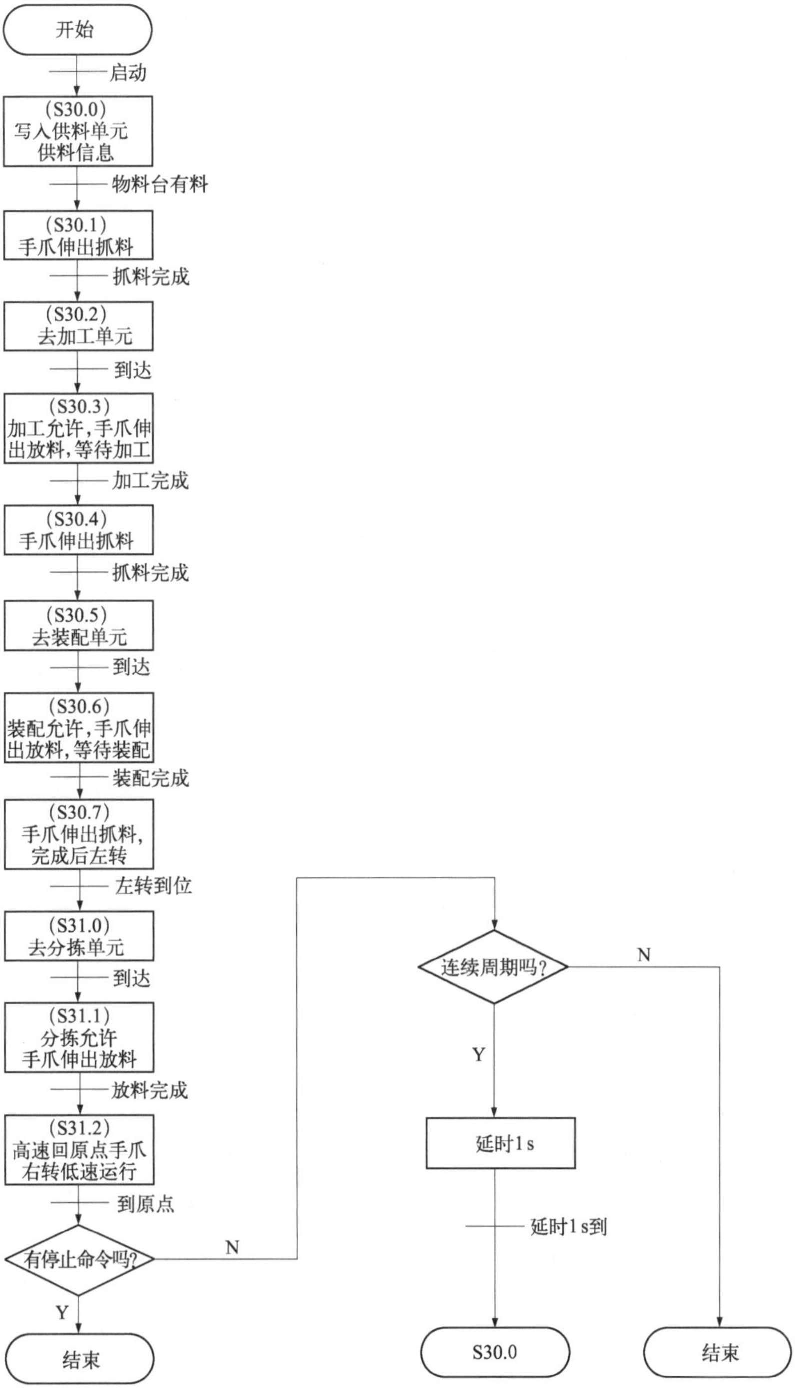

开始
启动
(S30.0) 写入供料单元供料信息
物料台有料
(S30.1) 手爪伸出抓料
抓料完成
(S30.2) 去加工单元
到达
(S30.3) 加工允许，手爪伸出放料，等待加工
加工完成
(S30.4) 手爪伸出抓料
抓料完成
(S30.5) 去装配单元
到达
(S30.6) 装配允许，手爪伸出放料，等待装配
装配完成
(S30.7) 手爪伸出抓料，完成后左转
左转到位
(S31.0) 去分拣单元
到达
(S31.1) 分拣允许 手爪伸出放料
放料完成
(S31.2) 高速回原点手爪右转低速运行
到原点
有停止命令吗？
Y
结束
N
连续周期吗？
Y
延时1 s
延时1 s到
S30.0
N
结束

图 3–68　输送单元控制工艺流程

7．调试运行

在编写、传输、调试控制程序过程中，进一步了解并掌握设备调试的方法、技巧及注意点，培养严谨的作风。根据表 3–25 所示填写调试运行记录。

表 3–25　调试运行记录表

结果 观察项目 操作步骤	旋转气缸	气　爪	提升气缸	伸出气缸	气爪磁性开关	伸出气缸磁性开关		旋转气缸磁性开关		提升气缸磁性开关	
								0°	90°		

教师、学生可根据表 3–26 进行评分。

表 3–26　评　分　表

评　分　表 ______学年		工　作　形　式 □个人　□小组分工　□小组	实际工作时间 __________	
训练项目	训　练　内　容	训　练　要　求	学生自评	教师评分
输送单元	1．工作计划和图样（20 分） 工作计划； 材料清单； 气路图； 电路图； 程序清单	电路绘制有错误，每处扣 0.5 分；机械手装置运动的限位保护位没有设置或绘制有错误，扣 1.5 分；主电路绘制有错误，每处扣 0.5 分；电路图形符号不规范，每处扣 0.5 分，最多扣 2 分		
	2．部件安装与连接（20 分）	装配未能完成，扣 2.5 分；装配完成，但有紧固件松动现象，每处扣 1 分		
	3．连接工艺（20 分） 电路连接及工艺； 气路连接及工艺； 机械安装及装配工艺	端子连接、插针压接不牢或超过两根导线，每处扣 0.5 分，端子连接处没有线号，每处扣 0.5 分，两项最多扣 3 分；电路接线没有绑扎或电路接线凌乱，扣 2 分；机械手装置运动的限位保护未接线或接线错误扣 1.5 分；气路连接未完成或有错，每处扣 2 分；气路连接有漏气现象，每处扣 1 分；气缸节流阀调整不当，每处扣 1 分；气管没有绑扎或气路连接凌乱，扣 2 分		
	4．测试与功能（30 分） 夹料功能； 送料功能； 整个装置全面检测	启动/停止方式不按控制要求，扣 1 分；运行测试不满足要求，每处扣 0.5 分；具有送料功能，但推出位置明显偏差，每处扣 0.5 分		
	5．职业素养与安全意识（10 分）	现场操作安全保护符合安全操作规程；工具摆放、包装物品、导线线头等的处理符合职业岗位的要求；团队有分工有合作，配合紧密；遵守纪律，尊重教师，爱惜设备和器材，保持工位的整洁		

想一想，步进电动机和伺服电动机有何区别？

知识、技能归纳

通过训练，熟悉了输送单元的结构，亲身实践、了解了气动控制技术、传感器技术、PLC控制技术的应用，并将它们有机融合在一起，从而体验了机电一体化控制技术具体应用。

工程素质培养

掌握工程工作方法，培养严谨的工作作风。

第四篇 项目决战——自动化生产线安装与调试

扫一扫

第四篇
项目决战

通过在第二篇项目备战中核心技术的学习，以及第三篇项目迎战中自动化生产线各分站设备安装和各分站PLC程序设计的训练，现在以YL–335B型自动化生产线为例进行自动化生产线整体的安装与调试。本篇的学习过程体现了职业资格一体化理念。学习任务结束后应达到“可编程序控制系统设计师职业资格证书（三级）”的知识和技能要求。YL–335B型自动化生产线有供料单元、加工单元、装配单元、分拣单元及输送单元等，五个单元的功能由自动化生产线工作任务书确定，体现了YL–335B型自动化生产线更强的柔性。

可编程序控制系统设计师是指从事可编程序控制器（PLC）选型、编程，并对应用系统进行设计、整体集成和维护的人员。

工作内容：

① 进行PLC应用系统的总体设计。

② 选择PLC模块和确定相关产品的技术规格。

③ 进行PLC编程和设置。

④ 进行外围设备参数设定及配套程序设计。

⑤ 进行控制系统的设计、整体集成、调试与维护。

1. 接受任务书

YL−335B 型自动化生产线由供料、加工、装配、分拣和输送五个工作单元组成，各工作单元均配备一台 S7−200 系列 PLC 来承担其控制任务，各 PLC 之间通过 PPI 通信方式实现互联，从而构成分布式的控制系统。

自动化生产线的工作目标如下：

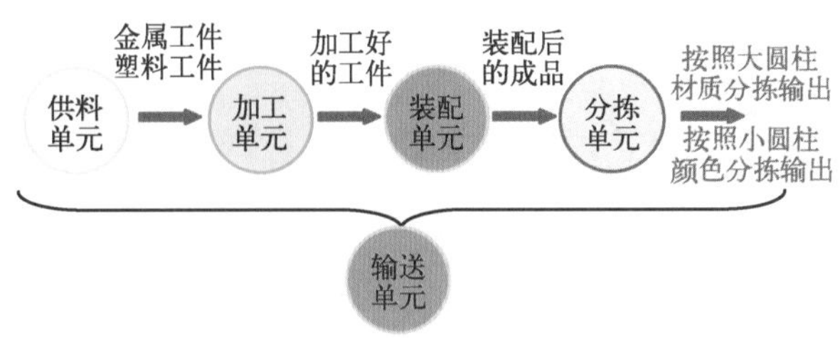

注意事项：

① 系统主令工作信号由连接到输送单元 PLC 的触摸屏人机界面提供。

② 整个系统的主要工作状态在触摸屏的人机界面上显示。

③ 由安装在装配单元的警示灯显示整个生产线的加电复位、启动、停止、报警等工作状态。

④ 具有工作方式选择开关，可对单站和全线两种工作方式进行选择。在单站运行模式下，由各站的控制模块实现单站控制。

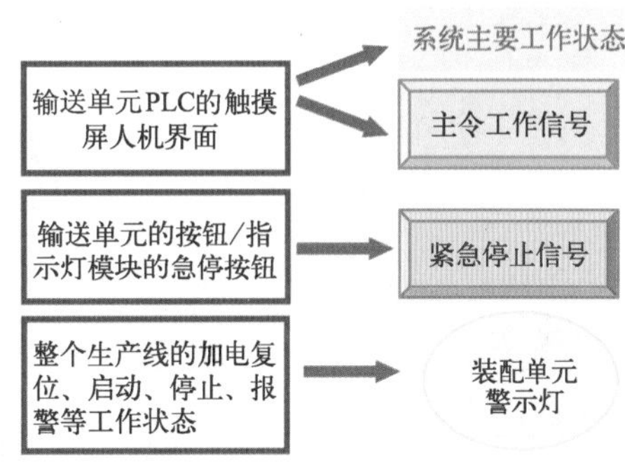

沉着应战！你需要完成以下任务。

2. 工作任务

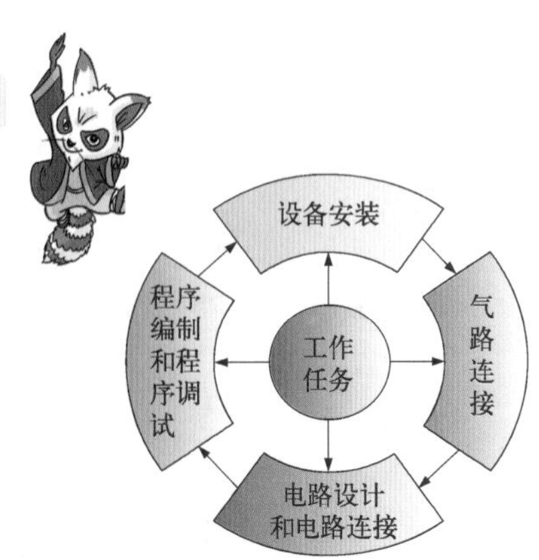

(1) 设备安装

① 完成各单元装配工作。

② 将各单元安装到工作台上。

(2) 气路连接

① 正确设计、连接气路。

② 使用一台外接气源。

(3) 电路设计和电路连接

① 设计输送单元的电气控制电路并连接供料、加工和装配单元控制电路。

② 预留分拣单元变频器的 I/O 端子设计、连接变频器主电路和控制电路。

③ 连接各单元的 PLC 通信网络。

(4) 程序编制和程序调试

① 编写各单元的 PLC 控制程序。

② 设置输送单元伺服电动机驱动器参数，设置分拣单元的变频器参数。

③ 调整各单元零部件位置，调试所编写的 PLC 控制程序。

④ 触摸屏连接到主站 PLC 编程接口。

行动导向教学法

行动导向教学法是指：根据完成某一职业工作活动所需要的行动、产生和维持行动所需要的环境条件以及学习者的内在调节机制，设计、实施和评价职业教育的教学活动。

为促进学生自主学习和达到项目教学的要求，行动导向教学法包括六步，即资讯、计划、决策、实施、检查、评价。

行动导向教学法

1.资讯 → 2.计划 → 3.决策 → 4.实施 → 5.检查 → 6.评价 → 1.资讯

(1) 资讯

完成任务，需要的知识：

① 自动化生产线的结构。

② 自动化生产线的核心技术及应用。

③ 自动化生产线各单元安装与调试。

(2) 计划与决策

注意事项：

① 安装训练时间，共计6～8 h，三名参训人员应注意时间的合理分配，并注意分工与协作。

② 学生可根据工作任务书自行设计工作计划。

制订工作计划

（3）实施（略）

任务一　YL－335B型自动化生产线设备安装

任务目标

1. 能完成 YL－335B 自动生产线输送单元的装配；
2. 能完成 YL－335B 自动生产线供料单元的装配；
3. 能完成 YL－335B 自动生产线加工单元的装配；
4. 能完成 YL－335B 自动生产线装配单元的装配；
5. 能完成 YL－335B 自动生产线分拣单元的装配。

1. 工作任务

首先，按照元件清单检查元件是否齐备，并检测元件质量和状态是否满足要求。完成 YL－335B 型自动化生产线的供料、加工、装配、分拣和输送单元的部分装配工作，并把这些工作单元安装在 YL－335B 的工作台上。安装前后的自动化生产线工作台分别如图 4－1 和图 4－2 所示。注意：各分单元的结构组件应该按照材料清单进行采集，做到无一遗漏。

图 4－1　安装前的空白自动化生产线工作台

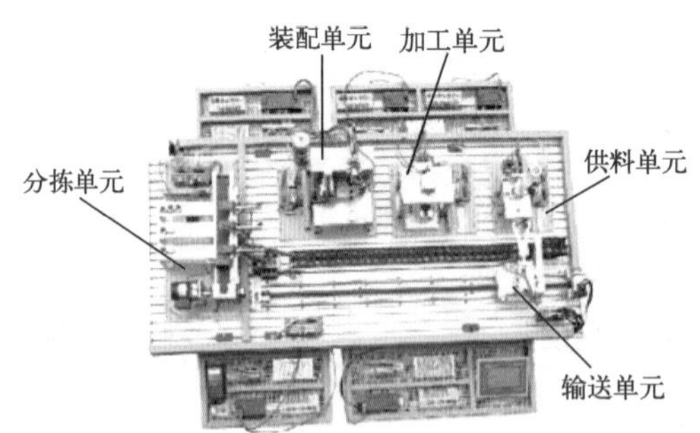

图 4-2　安装后的自动化生产线工作台

2．安装工作步骤

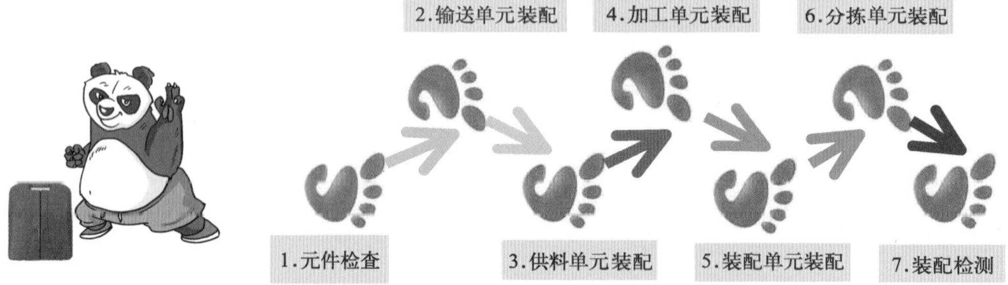

3．各分站安装位置的确定

具体安装顺序是按照图 4-3 所示的 YL-335B 工作单元安装位置图进行安装的。注意明确各生产单元之间的间距尺寸。

4．注意事项

① 按照 YL-335B 型自动化生产线工作单元安装位置图开始安装时，在空白的自动化生产线工作台上首先安装输送单元的两根平行直线导轨。

② 将输送单元在工作台上安装好以后，再开始依次固定供料单元、加工单元、装配单元、分拣单元，各单元彼此间距要以 YL-335B 型自动化生产线工作单元安装位置图为准。

③ 以输送单元气动机械手爪完全伸出长度为基准，以其气动摆台旋转 90°、垂直于导轨时手爪中心为基准点，分别与供料单元的物料台挡料导向件中心、加工单元物料台气动手爪的中心、装配单元物料台定位导向座中心对中；分拣单元传送带工件导向件中心与气动摆台旋回的气动机械手爪中心对中，以此确定各单元底板的间距。

④ 经微调后，用地脚螺栓固定在工作台上。地脚螺栓要先初步固定，待位置确定后再固定，要注意底板螺栓对角紧固。

要沉着冷静！否则，出错后再排除故障，会花费很多时间。

子任务一　元件的检查

根据元件清单认真核对元件的型号及规格、数量，并检查元件的质量，确定其是否合格。如果元件有损坏，应及时更换。（元件清单：详见光盘“4.2 自动线元件清单表资料”）

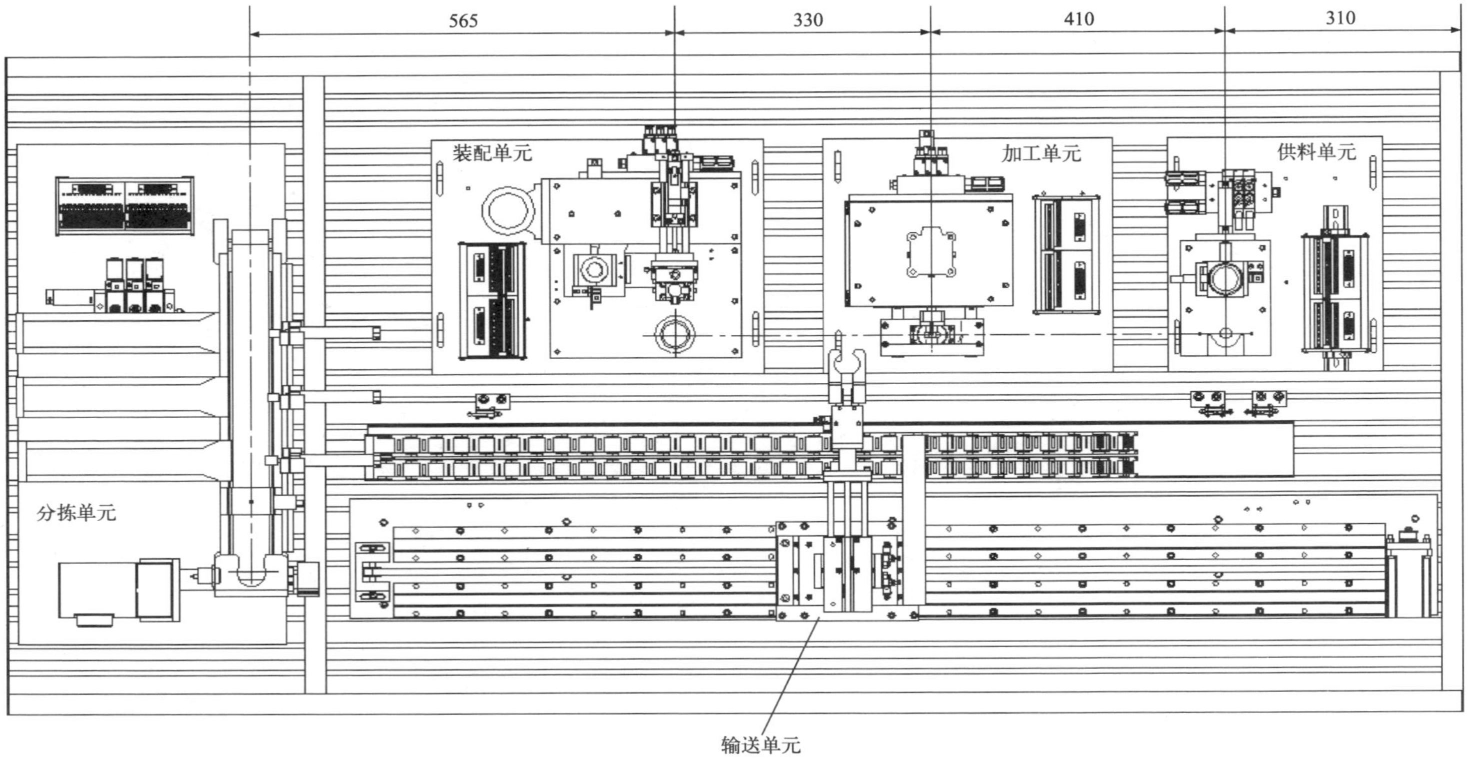

图 4-3 YL-335B 自动化生产线工作单元安装位置图

子任务二 YL-335B 型自动化生产线输送单元的装配

按照第三篇项目迎战中自动化生产线输送单元装配训练要求，完成该单元的装配任务。可参考自动化生产线输送单元安装工作步骤进行，并将装配好的输送单元安装到 YL-335B 型自动化生产线的工作台上，如图 4-4 所示。

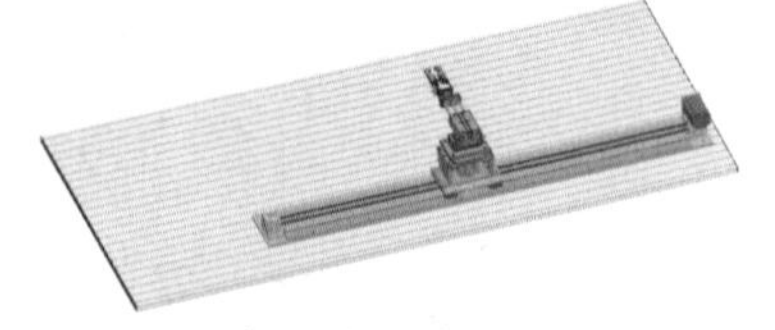

图 4-4 已安装输送单元的实物效果图

实物效果安装工作步骤如下：

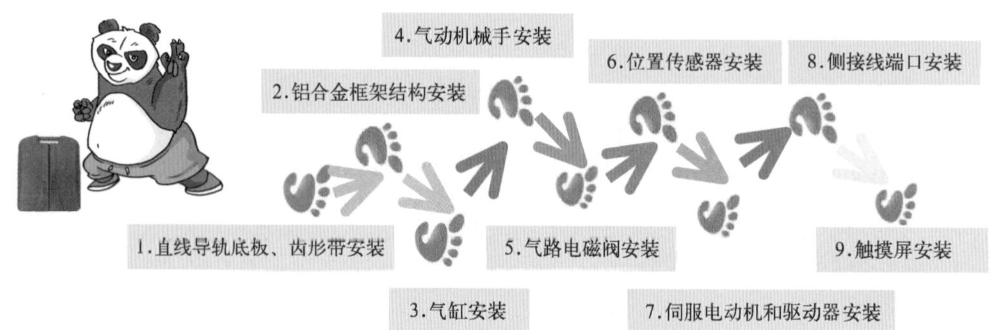

子任务三 YL-335B 型自动化生产线供料单元的装配

按照第三篇项目迎战中自动化生产线供料单元装配训练要求，完成该单元的装配任务。可参考自动化生产线供料单元安装工作步骤进行，并将装配好的供料单元安装到 YL-335B 型自动化生产线的工作台上，如图 4-5 所示。

图 4-5 已安装供料单元的实物效果图

安装工作步骤如下：

前面学的要记牢，抽时间要复习复习！

子任务四 YL–335B 型自动化生产线加工单元的装配

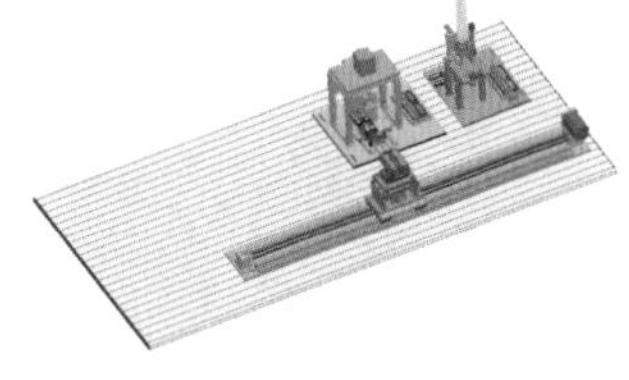

图 4–6 已安装加工单元的实物效果图

按照第三篇项目迎战中自动化生产线加工单元装配训练要求，完成该单元的装配任务。可参考自动化生产线加工单元安装工作步骤进行，并将装配好的加工单元安装到 YL–335B 型自动化生产线的工作台上，如图 4–6 所示。

安装工作步骤如下：

1.铝合金框架结构安装
2.薄型气缸安装
3.气路电磁阀安装
4.滑动加工台直线导轨安装
5.滑动加工台伸缩直线气缸安装
6.滑动加工台气动机械手爪安装
7.漫射式光电传感器安装
8.气缸上的磁性开关安装
9.侧接线端口安装

子任务五 YL–335B 型自动化生产线装配单元的装配

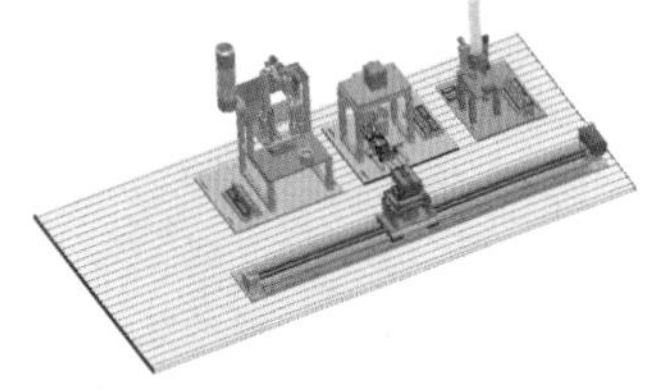

图 4–7 已安装装配单元的实物效果图

按照第三篇项目迎战中自动化生产线装配单元装配训练要求，完成该单元的装配任务。可参考自动化生产线装配单元安装工作步骤进行，并将装配好的装配单元安装到 YL–335B 型自动化生产线的工作台上，如图 4–7 所示。

安装工作步骤如下：

1.铝合金框架结构安装
2.顶料、挡料气缸安装
3.气动摆台回转气缸安装
4.气动机械手爪伸缩导杆气缸、升降气缸安装
5.气路电磁阀安装
6.料仓和装配台光电传感器安装
7.接线端口安装

子任务六 YL–335B 型自动化生产线分拣单元的装配

按照第三篇项目迎战中自动化生产线的分拣单元装配训练要求，完成该单元的装配任务。可参考自动化生产线分拣单元装配计划进行，并将装配好的分拣单元安装到 YL–335B 型自动化生产线的工作台上，如图 4–8 所示。

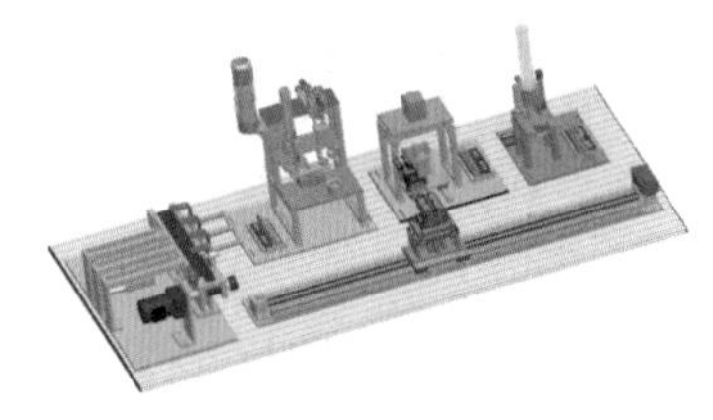

图 4–8 已安装分拣单元的实物效果图

安装工作步骤如下：

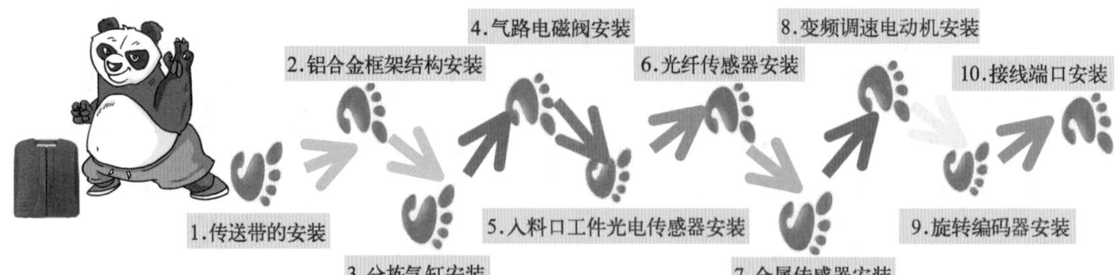

至此，YL-335B 型自动化生产线的各单元在工作台上已经安装完毕。读者可按照表 4-1 所示进行评分。

表 4-1　自动化生产线设备安装考核技能评分表

姓名		同组		开始时间			
专业 / 班级				结束时间			
项目内容	考核要求	配分	评分标准		扣分	自评	互评
按照元件清单核对元件数量并检查元件质量	1．正确清点元件数量； 2．正确检查元件质量	15	1．材料清点有误，扣 2 分； 2．检查元件方法有误，扣 2 分； 3．坏的元件没检查出来，扣 2 分				
供料单元的装配	1．正确完成装配； 2．紧固件无松动	10	1．装配未能完成，扣 6 分； 2．装配完成但有紧固件松动现象，扣 2 分				
加工单元的装配	1．正确完成装配； 2．紧固件无松动	10	1．装配未能完成，扣 6 分； 2．装配完成但有紧固件松动现象，扣 2 分				
装配单元的装配	1．正确完成装配； 2．紧固件无松动	10	1．装配未能完成，扣 6 分； 2．装配完成但有紧固件松动现象，扣 2 分				
分拣单元的装配	1．正确安装传送带及构件； 2．正确安装驱动电动机； 3．紧固件无松动	15	1．传送带及构件安装位置与要求不符，扣 3 分； 2．驱动电动机安装不正确，引起运行时振动，扣 5 分； 3．有紧固件松动现象，扣 3 分				
输送单元的装配	1．正确装配抓取机械手； 2．正确调整摆动气缸摆角	15	1．抓取机械手装置装配不当，扣 5 分； 2．摆动气缸摆角调整不恰当，扣 5 分				
自动化生产线的总体安装	1．正确安装工作单元； 2．紧固件无松动	15	1．工作单元安装位置与要求不符，每处扣 1 分，最多扣 5 分； 2．有紧固件松动现象，扣 5 分				
职业素养与安全意识	现场操作安全保护符合安全操作规程；工具摆放、包装物品、导线线头等的处理符合职业岗位的要求；团队有分工有合作，配合紧密；遵守赛场纪律，尊重赛场工作人员，爱惜赛场的设备和器材，保持工位的整洁	10	—				
教师点评：			成绩（教师）：	总成绩：			

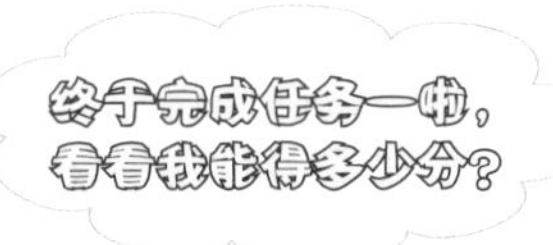

知识、技能归纳

自动化生产线设备的安装步骤：元件检查—输送单元装配—供料单元装配—加工单元装配—装配单元装配—分拣单元装配。

工程素质培养

思考一下：如何能在规定时间完成自动化生产线设备的安装。

任务二 YL-335B型自动化生产线气路的连接

任务目标

1. 能完成 YL-335B 自动生产线主气路连接；
2. 能完成 YL-335B 自动生产线各单元的气路连接。

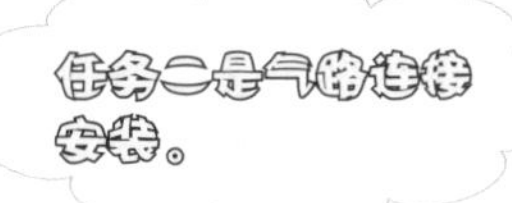

1. 工作任务

根据第二篇项目备战中学到的气路知识、第三篇项目迎战中各单元气路连接的相关训练以及工作任务书的控制要求完成 YL-335B 型自动化生产线的气路连接。

在任务二中，需要根据给出的控制要求设计总体气路图和各单元气路图，并用气管分颜色按气路图将各气路元件进行连接。

2. 气路连接工作计划

气路连接工作计划如表 4-2 所示，请根据实际情况填写完成情况。

表 4-2　气路连接工作计划

子 任 务	内　　容	完 成 情 况
一	YL-335B 型自动化生产线主气路连接	
二	YL-335B 型自动化生产线各单元的气路连接	

子任务一 YL-335B 型自动化生产线主气路连接

由系统气源开始，按气路系统原理图（见光盘“4.3 自动线气路原理图”），用气管连接至各单元电磁阀组。

YL-335B 型自动化生产线对气路气源的要求如下：

① 该生产线的气路系统气源是由一台空气压缩机提供的。空气压缩机气缸体积应该大于 50 L，流量应大于 0.25 mm^2/s，所提供的压力为 0.6 ~ 1.0 MPa，输出压力为 0 ~ 0.8 MPa 可调。输出的压缩空气通过快速三通接头和气管输送到各工作单元。

② 如图 4-9 所示，气源的气体须经过一台气源处理组件油水分离器三联件进行过滤，并装有快速泄压装置。

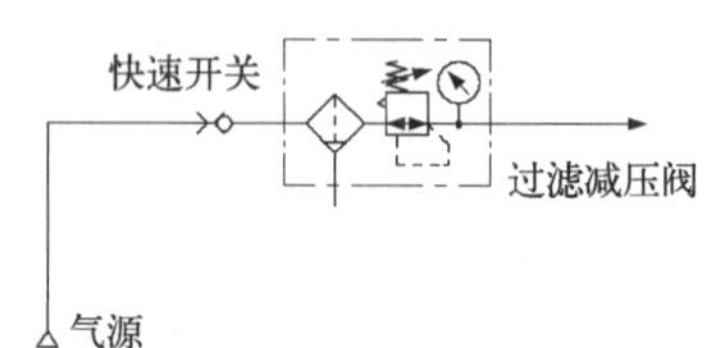

图 4-9 主气源的空气处理原理图

③ 自动化生产线使用压缩空气。自动化生产线的空气工作压力要求为 0.6 MPa，要求气体洁净、干燥，无水分、油气、灰尘。

④ 注意安全生产。在通气前，应先检查气路的气密性。在确认气路连接正确并且无泄漏的情况下，方能进行通气实验。油水分离器的压力调节旋钮向上拔起右旋，要逐渐增加并注意观察压力表，增加到额定气压后压下锁紧。气流在调试之前要尽量小一点，在调试过程中逐渐加大到适合的气流。

YL-335B 型自动化生产线主气路的连接步骤如下：

① 仔细读懂总气路图。

② 将空气压缩机的管路出口，用专用气管与油水分离器的入口连接。

③ 将油水分离器的出口，与主快速三通接头（也可为快速六通接头）的入口连接。

④ 快速三通的出口之一与装配单元电磁阀组汇流排的入口连接。

⑤ 快速三通的出口之一与供料单元电磁阀组汇流排的入口连接。

⑥ 快速三通的出口之一与加工单元电磁阀组汇流排的入口连接。

子任务二 YL-335B 型自动化生产线各单元的气路连接

从油水分离器出口的快速接头开始，进行自动化生产线各单元的气路连接，包括分拣单元的气路连接、装配单元的气路连接、供料单元的气路连接、加工单元的气路连接、输送单元的气路连接。在第三篇项目迎战中已对各单元进行了充分练习，连接好的五个单元的示意图分别如图 4-10 ~ 图 4-14 所示。

注意事项：

① 气路连接要完全按照自动化生产线气路图进行连接。

② 气路连接时，气管一定要在快速接头中插紧，不能够有漏气现象。

③ 气路中的气缸节流阀调整要适当，以活塞进出迅速、无冲击、无卡滞现象为宜，以不推倒工件为准。如果有气缸动作相反，将气缸两端进气管位置颠倒即可。

④ 气路气管在连接走向时，应该按序排布，均匀美观。不能交叉、打折、顺序凌乱。

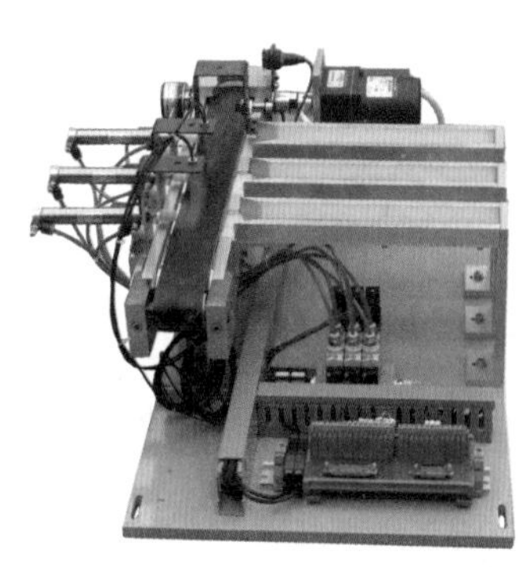

图 4–10　分拣单元气路连接示意图

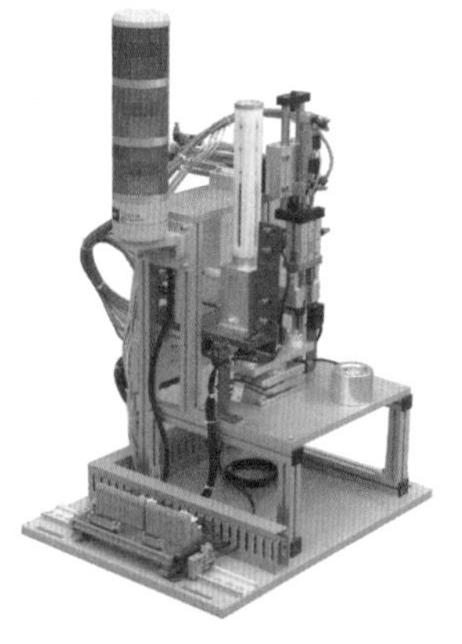

图 4–11　装配单元气路连接示意图

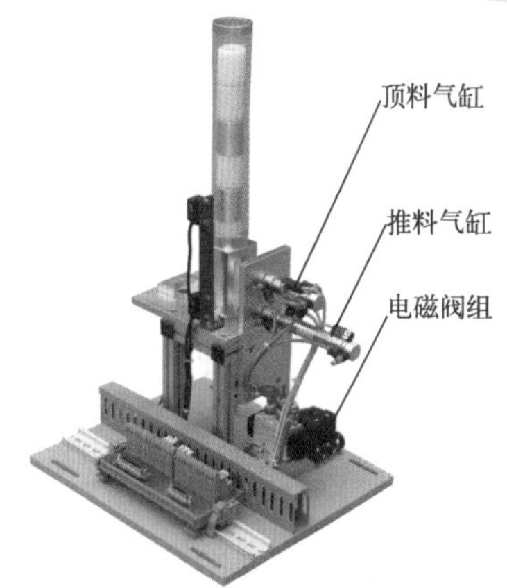

图 4–12　供料单元气路连接示意图

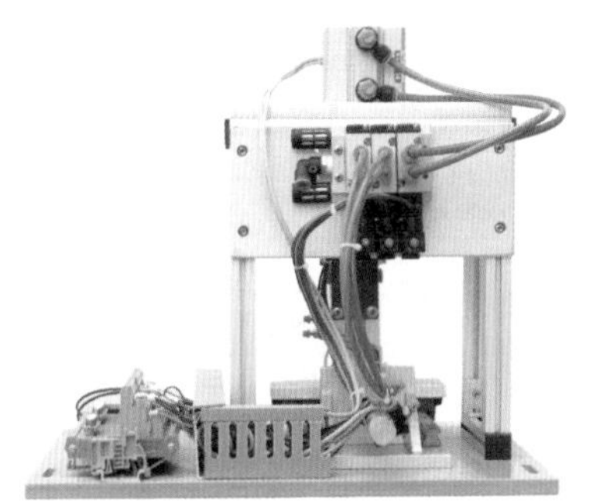

图 4–13　加工单元气路连接示意图

图 4–14　输送单元气路连接示意图

⑤ 所有外露气管必须用黑色尼龙扎带进行绑扎，松紧程度以不使气管变形为宜，外形美观。

⑥ 电磁阀组与气体汇流板的连接必须在橡胶密封垫上固定，要求密封良好，无泄漏。

⑦ 当回转摆台需要调节回转角度或调整摆动位置精度时，根据要求把回转气缸调成 90° 固定角度旋转。调节方法：首先松开调节螺杆上的反扣螺母，通过旋入和旋出调节螺杆，从而改变回转凸台的回转角度，调节螺杆 1 和调节螺杆 2 分别用于左旋和右旋角度的调整。当调整好摆动角度后，应将反扣螺母与基体反扣锁紧，防止调节螺杆松动，从而造成回转精度降低。

教师、学生可按照表 4–3 所示进行气路连接安装的评分。

表 4–3　气路连接安装评分表

姓名		同组		开始时间			
专业 / 班级				结束时间			
项目内容	考核要求	配分	评分标准		扣分	自评	互评
绘制气路总图	正确绘制气路总图	10	总气路绘制有错误，每处扣 0.5 分				
绘制各单元气路图	正确绘制各单元气路图	5	气路绘制有误，每处扣 1 分				
从气泵出来的主气路装配	1. 正确连接气路； 2. 气路连接无漏气现象	5	气路连接未完成或有错，每处扣 2 分 气路连接有漏气现象，每处扣 1 分				

续表

姓名		同组		开始时间			
专业／班级				结束时间			
项目内容	考核要求	配分	评分标准		扣分	自评	互评
供料单元气路的装配	正确安装供料单元气路	5	气缸节流阀调整不当，每处扣1分				
加工单元气路的装配	正确安装加工单元气路	5	气路连接有漏气现象，每处扣1分				
装配单元气路的装配	正确安装装配单元气路	5	气路连接有漏气现象，每处扣1分				
分拣单元气路的装配	正确安装分拣单元气路	5	气路连接有漏气现象，每处扣1分				
输送单元气路的装配	正确安装输送单元气路	10	气管没有绑扎或气路连接凌乱，扣2分				
按质量要求检查整个气路	气路连接无漏气现象	10	气路连接有漏气现象，每处扣1分				
各部分设备的测试	正确完成各部分测试	5	每处扣1分				
整个装置的功能调试	成功完成整个装置的功能调试	10	调试未成功，每处扣3分				
如果有故障及时排除	及时排除故障	10	故障未排除，每处扣3分				
对教师发现和提出的问题进行回答	正确回答教师提出的问题	5	未能回答教师提出的问题，每个扣2分				
职业素养与安全意识	现场操作安全保护符合安全操作规程；工具摆放、包装物品、导线线头等的处理符合职业岗位的要求；团队有分工有合作，配合紧密；遵守赛场纪律，尊重赛场工作人员，爱惜赛场的设备和器材，保持工位的整洁	10	—				
教师点评：			成绩（教师）：	总成绩：			

知识、技能归纳

YL—335B 自动生产线主气路连接；YL—335B 自动生产线各单元的气路连接。

工程素质培养

思考一下：如何能根据工作任务书的要求进行触摸屏界面设置、网络组建及各站控制程序。

任务三　YL—335B型自动化生产线电路设计和电路连接

任务目标

1. 能进行 YL—335B 自动化生产线电路图设计；
2. 能进行各单元电路的连接。

1. 工作任务

根据工作任务书中规定的控制要求，进行自动化生产线控制电路图的设计，并按照规定的PLC　I/O 地址连接电气元件。

对，在任务三中需要根据给出的控制要求设计自动化生产线电路图，并按照电路图正确连接电气元件。

要获得可编程序控制系统设计师职业资格证，需要达到的系统硬件配置的能力如表 4–4 所示。

表 4–4　可编程序控制系统设计师职业资格证对系统硬件配置能力要求

工作内容	能力要求	相关知识
设备选型	1. 能根据输入/输出点容量、程序容量及扫面速度选取 PLC 型号； 2. 能根据技术指标选取开关量输入/输出单元； 3. 能根据技术指标选取模拟量输入/输出单元并对硬件进行设置； 4. 能选取适合于开关量单元、模拟量单元的外围设备，并对硬件进行设置； 5. 能根据系统配置计算系统功率，选取 PLC 电源单元及外部电源	1. PLC 机型的选择原则； 2. 开关量输入/输出单元的选择原则； 3. 模拟量输入/输出单元的选择原则； 4. PLC 电源单元的选择原则
硬件图的识读与设备安装	1. 能识读电气原理图； 2. 能识读接线图； 3. 能识读元器件布置图； 4. 能识读元器件现场位置图； 5. 能根据图样要求，现场安装由数字量、模拟量组成的单机控制系统	1. 电气图形符号及制图规范； 2. 电气布线的技术要求； 3. 电气设备现场安装与施工的基本知识

2. 电路设计和电路连接工作计划

电路设计和电路连接计划如表 4–5 所示。

表 4–5　电路设计和电路连接计划

子任务	内　容	完成情况
一	YL–335B 型自动化生产线电路图设计	
二	YL–335B 型自动化生产线各单元电路的连接	

呵呵，越来越顺手！

子任务一 YL-335B 型自动化生产线电路图设计

按照工作任务书规定，完成自动化生产线总电路的设计。总电路包括电源电路以及各个单元电路。（详见光盘“4.4 自动线电气原理图”）

子任务二 YL-335B 型自动化生产线各单元电路的连接

根据前面所学内容，完成该任务，注意知识和技能的融会贯通！

1. 自动化生产线的供电电源

图 4–15 为供电电源实物图，外部供电电源为三相五线制 AC 380 V/220 V，总电源开关选用 DZ47LE–32/C32 型三相四线漏电开关。系统各主要负载通过自动开关单独供电。其中，变频器电源通过 DZ47C16/3P 三相自动开关供电；各工作单元 PLC 均采用 DZ47C5/2P 单相自动开关供电。此外，系统配置两台 DC 24 V、6 A 开关稳压电源，分别用作供料、加工、分拣及输送单元的直流电源。

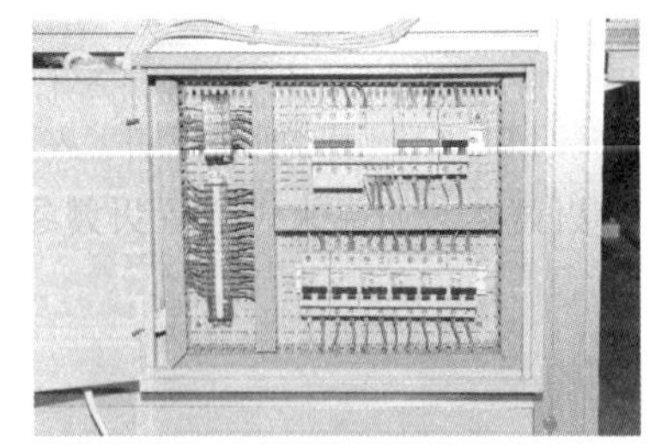

图 4–15 供电电源实物图

2. 供料单元、加工单元、装配单元的电路连接

图 4–16 和图 4–17 所示是供料单元、加工单元、装配单元电气接线实物图，在第三篇中已介绍了这三个单元电路连接的知识及技能点，这里再重述电路连接时应注意的问题。

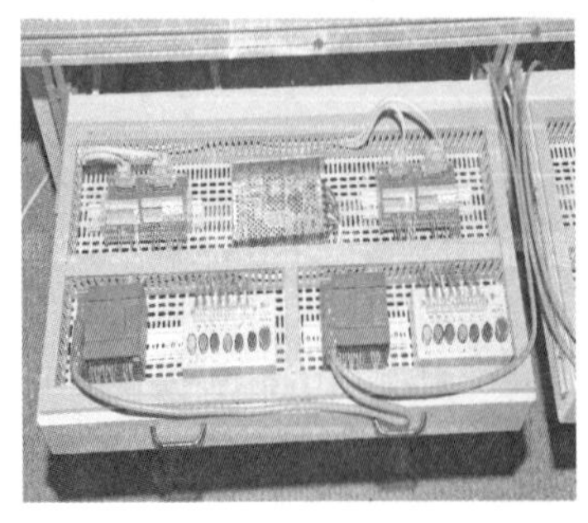

图 4–16 供料及加工单元电气接线实物图

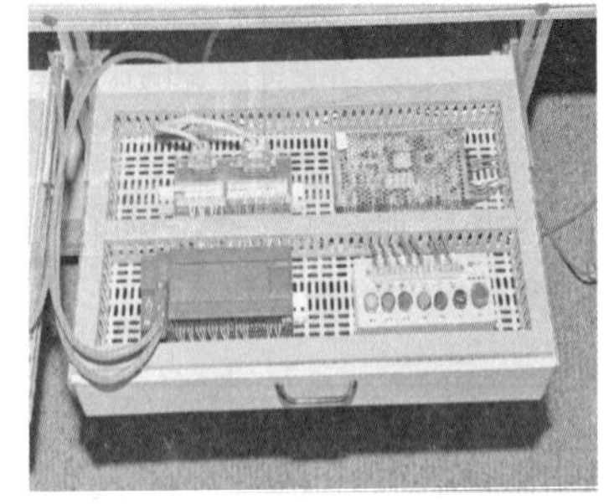

图 4–17 装配单元电气接线实物图

注意事项：

① 控制供料（加工、装配）单元生产过程的 PLC 装置安装在工作台两侧的抽屉板上。PLC 侧接线端口的接线端子采用两层端子结构，上层端子用以连接各信号线，其端子号与装置侧的接线端口的接线端子相对应。下层端子用以连接 DC 24 V 电源的 +24 V 端和 0 V 端。

② 供料（加工、装配）单元侧的接线端口的接线端子采用三层端子结构，上层端子用以连接 DC 24 V 电源的 +24 V 端，下层端子用以连接 DC 24 V 电源的 0 V 端，中间层端子用以连接各信号线。

③ 供料（加工、装配）单元侧的接线端口和PLC侧的接线端口之间通过专用电缆连接。其中，25针接头电缆连接PLC的输入信号，15针接头电缆连接PLC的输出信号。

④ 供料（加工、装配）单元工作的DC 24 V直流电源，是通过专用电缆由PLC侧的接线端子提供，经接线端子排引到供料单元上。接线时应注意，供料单元侧接线端口中，输入信号端子的上层端子（+24 V）只能作为传感器的正电源端，切勿用于电磁阀等执行元件的负载。电磁阀等执行元件的正电源端和0 V端应连接到输出信号端子下层端子的相应端子上。每一端子连接的导线不超过两根。

⑤ 按照供料(加工、装配)单元PLC的I/O接线原理图和规定的I/O地址接线。为接线方便，一般应该先接下层端子，后接上层端子。要仔细辨明原理图中的端子功能标注。要注意气缸磁性开关棕色和蓝色的两根线，漫射式光电开关的棕色、黑色、蓝色三根线，金属传感器的棕色、黑色、蓝色三根线的极性不能接反。

⑥ 导线线端应该处理干净，无线芯外露，裸露铜线不得超过2 mm。一般应该做冷压插针处理，线端应该套规定的线号。

⑦ 导线在端子上的压接，以用手稍用力外拉不动为宜。

⑧ 导线走向应该平顺有序，不得重叠挤压折曲，顺序凌乱。线路应该用黑色尼龙扎带进行绑扎，以不使导线外皮变形为宜。装置侧接线完成后，应用扎带绑扎，力求整齐美观。

⑨ 供料（加工、装配）单元的按钮/指示灯模块，按照端子接口的规定连接。

3. 分拣单元的电路连接

图4–18为分拣单元电气接线实物图。

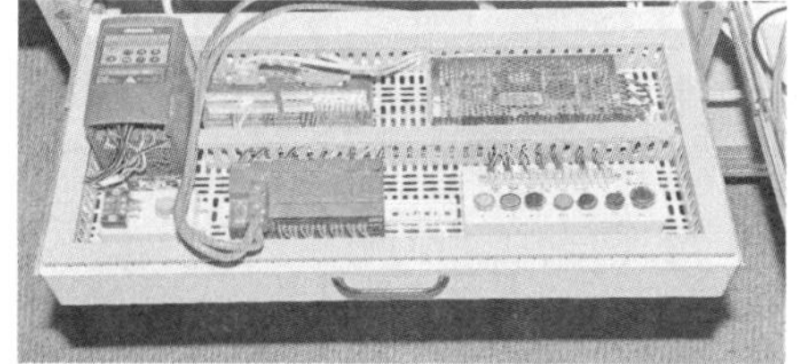

图4–18　分拣单元电气接线实物图

注意事项：

① 控制分拣单元生产过程的PLC装置安装在工作台两侧的抽屉板上。PLC侧接线端口的接线端子采用两层端子结构，上层端子用以连接各信号线，其端子号与装置侧的接线端口的接线端子相对应；下层端子用以连接DC 24 V电源的+24 V端和0 V端。

② 分拣单元侧的接线端口的接线端子采用三层端子结构，上层端子用以连接DC 24 V电源的+24 V端，下层端子用以连接DC 24 V电源的0 V端，中间层端子用以连接各信号线。

③ 分拣单元侧的接线端口和PLC侧的接线端口之间通过专用电缆连接。其中，25针接头电缆连接PLC的输入信号，15针接头电缆连接PLC的输出信号。

④ 分拣单元工作的DC 24 V电源，是通过专用电缆由PLC侧的接线端子提供，经接线端子排引到加工单元上的。接线时应注意，分拣单元侧接线端口中，输入信号端子的上层端子（+24 V）只能作为传感器的正电源端，切勿用于电磁阀等执行元件的负载。电磁阀等执行元件的正电源端和0 V端应连接到输出信号端的相应端子上。每一端子连接的导线不能超过两根。

⑤ 按照分拣单元PLC的I/O接线原理图和规定的I/O地址接线。为接线方便，一般应该先接下层端子，后接上层端子。要仔细辨明原理图中的端子功能标注。要注意气缸磁性开关棕色和蓝色两根线，漫射式光电开关的棕色、黑色、蓝色三根线，光纤传感器放大器棕色、黑色、

蓝色三根线的极性不能接反。

⑥ 导线线端应该处理干净，无线芯外露，裸露铜线不得超过 2 mm。一般应该做冷压插针处理，线端应该套规定的线号。

⑦ 导线在端子上的压接，以用手稍用力外拉不动为宜。

⑧ 导线走向应该平顺有序，不得重叠挤压折曲，顺序凌乱。线路应该用黑色尼龙扎带进行绑扎，以不使导线外皮变形为宜。装置侧接线完成后，应用扎带绑扎，力求整齐美观。

⑨ 分拣单元变频器进行主电路接线时，变频器模块面板上的 L1、L2、L3 插孔接三相电源，三相电源线应该单独布线；三个电动机插孔按照 U、V、W 顺序连接到三相减速电动机的接线柱。千万不能接错电源，否则会损坏变频器。

⑩ 变频器的模拟量输入端要按照 PLC I/O 规定的模拟量输出端口连接。

⑪ 分拣单元变频器接地插孔一定要可靠连接保护地线。

⑫ 传送带主动轴同轴旋转编码器的 A、B、Z 相输出线接到分拣单元侧接线端子的规定位置，其电源输入为 DC 24 V。

⑬ 分拣单元的按钮 / 指示灯模块要按照端子接口的规定连接。

4．输送单元的电路连接

图 4–19 为输送单元电气接线实物图。

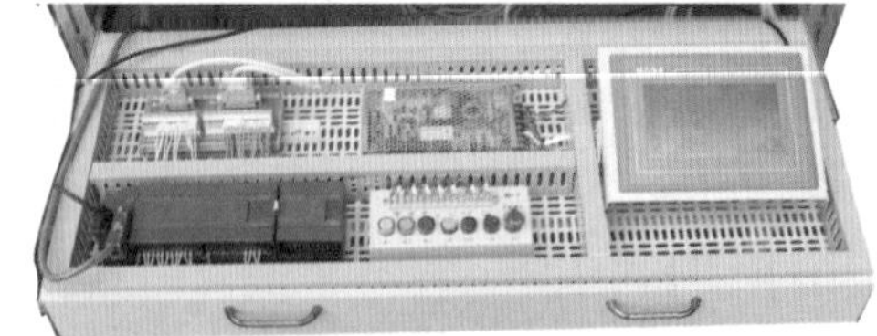

图 4–19　输送单元电气接线实物图

注意事项：

① 控制输送单元生产过程的 PLC 装置安装在工作台两侧的抽屉板上。PLC 侧接线端口的接线端子采用两层端子结构，上层端子用以连接各信号线，其端子号与装置侧的接线端口的接线端子相对应，下层端子用以连接 DC 24 V 电源的 +24 V 端和 0 V 端。

② 输送单元侧的接线端口的接线端子采用三层端子结构，上层端子用于连接 DC 24 V 电源的 +24 V 端，下层端子用于连接 DC 24 V 电源的 0 V 端，中间层端子用于连接各信号线。

③ 输送单元侧的接线端口和 PLC 侧的接线端口之间通过专用电缆连接。其中，25 针接头电缆连接 PLC 的输入信号，15 针接头电缆连接 PLC 的输出信号。

④ 输送单元工作的 DC 24 V 电源，是通过专用电缆由 PLC 侧的接线端子提供，经接线端子排引到加工单元上的。接线时应注意，装配单元侧接线端口中，输入信号端子的上层端子（+24 V）只能作为传感器的正电源端，切勿用于电磁阀等执行元件的负载。电磁阀等执行元件的正电源端和 0 V 端应连接到输出信号端的相应端子上。每一端子连接的导线不超过两根。

⑤ 按照输送单元 PLC 的 I/O 接线原理图和规定的 I/O 地址接线。为接线方便，一般应该先接下层端子，后接上层端子。要仔细辨明原理图中的端子功能标注。要注意气缸磁性开关棕色和蓝色两根线，电感式接近传感器的棕色、黑色、蓝色三根线，作为限位开关的微动开关的棕色、蓝色两根线的极性不能接反。

⑥ 导线线端应该处理干净，无线芯外露，裸露铜线不得超过 2 mm。一般应该做冷压插针处理。线端应该套规定的线号。

⑦ 导线在端子上的压接，以用手稍用力外拉不动为宜。

⑧ 导线走向应该平顺有序，不得重叠挤压折曲，顺序凌乱。线路应该用黑色尼龙扎带进行绑扎，以不使导线外皮变形为宜。装置侧接线完成后，应用扎带绑扎，力求整齐美观。

⑨ 输送单元的按钮/指示灯模块，按照端子接口的规定连接。

⑩ 输送单元拖链中的气路管线和电气线路要分开敷设，长度要略长于拖链。电、气管线在拖链中不能相互交叉、打折、纠结，要有序排布，并用尼龙扎带绑扎。

⑪ 进行松下 MINAS A4 系列伺服电动机驱动器接线时，驱动器上的 L1、L2 要与 AC 220 V 电源相连；U、V、W、D 端与伺服电动机电源端连接。接地端一定要可靠连接保护地线。伺服驱动器的信号输出端要和伺服电动机的信号输入端连接，具体接线应参照说明书。要注意伺服驱动器使能信号线的连接。

⑫ 参照松下 MINAS A4 系列伺服驱动器的说明书，对伺服驱动器的相应参数进行设置，如位置环工作模式、加减速时间等。

⑬ TPC7062K 人机界面（触摸屏）可以通过 SIEMENS S7-200 系列 PLC（包含 CPU221/CPU222/CPU224/CPU226 等型号）CPU 单元上的编程通信口（PPI 端口）与 PLC 连接，其中，CPU226 有两个通信端口，都可以用来连接触摸屏，但需要分别设定通信参数。直接连接时，需要注意软件中通信参数的设定。

⑭ 根据控制任务书的要求制作触摸屏的组态控制画面，并进行联机调试。

教师、学生可按照表 4-6 所示进行电路设计和电路连接安装的测试。

表 4-6 电路设计和电路连接安装评分表

姓名		同组		开始时间			
专业／班级				结束时间			
项目内容	考核要求	配分	评分标准	扣分	自评	互评	
总电路图	1. 电路图绘制正确； 2. 电路图形符号规范	30	1. 输送单元电路绘制有错误，每处扣 0.5 分； 2. 机械手装置运动的限位保护没有设置或绘制有错误，扣 1.5 分； 3. 变频器及驱动电动机主电路绘制有错误，每处扣 0.5 分； 4. 电路图形符号不规范，每处扣 0.5 分，最多扣 2 分				
五个单元 I/O 分配图	1. I/O 分配正确； 2. 电路图形符号规范	20	1. 电路图形符号不规范，每处扣 0.5 分，最多扣 2 分； 2. I/O 分配错误，每处扣 5 分				
按图连接	1. 端子连接符合标准； 2. 电路接线整齐； 3. 机械手装置运动的限位保护正确连接； 4. 变频器及驱动电动机正确接地	20	1. 端子连接插针压接不牢或超过两根导线，每处扣 0.5 分，端子连接处没有线号，每处扣 0.5 分，两项最多扣 3 分； 2. 电路接线没有绑扎或电路接线凌乱，扣 2 分； 3. 机械手装置运动的限位保护未接线或接线错误，扣 1.5 分； 4. 变频器及驱动电动机没有接地，每处扣 1 分				

续表

姓名		同组		开始时间		
专业 / 班级				结束时间		
项目内容	考核要求	配分	评分标准	扣分	自评	互评
电路中注意事项	电路无故障	20	由于疏忽导致电路出现故障，每处扣1分			
职业素养与安全意识	现场操作安全保护符合安全操作规程；工具摆放、包装物品、导线线头等的处理符合职业岗位的要求；团队有分工有合作，配合紧密；遵守赛场纪律，尊重赛场工作人员，爱惜赛场的设备和器材，保持工位的整洁	10	—			
教师点评：			成绩（教师）：	总成绩：		

知识、技能归纳

自动化生产线电路图设计；自动化生产线各单元电路的连接。

工程素质培养

思考一下：如何能解决自动化生产线安装与运行过程中出现的常见问题。

任务四　程序编制和程序调试

任务目标

1. 能进行网络的组建及人机界面设置；
2. 能进行相关程序的设计。

现在需要按任务书（见光盘“4.7 工作任务书”）要求进行网络的组建，以实现五个可编程序控制器之间的数据传送；通过对五个单元程序的设计，实现任务书要求的各项控制任务；具有一定拓展开发要求的程序设计能力。

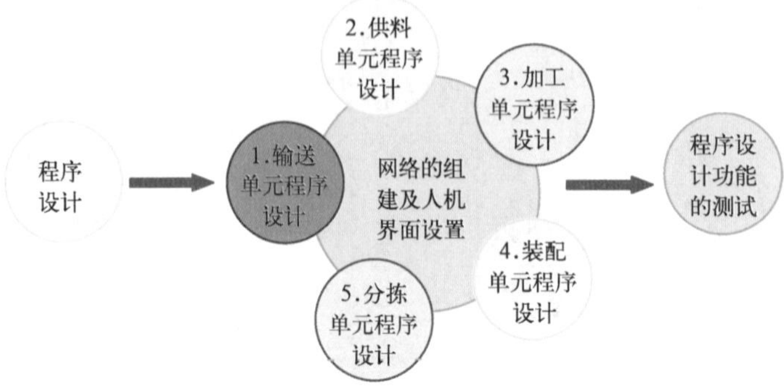

要获得可编程序控制系统设计师职业资格证书，需要具备的系统设计的能力如表 4–7 所示。

与职业资格证书相结合

表 4–7　可编程序控制系统设计师职业资格证书对系统设计能力要求

工 作 内 容	能 力 要 求	相 关 知 识
项目分析	1. 能分析由数字量、模拟量组成的单机控制系统的控制对象的工艺要求； 2. 能确定由数字量、模拟量组成的单机控制系统的开关量与模拟量参数； 3. 能统计由数字量、模拟量组成的单机控制系统的开关量输入/输出点数和模拟量输入/输出点数，并归纳其技术指标	1. 控制对象的类型； 2. 开关量的基本知识； 3. 模拟量的基本知识
控制方案设计	1. 能设计由数字量、模拟量组成的单机控制系统的框图； 2. 能设计由数字量、模拟量组成的单机控制系统的流程图	1. PLC 控制系统设计的基本原则与要求； 2. PLC 系统设计流程图的图例及绘制规则

子任务一　网络的组建及人机界面设置

1. 网络的组建

在 YL–335B 系统中由五个 PLC 分别控制五个控制单元，因此，要想实现自动控制，需要将这五个 PLC 联网，采用 PPI 协议通信的分布式网络控制。因为触摸屏、按钮及指示灯模块的开关信号连接到输送单元的 PLC 输入口，以提供系统的主令信号。因此，在网络中输送单元是指定为主站的，其余各单元均指定为从站，如图 4–20 所示。

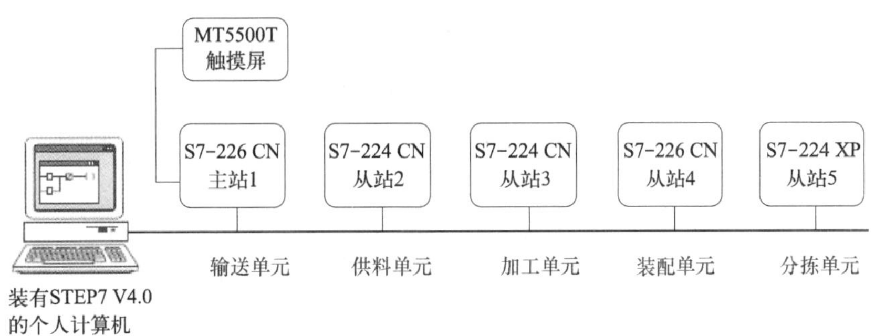

图 4–20　计算机与主站、主站与从站组网结构及信息传输示意图

YL－335B 各工作单元 PLC 实现 PPI 通信组网的操作步骤如图 4－21 所示。

（1）向 PLC 各站下载 PPI 网络通信参数

使用 PPI/RS－485 编程电缆分别对 PPI 网络内每一台 PLC 进行初始化设置，主要是进行 PLC 地址和波特率的参数设置。PLC 地址一般将主站 PORT0 端口设为 1，其他从站分别设为 2、3、4、5。西门子 S7－200 系列 PLC 提供两个通信端口（端口 0 和端口 1），如图 4－22 所示。这里只使用端口 0。把输送单元 CPU 系统块里端口 0 设置为 1 号站（主站），利用同样方法设置供料单元、加工单元、装配单元和分拣单元的 CPU 端口 0 分别为 2、3、4、5 号站。

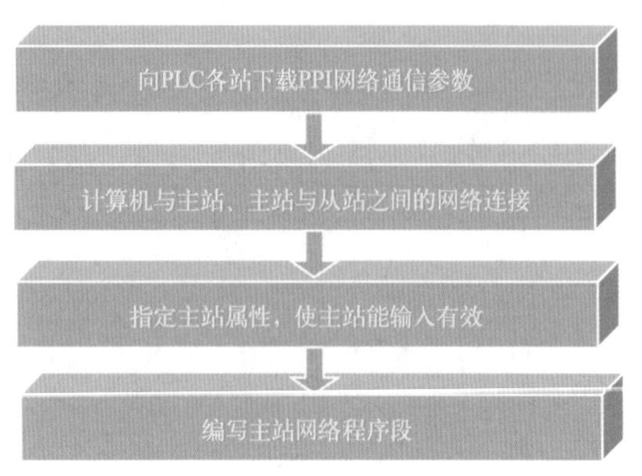

图 4－21　PPI 通信组网的操作步骤

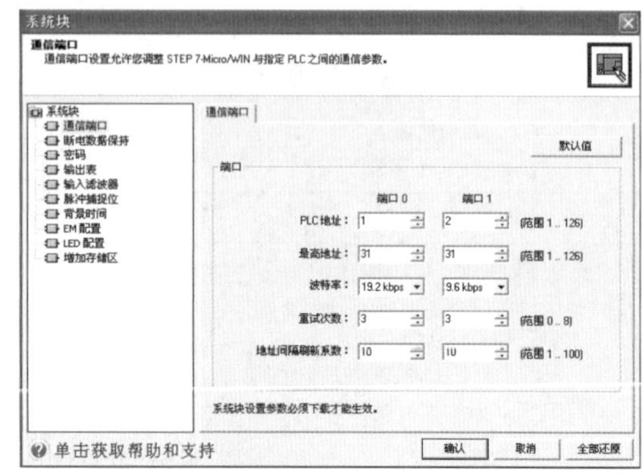

图 4－22　设置输送单元 PLC 端口 0 参数

西门子 S7－200 系列 PLC 提供了三种波特率可供选择，分别为 9.6 kbit/s、19.2 kbit/s 和 187.5 kbit/s，可根据网络状况进行选择，原则是：在确保数据正确传输的前提下，波特率越高越好。

说明：初次下载一般将波特率均设为 9.6 kbit/s 或 19.2 kbit/s。网络通信正常以后，再次下载程序时，可将波特率改为 187.5 kbit/s，此时应注意：每台 PLC 的地址不要重复，波特率一定要一致，否则可能会产生通信错误或失败的现象，设备就无法联动。

（2）计算机与主站、主站与从站之间的网络连接（硬件连接）

① 使用西门子专用的网络连接器和连接线将每台 PLC 连成 PPI 网络。（注意：连接器上的开关设置，终端站为 ON，中间各站为 OFF）。

② 将 RS－485/RS－232 PPI 编程电缆插到主站 PLC 的带编程接口的连接器上，运行 STEP7－Micro/WIN 软件，双击通信，在通信对话框中，双击刷新 PC/PPI cable，若网络通信正常，会在该窗口中显示出 PPI 网络内每台 PLC 及其相应地址。PPI 网络上的五个站如图 4－23 所示。

说明：若通信失败或是个别 PLC 没有通信，首先应检查通信连接线路是否可靠，是否有连接松动现象；通过程序上载功能检查相应的 PLC 地址是否冲突，波特率设置是否一致等；如果还是通信失败，应检查 PLC 接线，或换用其他 PLC 进行测试，直至通信正常为止。

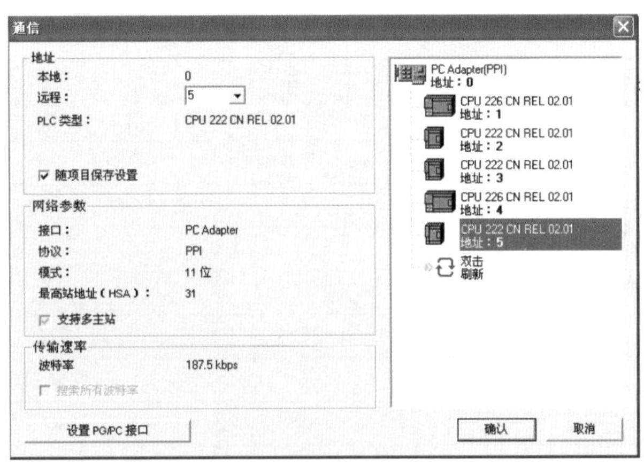

图 4-23　PPI 网络上的五个站

（3）编写主站网络读／写程序段

在编写主站的网络读/写程序前，应预先规划好表 4-8 所示数据。

表 4-8　网络读 / 写数据规划实例

输送单元 1# 站（主站）	供料单元 2# 站（从站）	加工单元 3# 站（从站）	装配单元 4# 站（从站）	分拣单元 5# 站（从站）
发送数据的长度	2B	2B	2B	2B
从主站何处发送	VB1000	VB1000	VB1000	VB1000
发往从站何处	VB1000	VB1000	VB1000	VB1000
接收数据的长度	2B	2B	2B	2B
数据来自从站何处	VB1010	VB1010	VB1010	VB1010
数据存到主站何处	VB1200	VB1204	VB1208	VB1212

然后依据任务书要求，根据表 4-9 确定通信数据。

表 4-9　通信数据表

主站发送数据区	数 据 含 义	供料站接受区（2）	加工站接受区（3）	装配站接受区（4）	分拣站接受区（5）
地址		地址	地址	地址	地址
V1000.0	联机模式	V1000.0	V1000.0	V1000.0	V1000.0
V1000.1	系统运行	V1000.1	V1000.1	V1000.1	V1000.1
V1000.2	系统急停	V1000.2	V1000.2	V1000.2	V1000.2
V1000.3	从站复位命令	V1000.3	V1000.3	V1000.3	V1000.3
V1000.4	系统复位完成	×	×	V1000.4	×
V1000.5	推料允许	V1000.5	×	×	×
V1000.6	加工允许	×	V1000.6	×	×
V1000.7	装配允许	×	×	V1000.7	
V1001.0	分拣允许	×	×		V1001.0
V1001.1	工件不足	×	×	V1001.1	×
V1001.2	工件没有	×	×	V1001.2	×
V1001.3	工件是废品	×	×	×	V1001.3

续表

主站发送数据区	数据含义	供料站接受区（2）	加工站接受区（3）	装配站接受区（4）	分拣站接受区（5）
地址		地址	地址	地址	地址
V1001.4	分拣完成	×	V1001.4	×	×
VW1002	变频器频率设置	×	×	×	VW1002
V1200.0	供料单元初始化状态	V1010.0	×	×	×
V1200.1	供料单元料不够	V1010.1	×	×	×
V1200.2	供料单元物料无	V1010.2	×	×	×
V1200.3	供料单元料台物料有	V1010.3	×	×	×
V1204.0	加工单元初始化状态	×	V1010.0	×	×
V1204.1	加工单元料台物料有	×	V1010.1	×	×
V1204.2	加工完成	×	V1010.2	×	×
V1204.3	工件是废品	×	V1010.3	×	×
V1208.0	装配单元初始化状态	×	×	V1010.0	×
V1208.2	装配单元物料不够	×	×	V1010.2	×
V1208.3	装配单元物料无	×	×	V1010.3	×
V1208.4	装配单元料台物料有	×	×	V1010.4	×
V1208.5	装配完成	×	×	V1010.5	×
V1212.0	分拣单元初始化状态	×	×	×	V1010.0
V1212.1	分拣完成	×	×	×	V1010.1
V1212.2	金属料分拣完成	×	×	×	V1010.2
V1212.3	白色料分拣完成	×	×	×	V1010.3
V1212.4	黑色料分拣完成	×	×	×	V1010.4
VW1214	变频器转速显示	×	×	×	VW1014

根据上述数据，即可编制主站的网络读/写程序。但更简便的方法是借助网络读/写向导程序。这一向导程序可以快速简单地配置复杂的网络读/写指令操作，为所需的功能提供一系列选项。一旦完成，向导将为所选配置生成程序代码，并初始化指定的 PLC 为 PPI 主站模式，同时能够进行网络读/写操作。

要启动网络读/写向导程序，在 STEP7 V4.0 软件命令菜单中选择“工具”→“指令导向”命令，并且在指令向导窗口中选择 NETR/NETW（网络读 / 写）命令，单击“下一步”按钮后，就会出现 NETR/NETW 指令向导界面，如图 4-24 所示。

本界面和紧接着的下一个界面，将要求用户提供希望配置的网络读/写操作总数、指定进行读/写操作的通信端口和指定配置完成后生成的子程序名称，完成这些设置后，将进入对具体每一条网络读/写指令的参数进行配置的界面。

在本例中，8 项网络读/写操作安排如下：第 1 ～ 4 项为网络读操作，主站读取各从站数据；第 5 ～ 8 项为网络写操作，主站向各从站发送数据。图 4-25 所示为第 1 项操作配置界面，选择 NETR 操作，按表 4-8 中供料单元（2# 从站）规划填写数据。

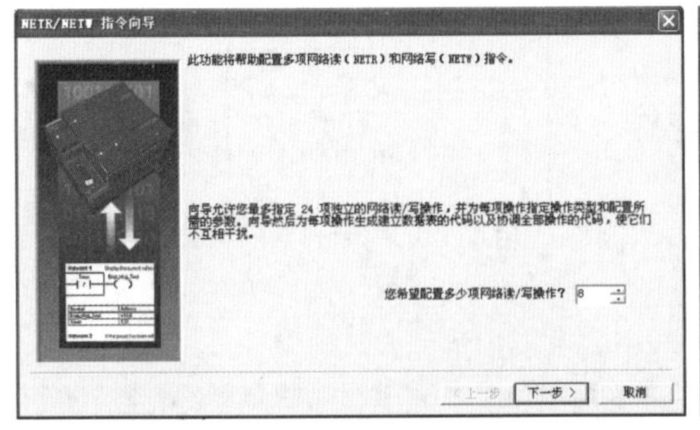

图 4-24　NETR/NETW 指令向导界面

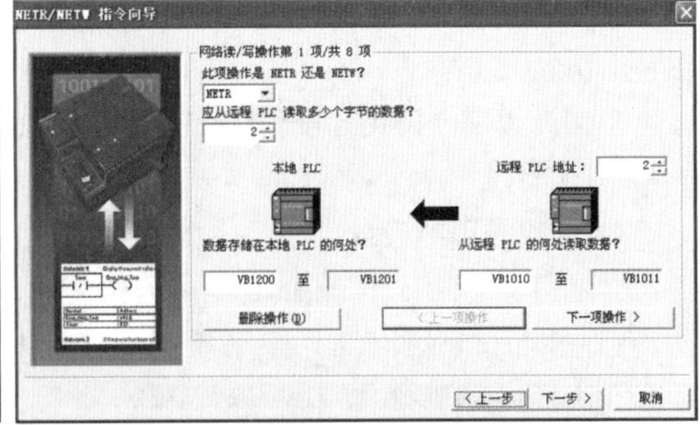

图 4-25　对供料单元的网络读操作

单击“下一项操作”按钮，填写对加工单元（3# 从站）读操作的参数，依此类推，直到第 4 项，完成对分拣单元（5# 从站）读操作的参数填写；再单击“下一项操作”按钮，进入第 5 项配置，5 ～ 8 项都是选择网络写操作，按照表 4-8 中各站规划逐项填写数据，直至 8 项操作配置完成。图 4-26 所示是对供料单元的网络写操作配置。

8 项配置完成后，单击“下一步”按钮，向导程序将要求指定一个 V 存储区的起始地址，以便将此配置放入 V 存储区中。这时若在选择框中填入一个 VB 值(如 VB100)，单击“建议地址”按钮，程序自动建议一个大小合适且未使用的 V 存储区地址范围，如图 4-27 所示。

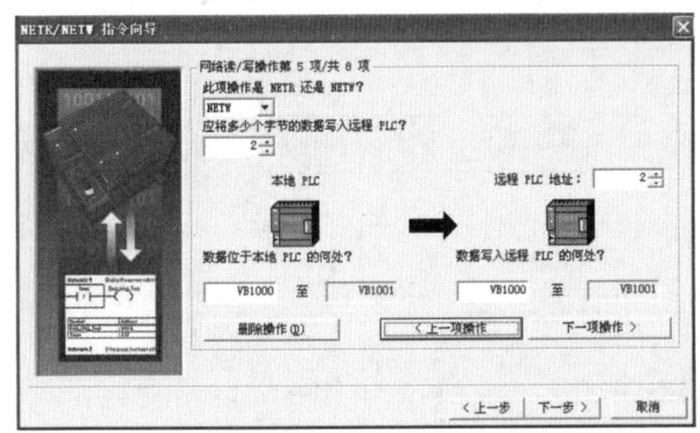

图 4-26　对供料单元的网络写操作配置

图 4-27　为配置分配存储区

单击“下一步”按钮，全部配置完成，向导将为所选的配置生成项目组件，如图 4-28 所示。修改或确认图中各栏目后，单击“完成”按钮。至此，借助网络读/写向导程序配置网络读/写操作的工作结束。这时，指令向导界面将消失，程序编辑器窗口将增加 NET_EXE 子程序标记。

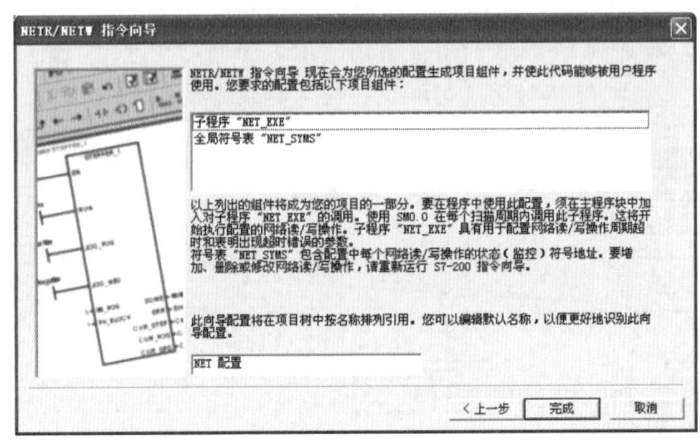

图 4-28　生成项目组件

要在程序中使用上面所完成的配置，须在主程序块中加入对子程序 NET_EXE 的调用。使用 SM0.0 在每个扫描周期内调用此子程序，这将开始执行配置的网络读/写操作。梯形图如图 4-29 所示。

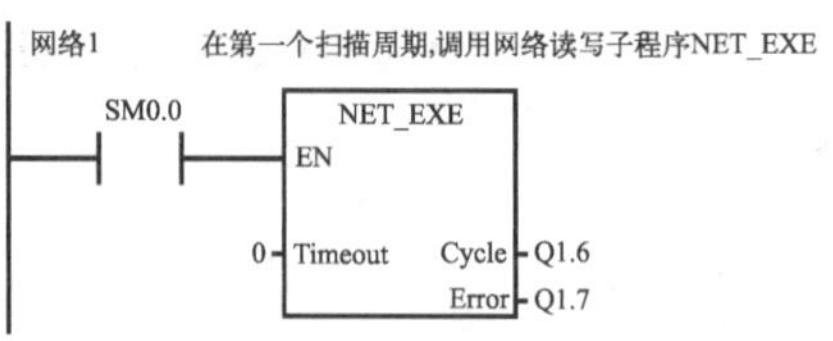

图 4-29　子程序 NET_EXE 的调用

2. 人机界面的设置

(1) YL-335B 人机界面效果图

YL-335B 的欢迎界面及主界面分别如图 4-30 和图 4-31 所示。

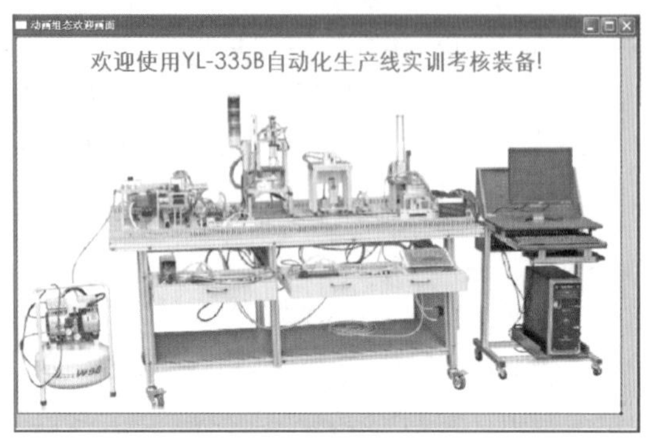

图 4-30　欢迎界面

图 4-31　主界面

(2) 人机界面工程分析

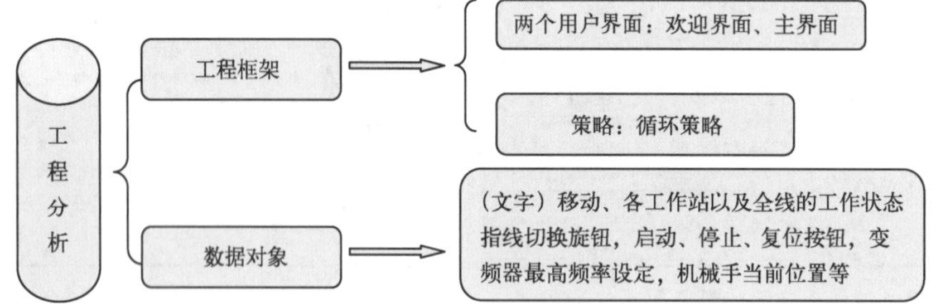

(3) 人机界面创建

通过第三篇各单元触摸屏相关内容的学习，可以按如下步骤进行界面创建：

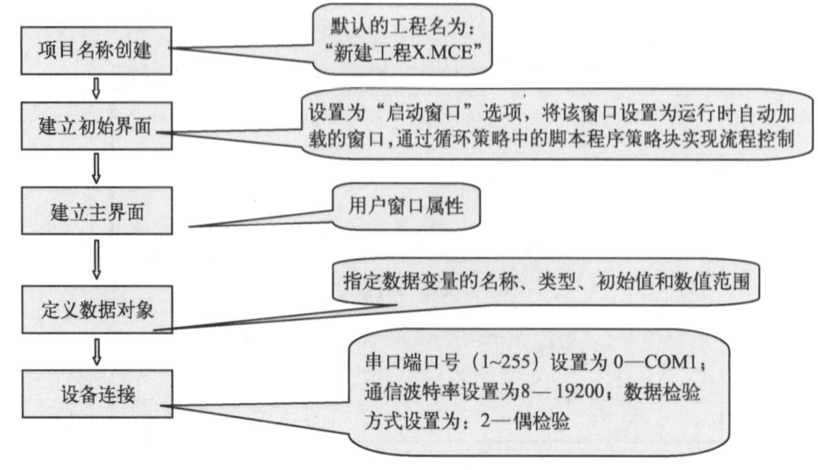

注意事项：

① 制作主界面的标题文字，输入文字“YL-335B 自动化生产线实训考核装备”，设置方法同欢迎界面的欢迎文字，但是不包括水平移动设置。

② 五个单元的状态组态画面相似且在前面已经介绍，缺料报警分段点对应的颜色是红色，并且还需组态闪烁功能。

③ 制作切换旋钮时单击绘图工具箱中的（插入元件）按钮，弹出“对象元件管理”对话框，选择开关 6，单击“确认”按钮。双击旋钮，弹出的对话框如图 4-32 所示，在“数据对象”选项卡中可以选择“按钮输入”和“可见度”选项。

④ 编辑画面时应注意 TPC7062KS 的分辨率是 800×480。

(4) 设备连接

将定义好的数据对象和 PLC 内部变量进行连接，操作如下：

① 在“设备窗口”中双击“设备窗口”图标进入。

② 单击工具条中的“工具箱”按钮，打开“设备工具箱”。

③ 在可选设备列表中，双击“通用串口父设备”，然后双击“西门子_S7200PPI”命令，即可在下方出现“通用串口父设备”和“西门子_S7200PPI”，如图 4-33 所示。

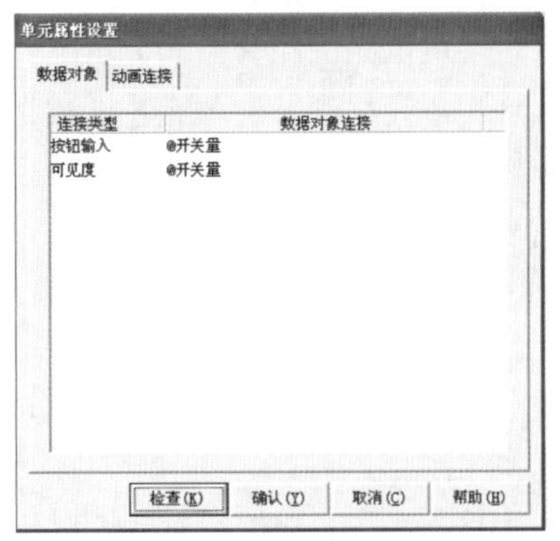

图 4-32 制作切换旋钮

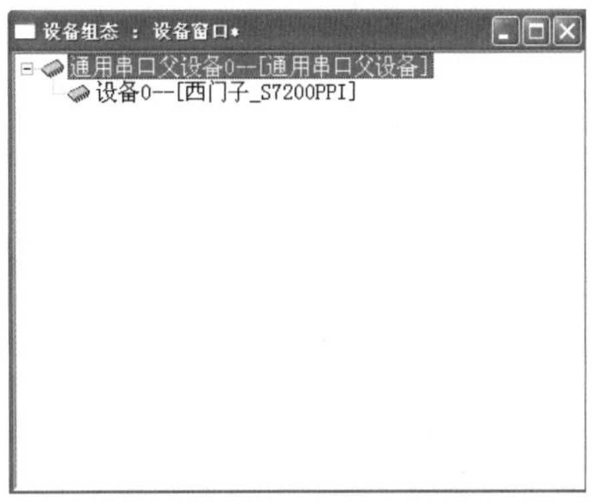

图 4-33 设备窗口

④ 双击“西门子_S7200PPI”命令，进入设备编辑窗口，默认右窗口自动生成通道名称 I000.0-I000.7，然后单击“删除全部通道”按钮进行删除。

子任务二 程序设计

若要获得可编程序控制系统设计师职业资格证，所要具备的设计能力如表 4-10 所示。

表 4-10 可编程序控制系统设计师职业资格证程序设计能力要求

工作内容	能力要求	相关知识
地址分配、内存分配	1. 能编制开关量输入/输出单元的地址分配表； 2. 能编制模拟量输入/输出单元的地址分配表	1. PLC 存储器的机构与性能； 2. PLC 各存储区的特性； 3. 模拟量输入/输出单元占用内存区域的计算方法
参数配置	1. 能根据技术指标设置开关量各单元的参数； 2. 能根据技术指标设置模拟量各单元的参数	使用工具软件设置开关量与模拟量单元参数的方法

续表

工作内容	能力要求	相关知识
编程	1．能使用编程工具编写梯形图等控制程序； 2．能使用传送等指令设置模拟量单元； 3．能使用位逻辑、定时、计数等基本指令实现由数字量、模拟量组成的单机控制系统的程序设计	1．梯形图的编制规则； 2．工具软件的使用方法； 3．位逻辑、定时、计数及传送等基本指令的使用方法

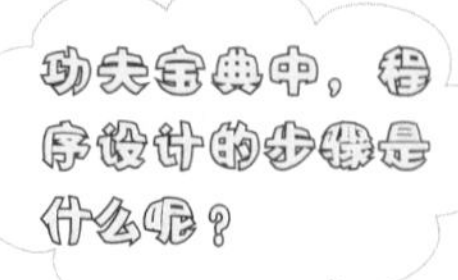

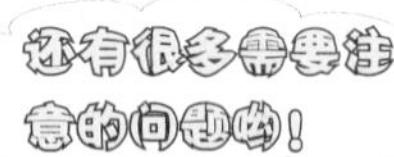

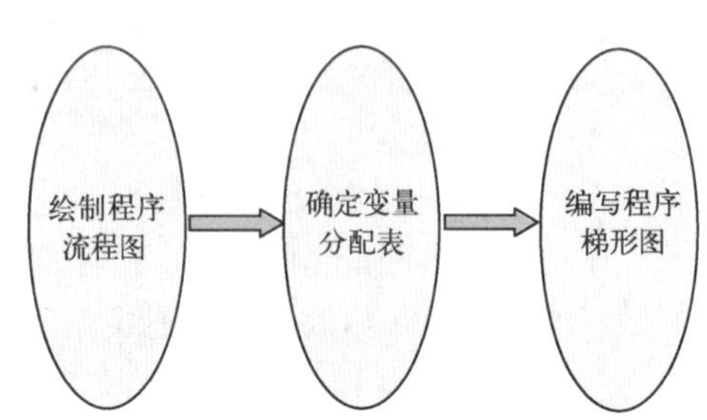

1．输送单元程序设计

输送单元作为主站，其控制要求是：系统复位，机械手在供料单元工件的抓取，从供料单元转移到加工单元，机械手在加工单元放下和抓取工件，从加工单元移到装配单元，机械手在装配单元放下和抓取工件，从装配单元移到分拣单元，在分拣单元放下工件，抓取机械手返回原点。

输送单元作为主站是整个系统的组织者，同时承担着各从站的输送任务。根据控制要求，输送单元的控制程序应包括如下功能：

① 处理来自触摸屏的主令信号和各从站的状态反馈信号，产生系统的控制信号，通过网络读/写指令，向各从站发出控制命令。

② 实现本工作站的工艺任务，包括伺服电动机（或步进电动机）的定位控制和机械手装置的抓取、放下工件的控制。

③ 处理运行中途停车后（如掉电、紧急停止等），复位到原点的操作。

上述功能可通过编写相应的子程序，在主程序中调用实现。其中，为实现伺服电动机（或步进电动机）的定位控制，设计了五个运动包络，如表 4-11 所示。

表 4-11　伺服电动机运行的运动包络

运动包络	站　点	脉冲量	移动方向
1	供料单元→加工单元　470 mm	85 600	
2	加工单元→装配单元　286 mm	51 900	
3	装配单元→分拣单元　235 mm	43 000	
4	供料单元→装配单元　991 mm	180 900	高速回原点
0	连续速度		低速回原点

主流程图如图 4-34 所示。

输送单元的控制流程图如图 4-35 所示。

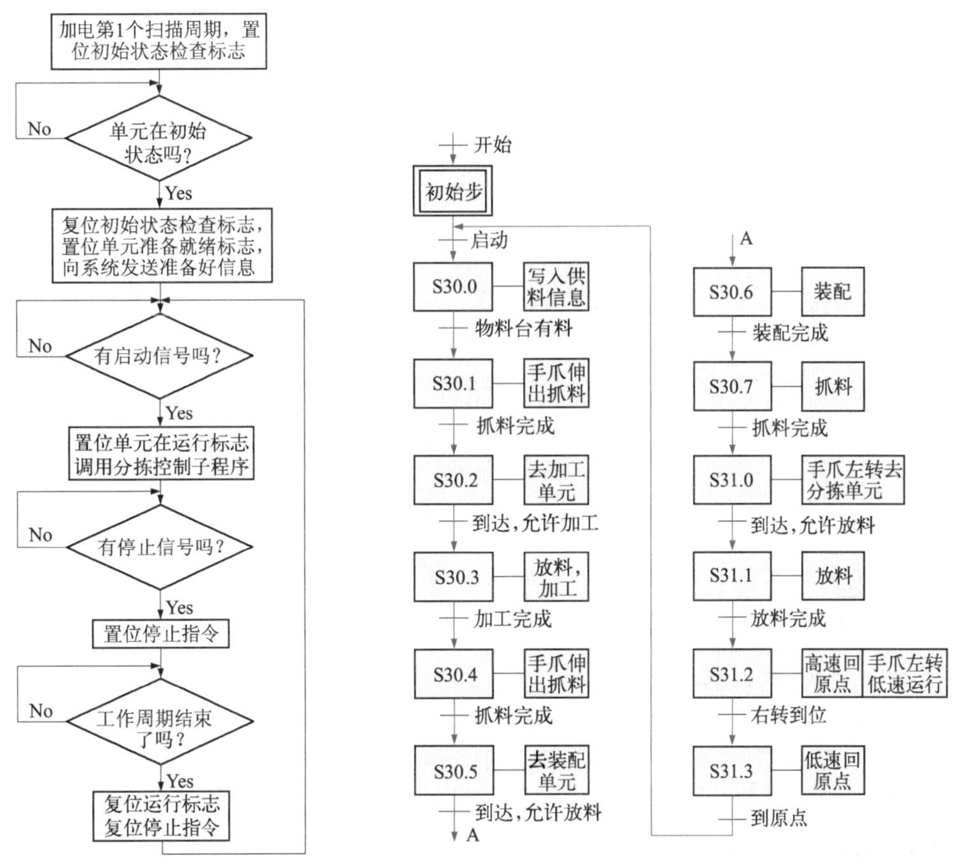

图 4–34　主流程图

图 4–35　输送单元的控制流程图

设计 PLC 的 I/O 分配表如表 4–12 所示。

表 4–12　PLC 的 I/O 分配表

输入信号				输出信号			
序　号	PLC 输入点	信号名称	信号来源	序　号	PLC 输出点	信号名称	信号来源
1	I0.0	原点检测		1	Q0.0	方向控制	
2	I0.1	左限位		2	Q0.3	提升驱动	
3	I0.2	右限位		3	Q0.4	左旋驱动	
4	I0.3	提升下限		4	Q0.6	伸出驱动	
5	I0.4	提升上限		5	Q0.7	夹紧驱动	
6	I0.5	左旋到位		6	Q1.0	放松驱动	
7	I0.6	右旋到位		7	Q1.5	Y_Lamp	
8	I0.7	伸出到位		8	Q1.6	RUN_Lamp	
9	I1.0	缩回到位		9			
10	I1.1	夹紧检测		10			
11	I2.4	启动按钮		11			
12	I2.5	单站复位		12			
13	I2.6	急停按钮		13			

续表

输入信号				输出信号			
序　号	PLC 输入点	信号名称	信号来源	序　号	PLC 输出点	信号名称	信号来源
14	I2.7	方式切换		14			
15				15			
16				16			

(1) 主站主程序

在主程序中调用网络读 / 写子程序和通信子程序，主程序编写好后可编写出相应的子程序。伺服电动机 PTO 控制启用和初始化程序，分别如图 4–36 和图 4–37 所示。

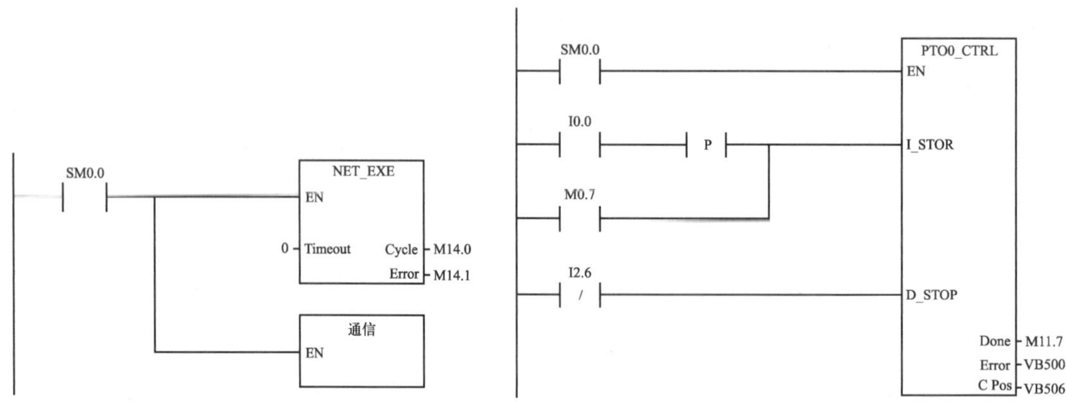

图 4–36　PTO 控制启用程序　　　图 4–37　PTO 控制初始化程序

系统初始化程序，如图 4–38 所示。

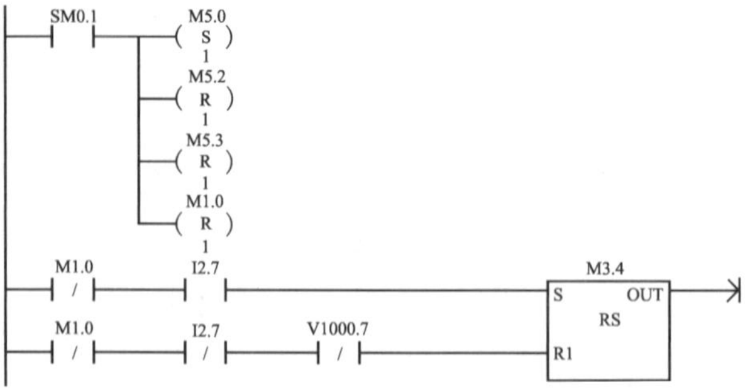

图 4–38　系统初始化程序

全线联机程序，如图 4–39 所示。

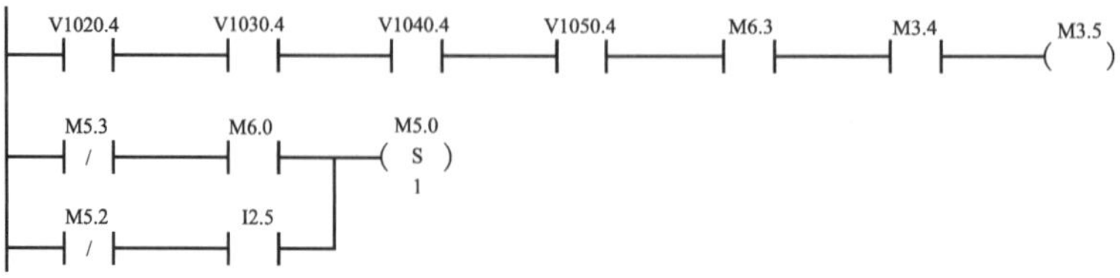

图 4–39　全线联机程序

初态检查包括主站初始状态检查及复位操作，以及各从站初始状态检查，程序如图 4–40 所示。

联机状态，给各从站启动信号，程序如图 4–41 所示。

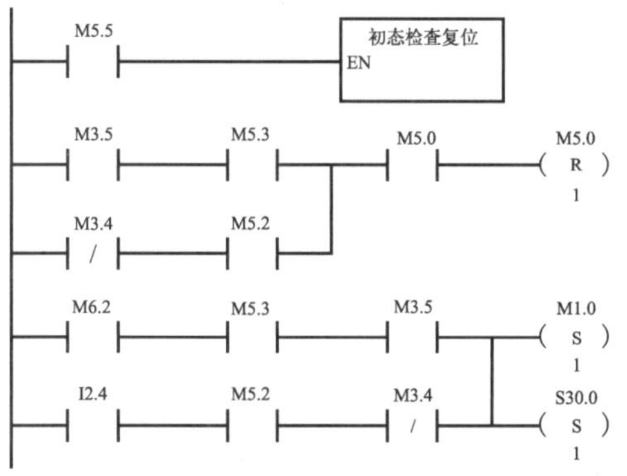

图 4–40　初态检查程序

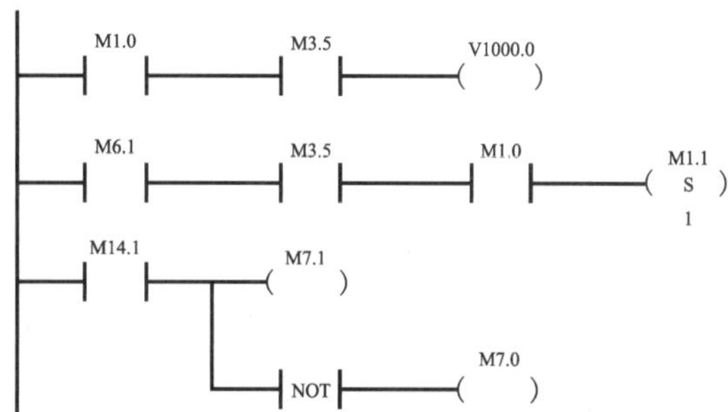

图 4–41　联机状态程序

按钮/指示灯控制：单机复位时黄灯 1 Hz 闪烁，程序如图 4–42 所示。系统准备好，黄灯长亮，程序如图 4–43 所示。

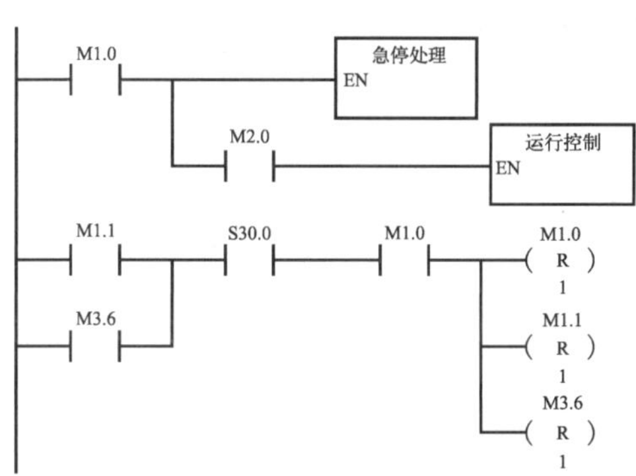

图 4–42　单机复位程序

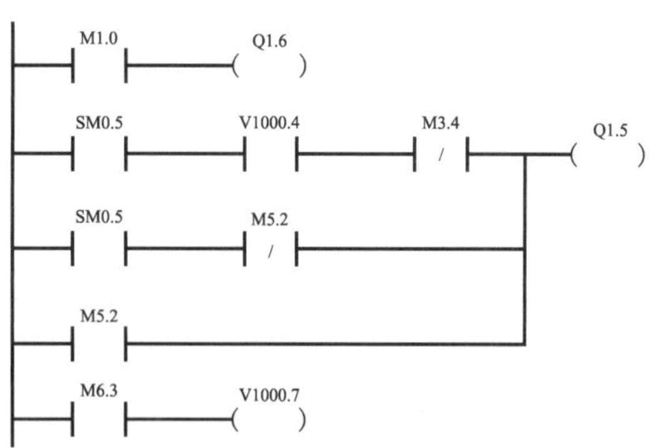

图 4–43　系统准备好程序

急停信号程序如图 4–44 所示。

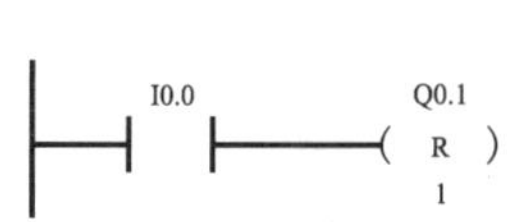

图 4–44　急停信号程序

（2）输送单元回原点控制

包络 0（匀速运行），程序如图 4–45 所示。

方向控制，程序如图 4–46 所示。

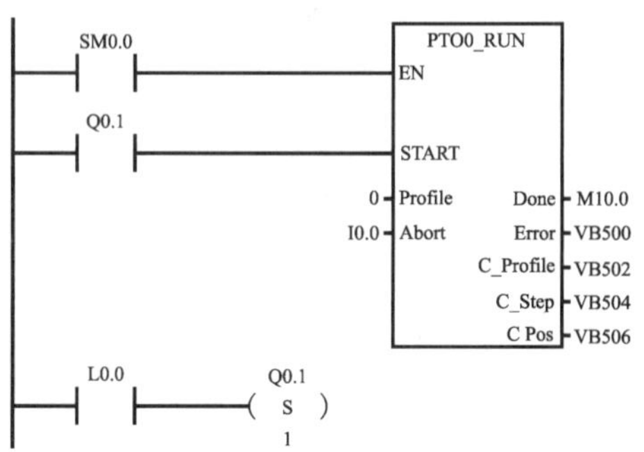

图 4–45　包络 0（匀速运行）程序

I0.0　Q0.1　R　1

图 4–46　方向控制程序

（3）初态检查复位

初态检查复位的操作程序如图 4-47、图 4-48 所示。

机械手指复位操作包括：放松、夹紧、左旋、右旋等。

检查主站初始位置，如在初始位置，执行回原点操作。

搬运站在初始状态则主站就绪，若各从站也在初始状态，则系统就绪。

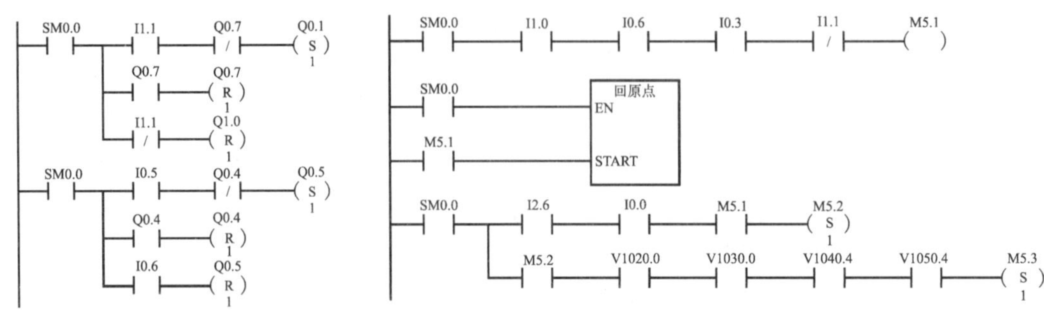

图 4-47　初态检查复位的操作程序 1　　图 4-48　初态检查复位的操作程序 2

（4）急停处理

急停按钮被按下后，重新复位程序如图 4-49、图 4-50 所示。

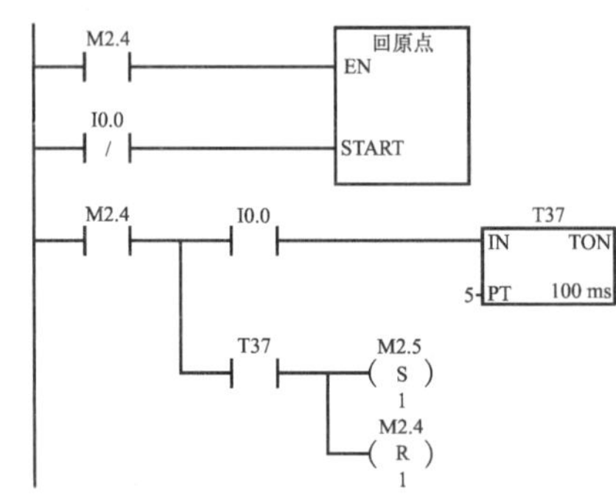

图 4-49　重新复位程序 1　　图 4-50　重新复位程序 2

延时时间到或按下急停按钮后主控开始标志出现，前往加工单元、装配单元、分拣单元复位。伸出电磁阀后，重校准复位标志，程序如图 4-51、图 4-52 所示。

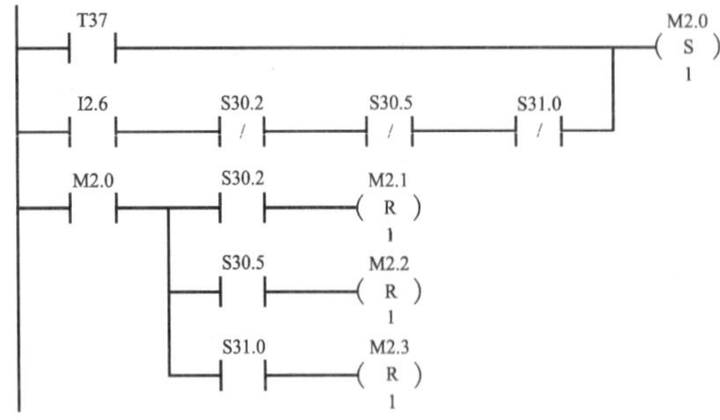

图 4-51　重校准复位标志程序 1　　图 4-52　重校准复位标志程序 2

（5）运行控制

系统启动，搬运站给供料单元允许供料信号。

全线运行时（见图 4-53），若物料台上有料，则进行下一步。

单机运行时（见图 4–54），输送单元启动，则进行下一步。

进行抓料操作，抓料完成进行下一步。

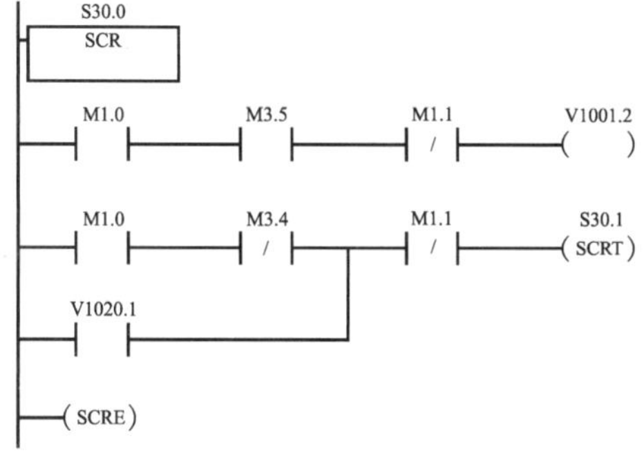

图 4–53　全线运行

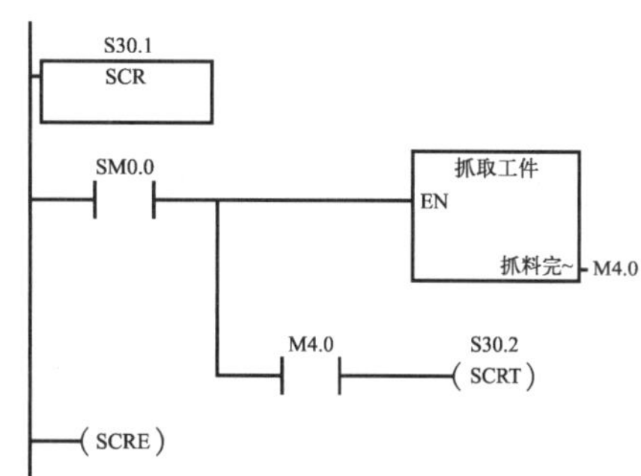

图 4–54　单机运行

包络 1 供料单元到加工单元，程序如图 4–55 所示。

进行放料操作，放料完成，系统全线运行，则允许加工单元加工，程序如图 4–56 所示。

图 4–55　包络 1 供料单元到加工单元程序

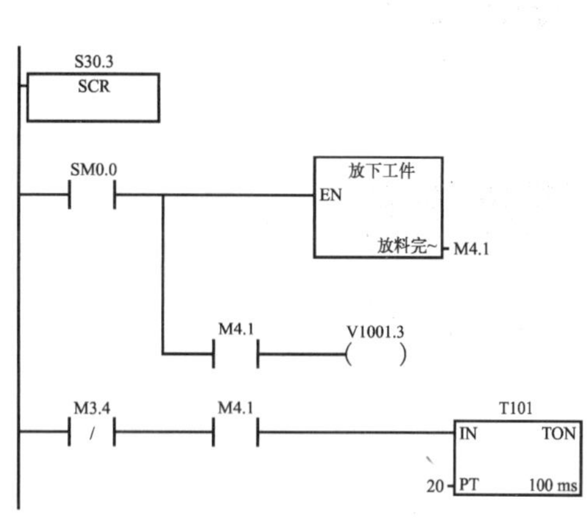

图 4–56　允许加工单元加工程序

全线运行（见图 4–57），加工单元加工完成信号发出，进行抓取；单机运行（见图 4–58），放料完成 2 s 进行抓取。

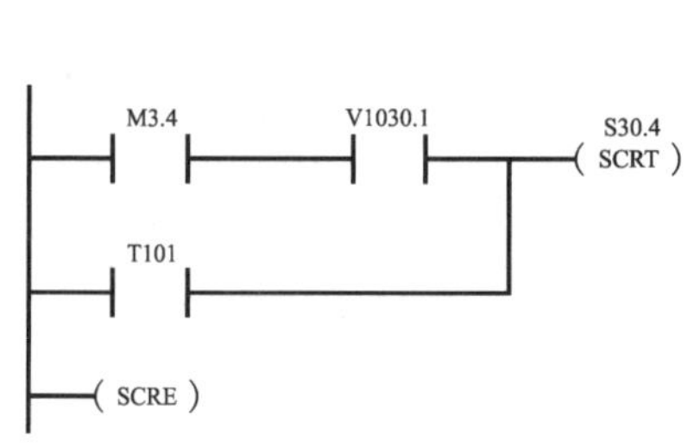

图 4–57　全线运行

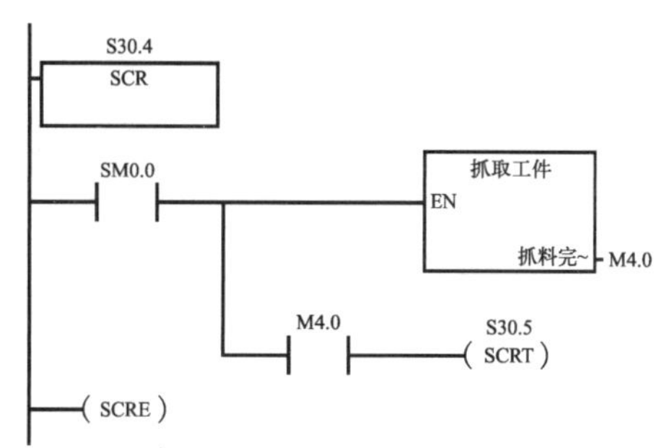

图 4–58　单机运行

包络 2 加工单元到装配单元，进行放料操作（见图 4-59 与图 4-60），系统全线运行，给装配单元允许装配信号。

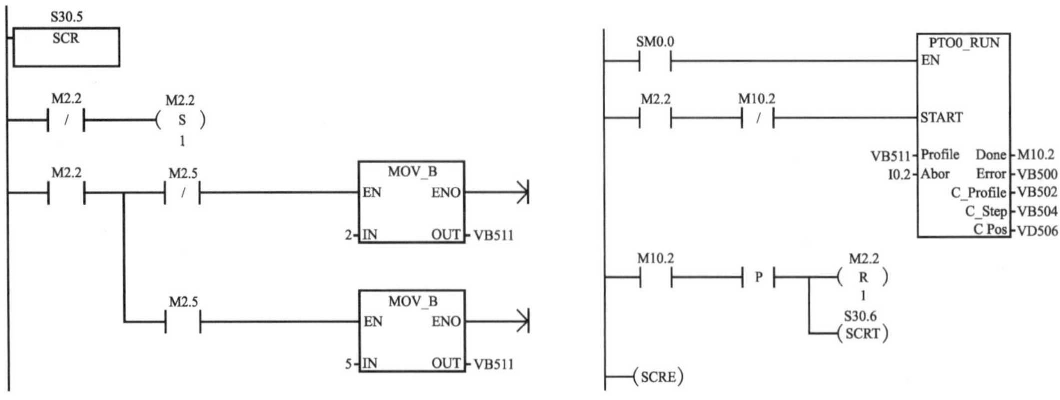

图 4-59　放料操作程序 1　　　　图 4-60　放料操作程序 2

全线运行（见图 4-61），装配完成则进行抓取；单机运行（见图 4-62），放料完成 2 s 进行抓取。进行抓取操作，抓取完成，机械手左旋。

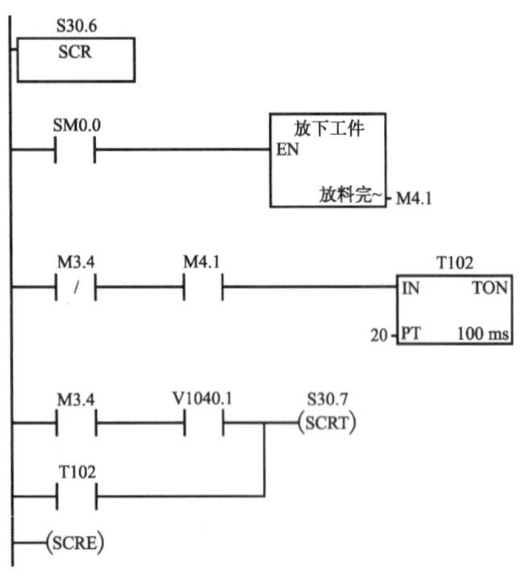

图 4-61　全线运行

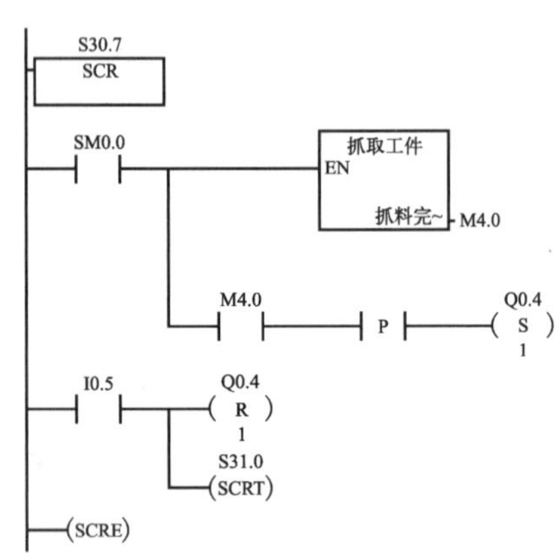

图 4-62　单机运行

去分拣单元，包络 3 装配单元到分拣单元，程序如图 4-63、图 4-64 所示。

图 4-63　去分拣单元程序 1

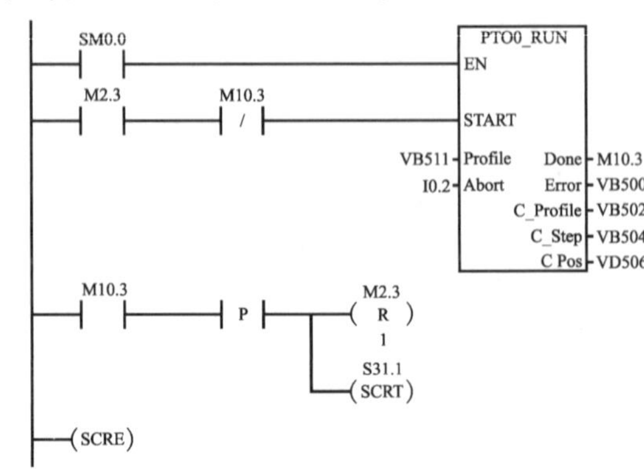

图 4-64　去分拣单元程序 2

放料操作，程序如图 4–65 所示。

包络 4，以 500 mm/s 的速度到 900 mm 处，如图 4–66 所示。

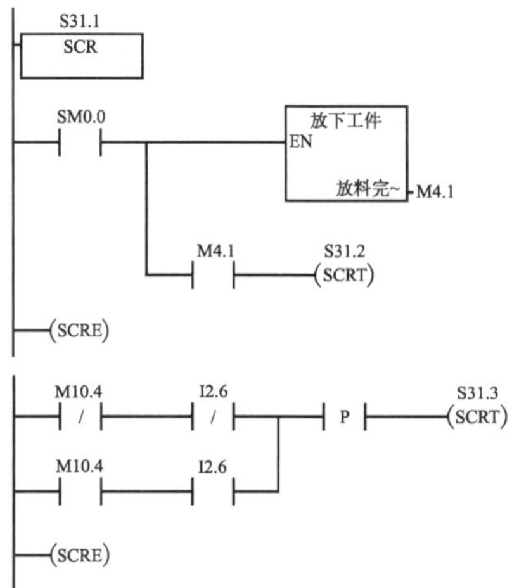

图 4–65　放料操作程序

图 4–66　以 500 m/s 的速度到 900 mm 处

单机运行测试结束，如图 4–67 所示。

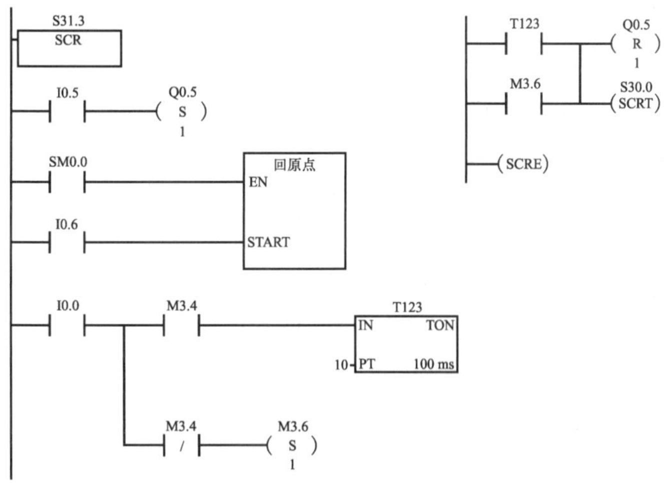

图 4–67　单机运行测试结束

（6）通信

供料不足，程序如图 4–68、图 4–69 所示。

供料没有，越程故障，每次回原点，高速计数器脉冲数清零。

（7）抓取工件

图 4–70 与图 4–71 所示，方向信号为 1，则高速计数器减计数；方向信号为 0，则高速计数器增计数。脉冲数转换为长度控制。

（8）放下工件

放下工件程序如图 4–72 所示。

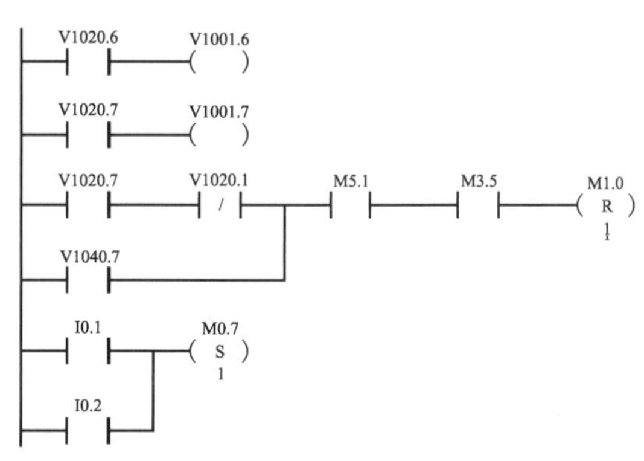

图 4–68　供料不足程序 1

图 4-69　供料不足程序 2

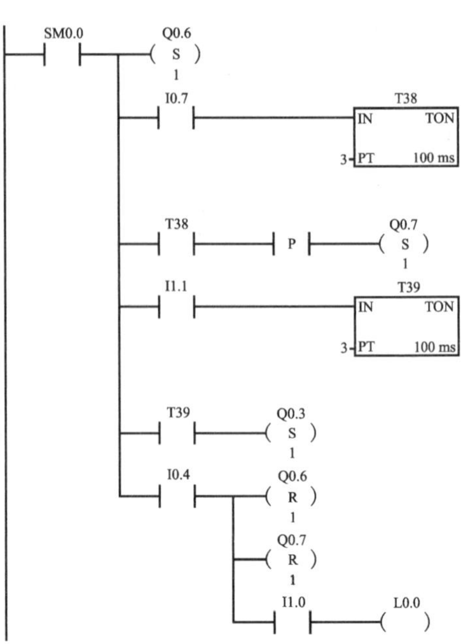

图 4-70　抓取工件程序 1

图 4-71　抓取工件程序 2

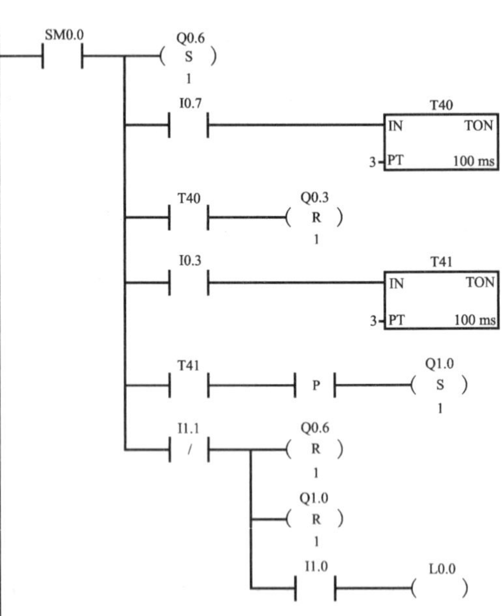

图 4-72　放下工件程序

说明：

(1) 通信脉冲信号丢失

如果通信波特率选择 9.6 kbit/s 或 19.2 kbit/s, 由于波特率低，通信时间会变长，有些脉冲信号的通信会出错。因此，在通信距离允许范围内把波特率尽量提高，如波特率选择 187.5 kbit/s，可以避免这种现象，同时也会给程序的下载和调试带来极大方便。

(2) 通信的数据最好不要直接使用

给通信交换数据开辟一个缓存区，即读来的数据先存放在缓存区，再拿缓存区的数据使用；待发送的数据先存在缓存区，再转移到待发送区。这将有助于程序的阅读。

(3) 数据区域重叠

在程序中，用指令或位置控制向导生成通信、位置控制等子程序。如果不注意，就可能会使通信、位置控制、其他的数据区域的地址重叠，并很可能造成通信、位置控制、程序控制都不能正常工作，一旦出现这样的故障，一般是很难查到故障源的。因此，在使用指令向导和位置控制向导生成子程序的时候，最好利用交叉索引功能，查看哪些地址被使用过了。例如，向导生成的通信程序中使用了 S 区域的数据，因此在编写顺控程序使用的数据要避开该区域。

(4) 脉冲和方向的问题

脉冲方向的更改，必须要等 PLC 停止发脉冲，延时一段时间（Kincon 的驱动器一般大于 50/μs），否则伺服电动机的方向可能不改变。

(5) 回归原点

当传输单元的到达分拣单元放物料完成后，如何高速精确地回归到原点呢？可在向导时生成两段包络，一段高速，一段低速。刚开始以高速归零，当接近原点时，自动切换到低速，低速运行到原点后停止。高速段和低速段的脉冲之和必须大于分拣单元到原点距离的脉冲，这样才能保证传输单元滑块在没有碰到原点开关时不会停止通信。

(6) 急停和复位

若急停按钮按下，输送单元机械手装置正在向某一目标点移动，则急停复位后输送单元机械手装置应首先返回原点位置，然后再向原目标点运动。如果不熟练掌握脉冲指令，是很难实现该功能的。要明白 PTOO_RUN 的完成标志 Done 在什么情况下是 1，什么情况下是 0。满足下面的任一条件，完成标志位 Done=0：当 PLC 刚加电，没有执行 PTOO_RUN 脉冲指令；包络正被执行中；包络数（Profile）更改；通过 PTOO_CTRL 脉冲指令来终止 PTOO_RUN 指令。满足下面的任一条件，完成标志位 Done=1：当前包络被执行完毕；通过 abort 位来终止 PTOO_RUN 脉冲指令。

2．供料单元程序设计

供料单元为加工单元提供工件。供料系统控制要求：系统启动后，若供料单元的物料台上没有工件，则应把工件推到物料台上，并向系统发出物料台上有工件信号。若供料单元的料仓内没有工件或工件不足，则向系统发出报警或预警信号。物料台上的工件被输送单元机械手取出后，若系统启动信号仍然为 ON，则进行下一次推出工件操作。

根据控制要求，供料单元需提供手动和联机两种控制模式。其中，手动模式需要用一个按钮产生启动/停止信号；联机模式程序应包括两部分，一是如何响应系统的启动、停止指令和状态信息的返回，二是供料过程的控制。

供料单元控制流程图如图 4–73 所示。

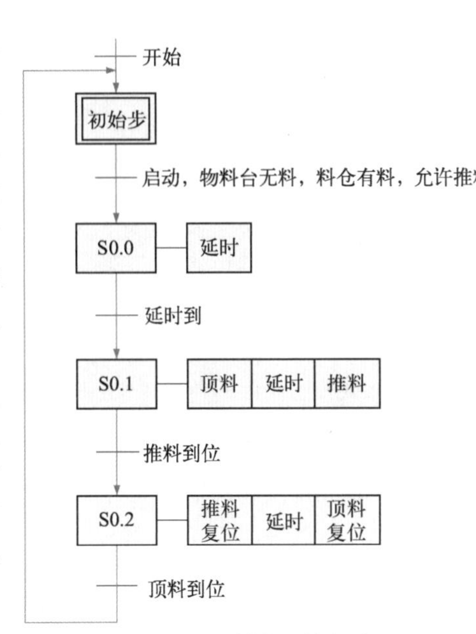

图 4–73　供料单元控制流程图

供料单元 PLC 的地址分配表如表 4-13 所示。

表 4-13　PLC 的地址分配表

序　号	符号名称	符　号	序　号	符号名称	符　号
1	推料允许标志位	M0.0	15	工件不足	M11.1
2	步 2	M0.2	16	工件没有	M11.2
3	步 1	M0.1	17	工件是废品	M11.3
4	启停控制	V2000.0	18	分拣完成	M11.4
5	联机模式	M10.0	19	物料台物料检测	I0.4
6	系统运行	M10.0	20	物料不足检测	I0.5
7	系统运行	M10.1	21	物料没有检测	I0.6
8	系统急停	M10.2	22	顶料到位	I0.0
9	从站复位命令	M10.3	23	顶料复位	I0.1
10	系统复位完成	M10.4	24	推料到位	I0.2
11	推料允许	M10.5	25	推料复位	I0.3
12	加工允许	M10.6	26	启动/停止按钮	I0.7
13	装配允许	M10.7	27	顶料电磁阀	Q0.0
14	分拣允许	M11.0	28	推料电磁阀	Q0.1

（1）主程序

供料单元初始状态达到，并且得到联机信号，使供料单元处于准备工作状态，如图 4-74 所示。

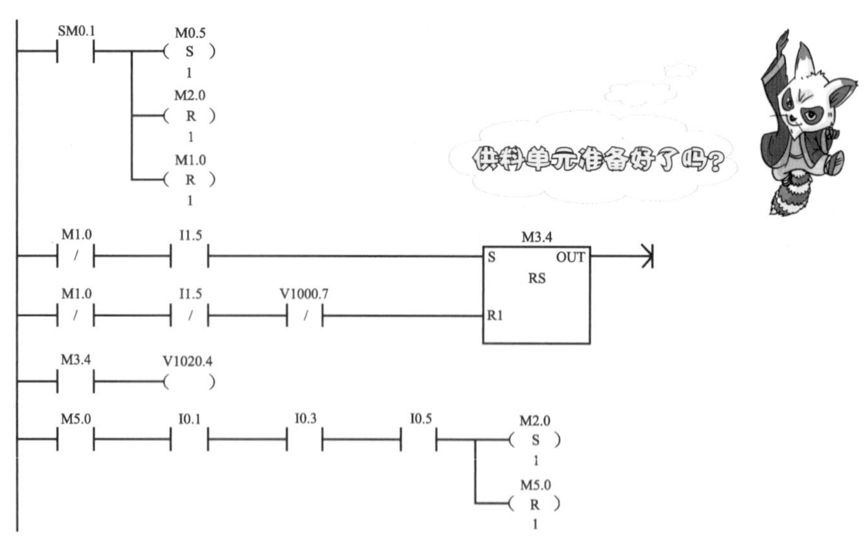

图 4-74　供料单元主程序

供料单元开始运行，调用状态显示子程序；初始状态准备好后，等待启动按钮发出信号，等发出运行信号后，调用供料控制程序，如图 4-75 所示。

（2）供料控制

当检测出料台没有工件时，把物料推出料台，程序如图 4-76 所示。

当物料被取走且无停止信号时，进行下一次工件操作，程序如图 4-77 与图 4-78 所示。

图 4-75　供料控制程序

图 4-76　物料推出料台程序

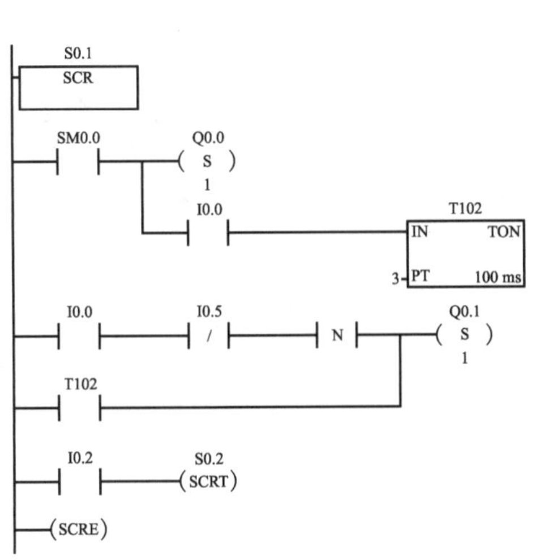

图 4-77　下一次工件操作程序 1

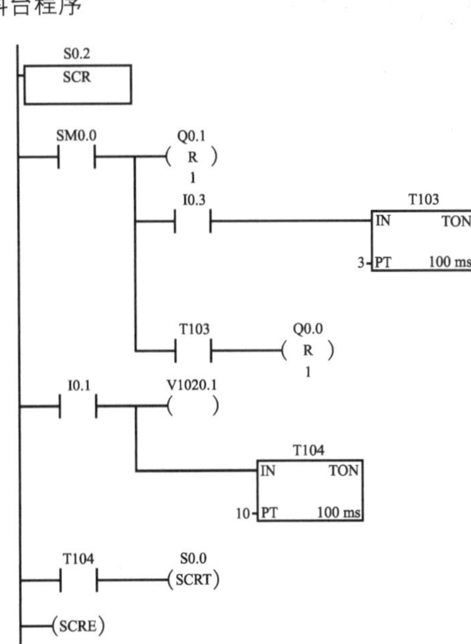

图 4-78　下一次工件操作程序 2

(3) 状态显示

① 料仓内有足够的待加工工件，HL1 长亮；运行中料仓内工件不足，HL1 闪烁，HL2 长

亮，如图 4–79 所示。

② 料仓内无工件,HL1 和 HL2 均闪烁,如图 4–80 所示。

3. 加工单元程序设计

加工系统控制要求：加工单元物料台的物料检测传感器检测到工件后，执行把待加工工件从物料台移送到加工区域冲压气缸的正下方；完成对工件的冲压加工，然后把加工好的工件重新送回物料台的工件加工工序。操作结束,向系统发出加工完成信号。

根据控制要求，加工单元手动模式与供料单元基本相同，只是多了一个急停按钮；联机模式程序也包括两部分，一是如何响应系统的启动、停止指令和状态信息的返回，二是对加工过程的控制。

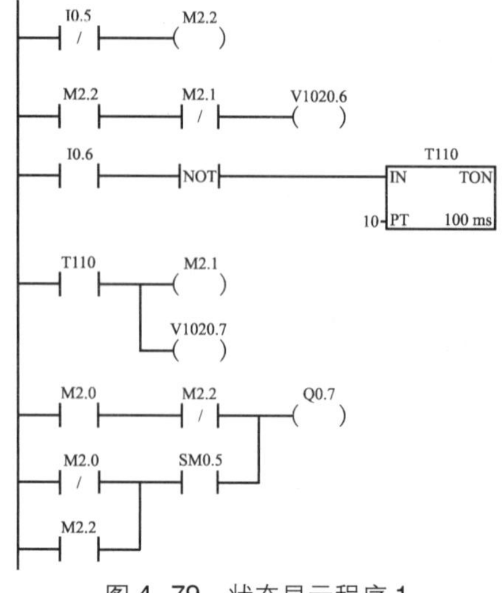

图 4–79 状态显示程序 1

加工单元控制流程图如图 4–81 所示。

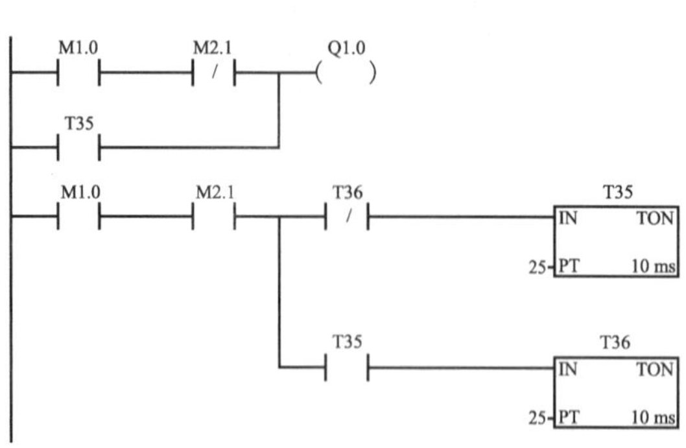

图 4–80 状态显示程序 2

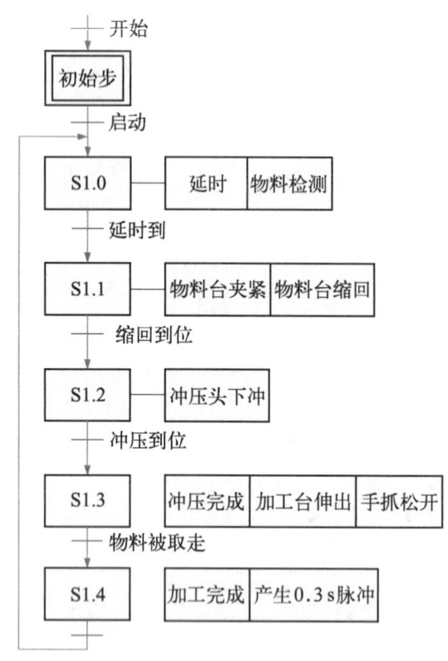

图 4–81 加工单元控制流程图

加工单元 PLC 地址分配表如表 4–14 所示。

表 4–14 加工站地址分配表

序 号	符号名称	符 号	序 号	符号名称	符 号
1	急停按钮	I0.6	6	加压头下限	I0.5
2	夹紧电磁阀	Q0.0	7	料台伸缩电磁阀	Q0.1
3	加工完成标志	M0.0	8	启动/停止按钮	I0.7
4	加工压头电磁阀	Q0.2	9	联机模式	M10.0
5	加压头上限	I0.4	10	系统运行	M10.1

续表

序　号	符号名称	符　号	序　号	符号名称	符　号
11	系统急停	M10.2	19	物料台伸出到位	I0.2
12	从站复位命令	M10.3	20	物料台缩回到位	I0.3
13	系统复位完成	M10.4	21	物料台物料检测	I0.0
14	推料允许	M10.5	22	分拣允许	M11.0
15	加工允许	M10.6	23	工件不足	M11.1
16	装配允许	M10.7	24	工件没有	M11.2
17	启停控制	V2000.0	25	工件是废品	M11.3
18	物料台夹紧检测	I0.1	26	分拣完成	M11.4

(1) 主程序

停止运行状态下，可进行工作方式切换，检查本单元是否在初始状态，如果在就准备就绪，如图 4-82 所示。

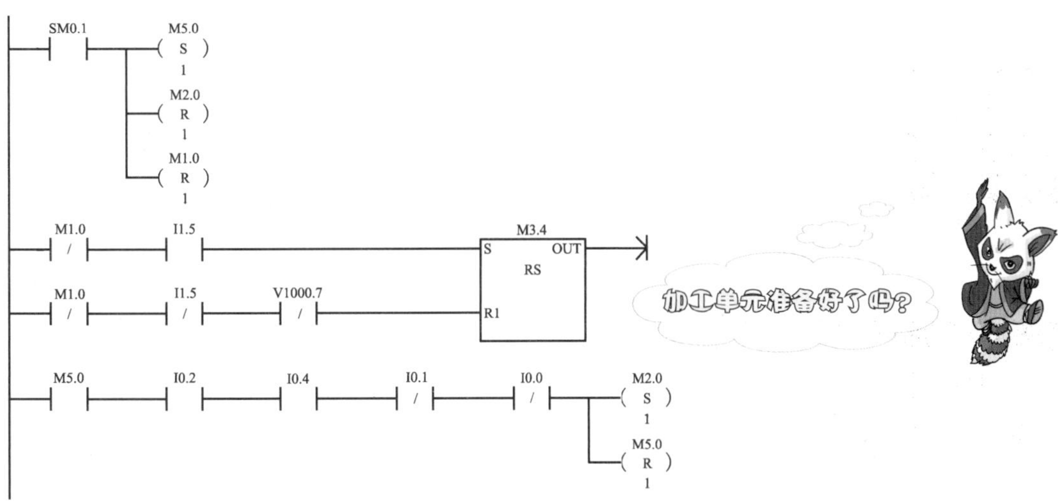

图 4-82　加工单元主程序

如果本单元准备就绪就向主站发送信号，等待启动按钮发出信号；本单元处于运行状态时，如果没有按下急停按钮就会调用加工控制程序，如图 4-83 所示。

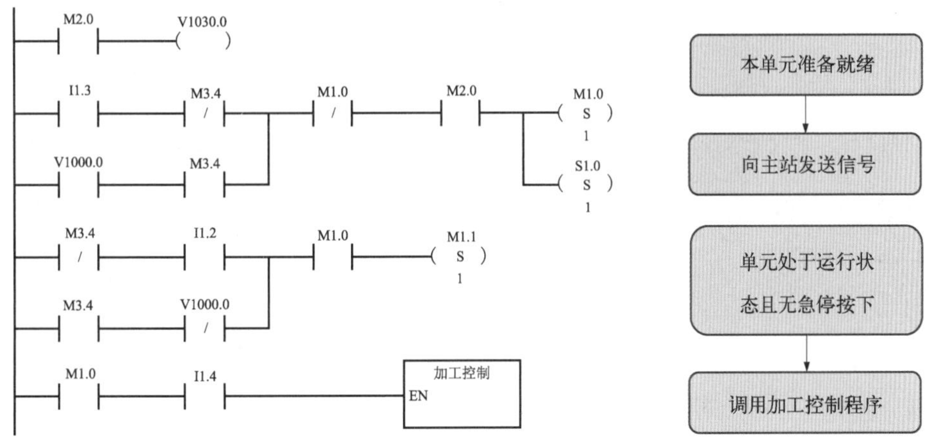

图 4-83　调用加工控制程序

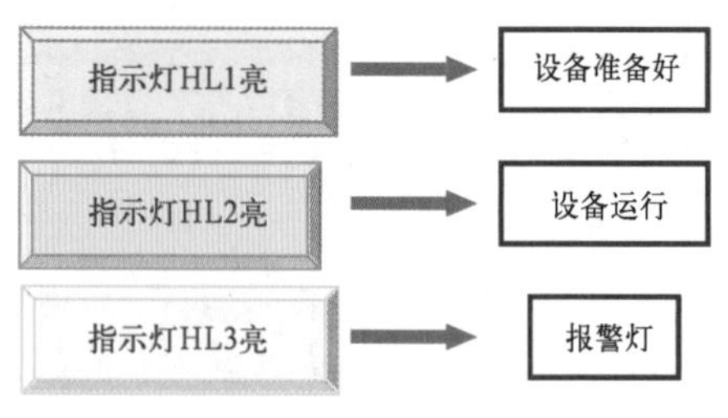

① 设备准备好时，HL1 长亮；否则，以 1 Hz 频率闪烁。

② 若设备准备好，按下启动按钮，HL2 长亮。

③ 工作中按下停止按钮，加工单元停止工作后，HL2 熄灭。

④ 工作中按下急停按钮，本单元立即停止运行，HL2 以 1 Hz 频率闪烁。

正常运行时如果按下急停按钮就可使运行状态和 S1.0 都复位，正常运行时 HL2（绿灯）长亮；按下急停按钮，HL2 以 1 Hz 频率闪烁；加电后，单元未准备好，HL1（黄灯）以 1 Hz 频率闪烁，若已经准备好，HL1 长亮，如图 4–84 所示。

在联机方式下可得到联机信号，可以去主站；在运行状态下，可得到运行信号也可去主站。在这两种情况下不用按急停按钮都可去主站，如图 4–85 所示。

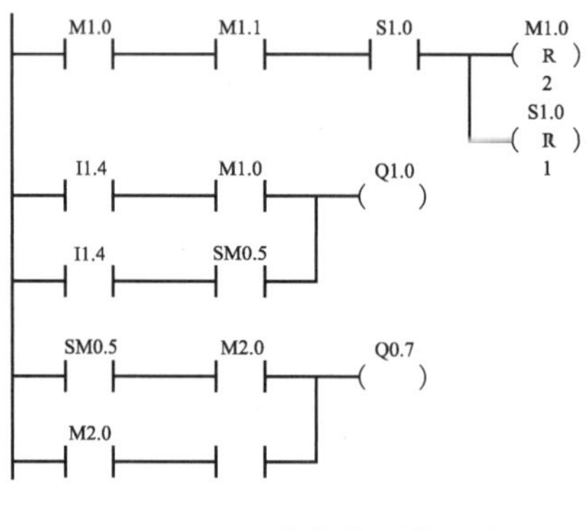

图 4–84　系统加电后的程序

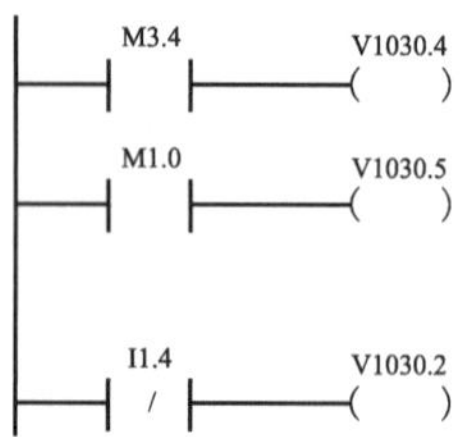

图 4–85　去主站程序

（2）加工控制

如果本单元处于允许加工状态，并且检测有物料，就延时调用 S1.1，程序如图 4–86 所示。

夹紧工件，缩回到冲压头下，检测缩回到位，延时调用 S1.2，程序如图 4–87 所示。

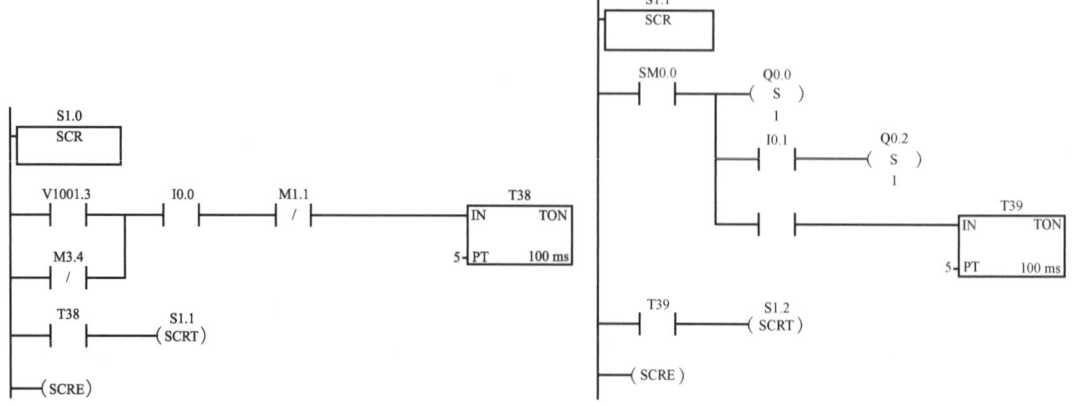

图 4–86　延时调用 S1.1 的程序

图 4–87　延时调用 S1.2 的程序

完成冲压操作，冲压到极限后，调用 S1.3，程序如图 4–88 所示。

冲压完成后，加工台伸出，松夹，程序如图 4–89 所示。

加工完成后，向主站发信号，程序如图 4-90 所示。

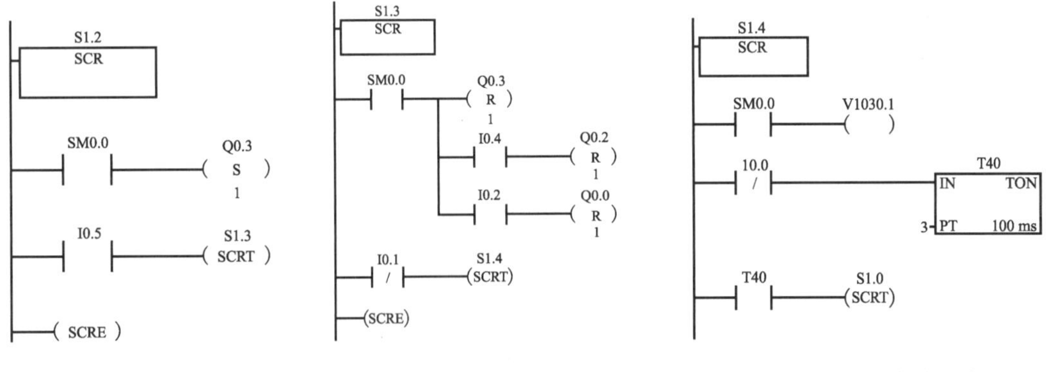

图 4-88　调用 S1.3 的程序　　图 4-89　冲压完成程序　　图 4-90　加工完成程序

4．装配单元程序设计

装配系统控制要求：加工单元物料台的物料检测传感器检测到工件后，执行把待加工工件从物料台移送到加工区域冲压气缸的正下方；完成对工件的冲压加工，然后把加工好的工件重新送回物料台的工件加工工序。操作结束，向系统发出加工完成信号。

根据控制要求，装配单元手动模式与加工单元相同；联机模式程序包括下料控制、抓料控制、指示灯控制和通信控制四部分。

装配单元下料控制流程图，如图 4-91（a）所示。

装配单元抓料控制流程图，如图 4-91（b）所示。

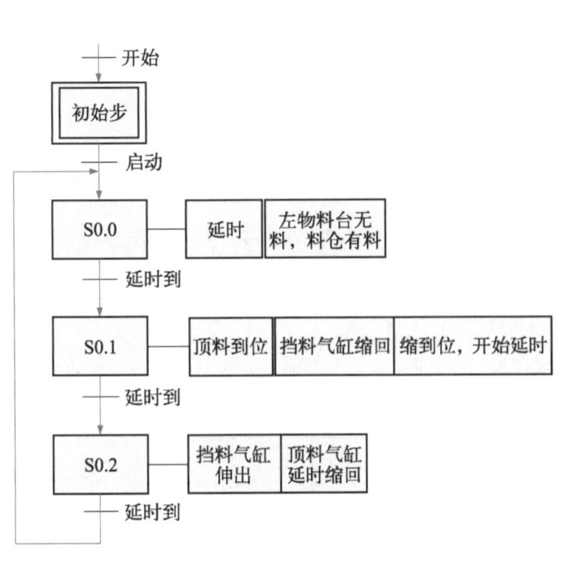

（a）装配单元下料控制流程图

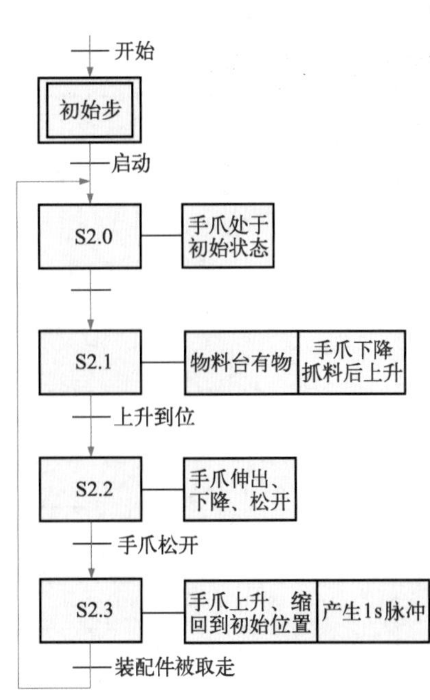

（b）装配单元抓料控制流程图

图 4-91　装配单元的控制流程图

装配单元地址分配表如表 4-15 所示。

表 4-15　装配单元地址分配表

序　号	符号名称	符　号	序　号	符号名称	符　号
1	脉冲亮 1 s 灭 0.5 s	T56	24	挡料电磁阀（Q0.0=1，缩回）	Q0.0
2	脉冲 2Hz	C0	25	顶料电磁阀（Q0.1=1，顶料）	Q0.1
3	黑色废品计数	VB0	26	回转电磁阀	Q0.2
4	装配完成标志	M0.0	27	手爪夹紧电磁阀	Q0.3
5	启停控制	V2000.0	28	手抓升降电磁阀（Q0.4=1，下降）	Q0.4
6	物料不足检测	I0.0	29	手抓伸缩电磁阀	Q0.5
7	物料没有检测	I0.1	30	红色警示灯	Q0.6
8	物料左检测	I0.2	31	黄色警示灯	Q0.7
9	物料右检测	I0.3	32	绿色警示灯	Q1.0
10	放料台物料检测	I0.4	33	联机模式	M10.0
11	顶料到位	I0.5	34	系统运行	M10.1
12	顶料复位	I0.6	35	系统急停	M10.2
13	挡料状态	I0.7	36	从站复位命令	M10.3
14	落料状态	I1.0	37	系统复位完成	M10.4
15	转缸左旋到位	I1.1	38	推料允许	M10.5
16	转缸右旋到位	I1.2	39	加工允许	M10.6
17	手抓夹紧到位	I1.3	40	装配允许	M10.7
18	手抓下降到位	I1.4	41	分拣允许	M11.0
19	手抓上升到位	I1.5	42	工件不足	M11.1
20	手抓缩回到位	I1.6	43	工件没有	M11.2
21	手抓伸出到位	I1.7	44	工件是废品	M11.3
22	急停按钮	I2.0	45	分拣完成	M11.4
23	启动/停止按钮	I2.1			

（1）主程序

装配单元主程序如图 4-92 所示。

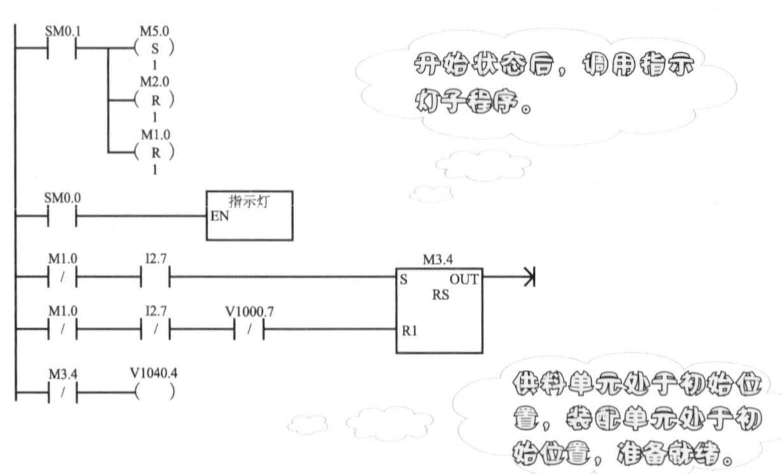

图 4-92　装配单元主程序

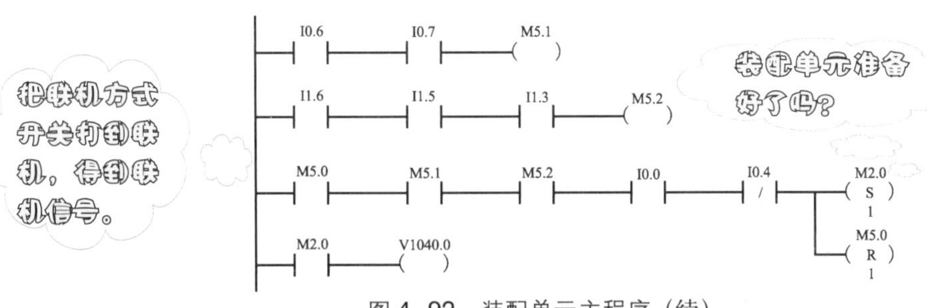

图 4–92　装配单元主程序（续）

启动操作，按下启动按钮后，进入运行状态，可依次进入落料控制和抓取控制。

单机运行方式下，在运行中按下停止按钮可得到停止指令；全线运行方式下，调用落料控制子程序和抓取控制子程序，如图 4–93 所示。

此时，如果按下停止按钮，可分别使落料控制和抓取控制复位；若恢复到运行状态可得到运行信号，程序如图 4–94 所示。

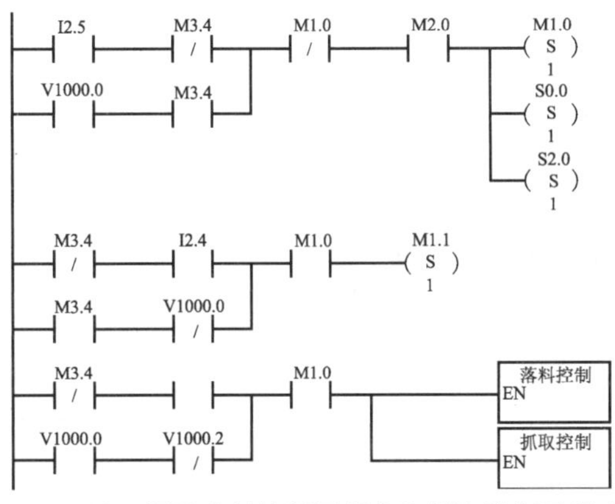

图 4–93　调用落料控制子程序和抓取控制子程序

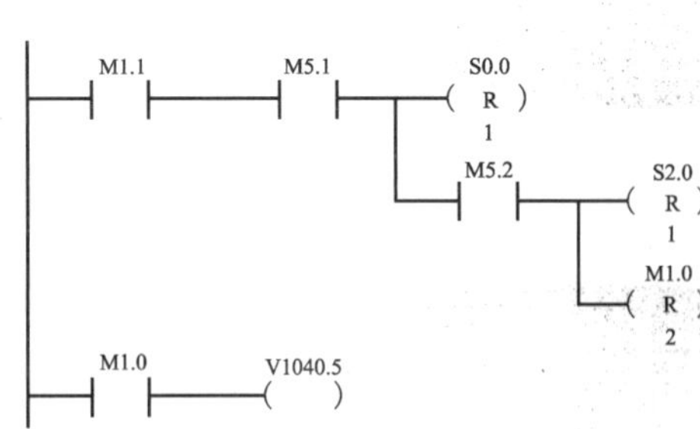

图 4–94　按下停止按钮后的程序

（2）落料控制

左旋到位或右旋到位，物料无，延时转到 S0.1，程序如图 4–95 所示。

顶料驱动后，延时转到落料驱动，使挡料电磁阀缩回/伸出，检测到位后转至顶料状态，顶料电磁阀缩回/伸出到位后转至落料驱动，程序如图 4–96 所示。

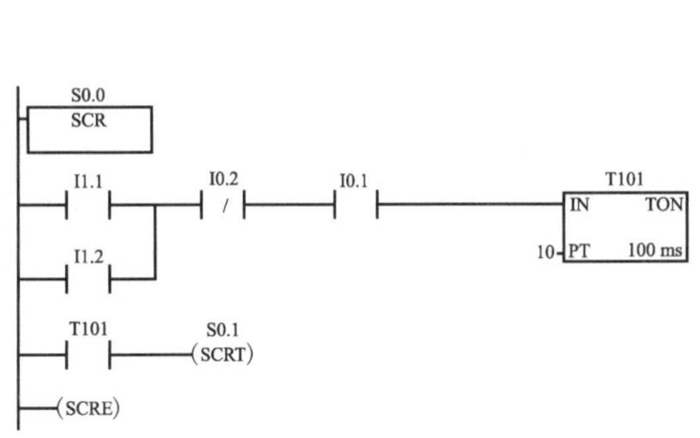

图 4–95　延时转到 S0.1 程序

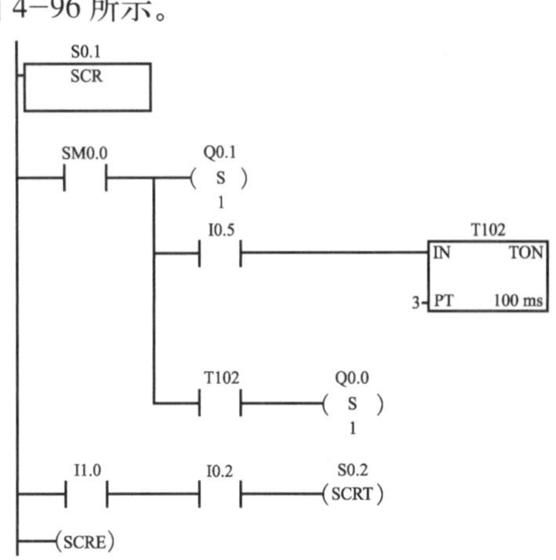

图 4–96　落料驱动程序

顶料复位后，延时返回 S0.0，程序如图 4-97、图 4-98 所示。

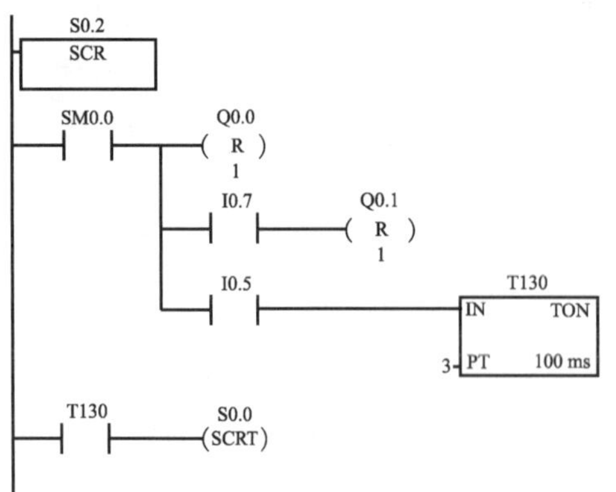

图 4-97　延时返回 S0.0 程序 1

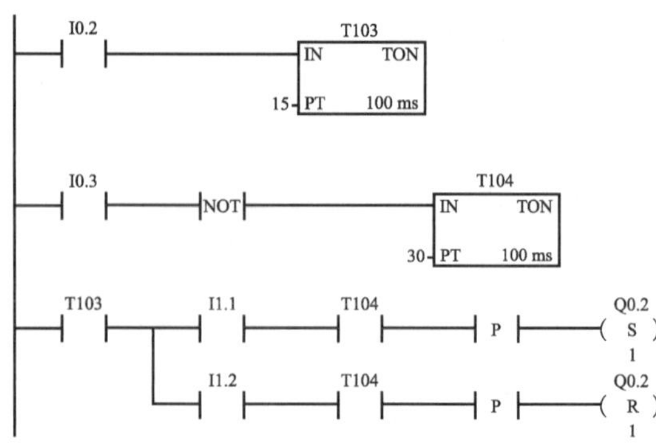

图 4-98　延时返回 S0.0 程序 2

（3）抓取控制

装配台检测有工件时，延时调用升降驱动，程序如图 4-99 所示。

检测到升降到位后，调用夹紧驱动，程序如图 4 100 所示。

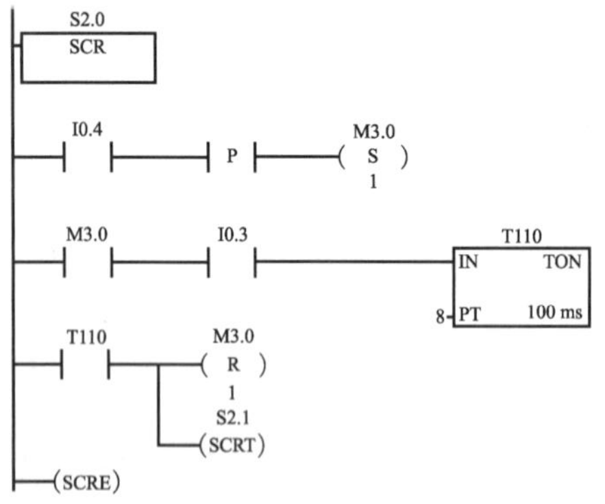

图 4-99　延时调用升降驱动程序

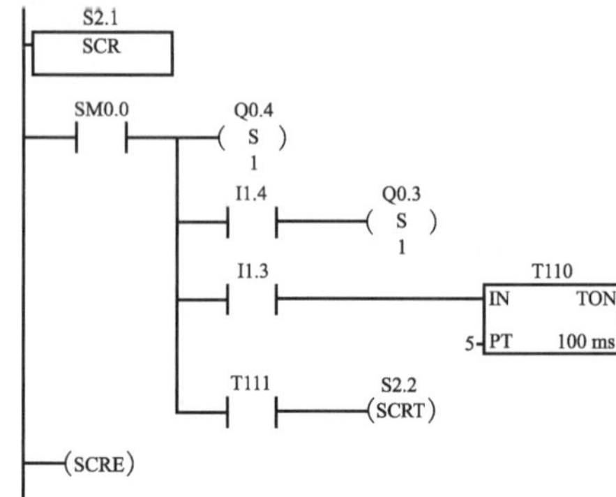

图 4-100　调用夹紧驱动程序

夹紧到位后，转至伸缩驱动，程序如图 4-101 所示。

将工件送到位，使升降驱动、伸缩驱动都复位，并延时，又转至升降驱动，程序如图 4-102 所示。

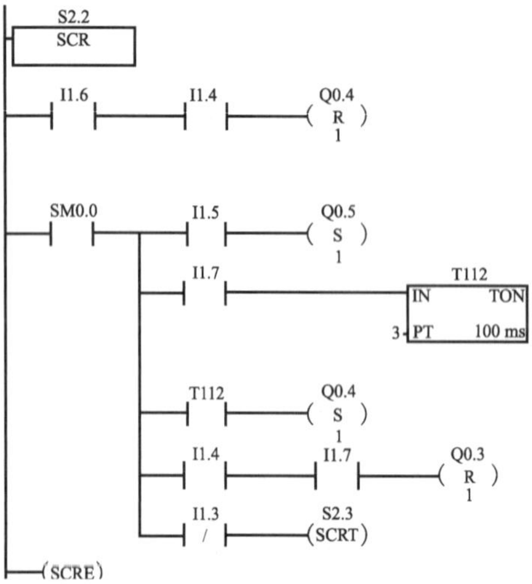

图 4-101　转至伸缩驱动程序

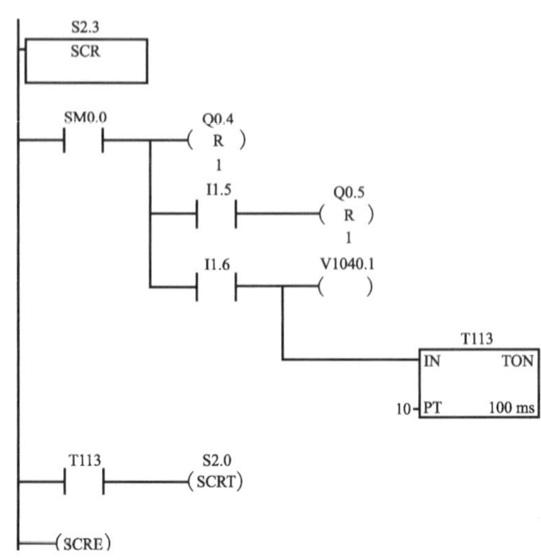

图 4-102　转至升降驱动程序

（4）指示灯

联机后，系统复位，绿灯显示，如图 4–103 所示；联机后，全线运行，黄灯显示；物料不足，红灯显示，如图 4–104 所示。

图 4–105 ～图 4–107 可以显示的功能如下：

① 设备准备好时 HL1 长亮；否则，以 1 Hz 频率闪烁；

② 若设备准备好，按下启动按钮，HL2 长亮；

③ 在运行中发生“零件不足”报警时，HL3 以 1 Hz 的频率闪烁，HL1 和 HL2 长亮；

④ 在运行中发生“零件没有”报警时，HL3 以亮 1 s、灭 0.5 s 的方式闪烁，HL2 熄灭，HL1 长亮。

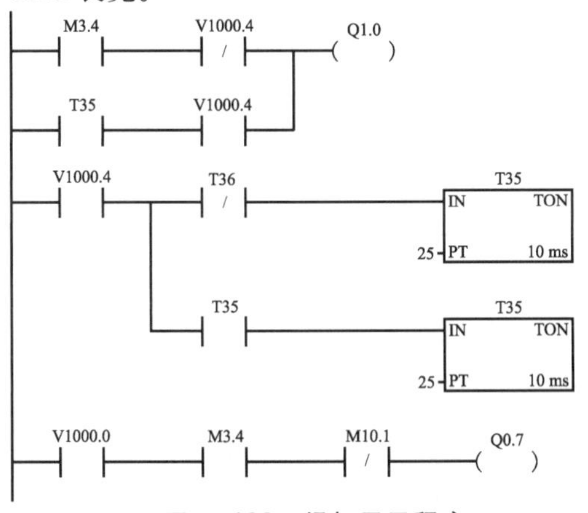

图 4–103　绿灯显示程序

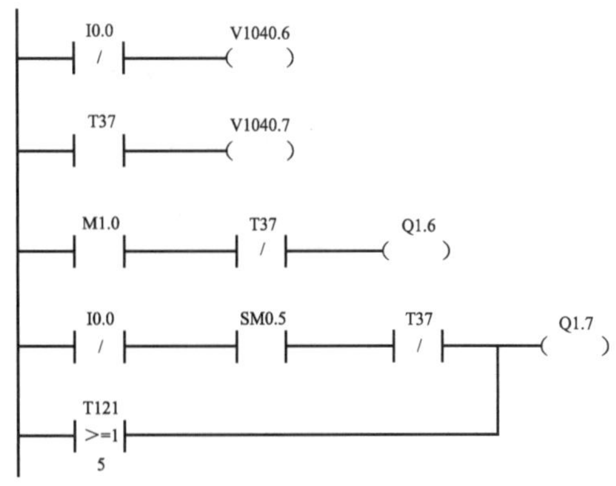

图 4–104　红灯显示程序

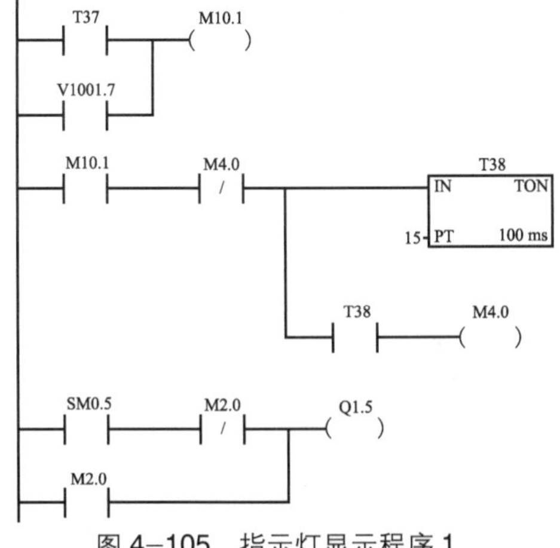

图 4–105　指示灯显示程序 1

I0.0　V1040.6

T37　V1040.7

M1.0　T37　Q1.6

I0.0　SM0.5　T37　Q1.7

T121 >=I 5

图 4–106　指示灯显示程序 2

T37　M15.0　T121 IN TON 15 PT 100 ms

T151　M15.0

图 4–107　指示灯显示程序 3

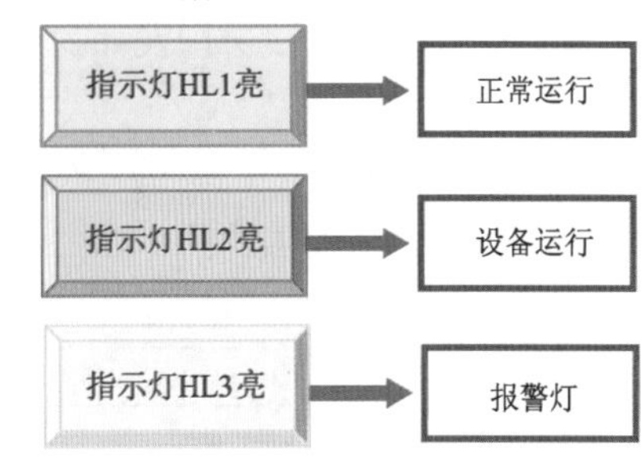

5. 分拣单元程序设计

分拣系统控制要求：系统接收到装配完成信号后，输送单元机械手应执行抓取已装配的工件对的操作。然后该机械手装置逆时针旋转 90°，步进电动机驱动机械手装置从装配单元向分拣单元运送工件对，到达分拣单元传送带上方入料口后把工件对放下，然后执行返回原点的操作。

根据控制要求，分拣单元主要完成变频器的操作、物料金属与非金属的区别、颜色属性的判别及相应推出操作。

分拣单元控制流程图如图 4-108 所示。

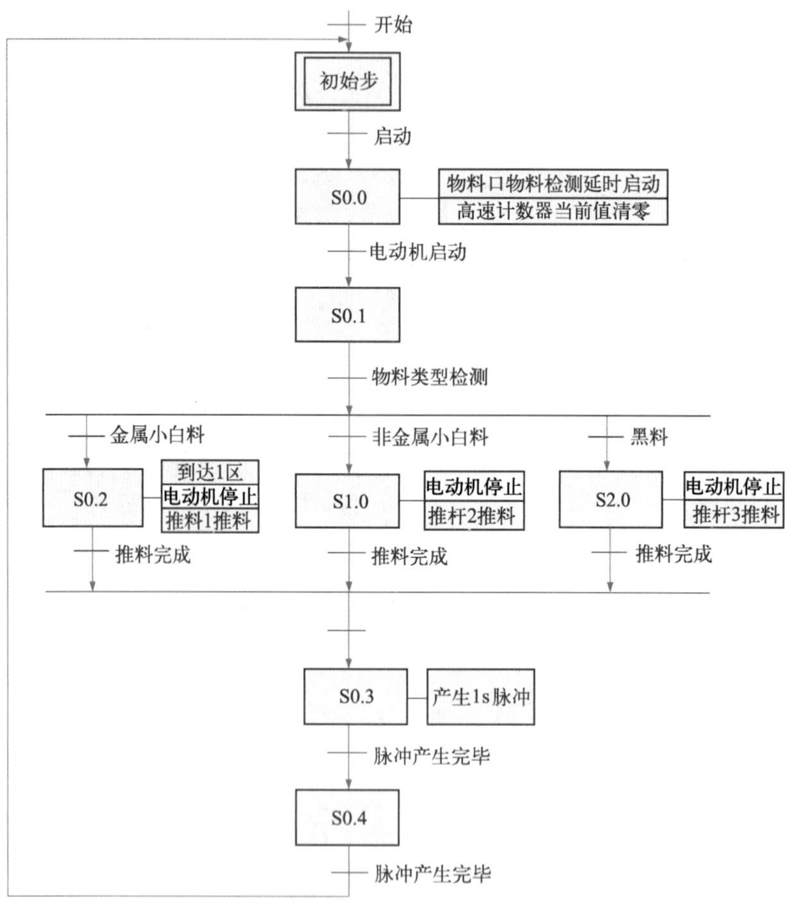

图 4-108 分拣单元控制流程图

设计 PLC 的 I/O 分配表如表 4-16 所示。

表 4-16 PLC 的 I/O 分配表

输入信号				输出信号			
序号	地址	信号名称	信号来源	序号	地址	信号名称	信号来源
1	I0.0	旋转编码器 A 相	装置侧	1			
2	I0.1	旋转编码器 B 相		2	Q0.0	电动机启停	

续表

输入信号				输出信号			
序号	地址	信号名称	信号来源	序号	地址	信号名称	信号来源
3	I0.2		装置侧	3	Q0.1		
4	I0.3	进料口工件检测		4	Q0.2		
5	I0.4	电感式传感器		5	Q0.3		
6	I0.5	光纤传感器 1		6	Q0.4	槽 1 驱动	
7	I0.6	光纤传感器 2		7	Q0.5	槽 2 驱动	
8	I0.7	推杆 1 推出到位		8	Q0.6	槽 3 驱动	
9	I1.0	推杆 2 推出到位		9	Q0.7	HL1	黄色指示灯
10	I1.1	推杆 3 推出到位		10	Q1.0	HL2	绿色指示灯
11	I1.2	启动按钮	按钮/指示灯模块	11	Q1.1	HL3	红色指示灯
12	I1.3	停止按钮		12	V1000.0	全线运行	
13	I1.4				V1000.5	全线复位	
14	I1.5	单站/全线			V1001.5	允许分拣	
15	M0.0	运行状态			V1050.0	初始状态	
16	M2.0	准备就绪			V1050.1	分拣完成	
17	M3.4	联机			V1050.3	联机信号	

(1) 主程序

在程序执行的第一个扫描周期，高速计数器清零，分拣单元处于初拣状态，工作方式开关打到联机并且得到联机信号，分拣单元联机开关置于联机方式使分拣单元处于联机状态，如图 4-109 所示。

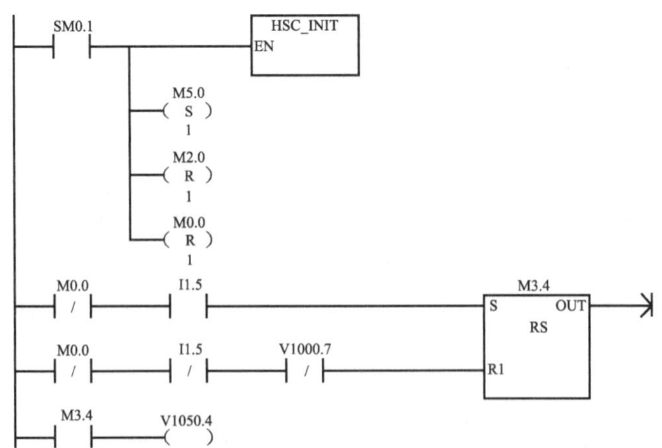

图 4-109 主程序

初态检查完毕，推杆 1、推杆 2、推杆 3 未到位时准备就绪，使分拣单元处于初始状态，此时按下启动按钮使该单元处于运行状态。在单机运行方式下，在运行时按下停止按钮，得到停止指令如图 4-110 所示。

在运行状态联机方式下，对变频器的参数进行设置并进行模-数转换。此时，在运行状态可启动分拣控制子程序，准备就绪后其指示灯点亮，进入运行状态，运行指示灯点亮，如图 4-111 所示。

图 4-110　初态检查完毕

图 4-111　运行状态程序

在运行状态下，调用分拣控制子程序，如图 4-112 所示。

图 4-112　调用分拣控制子程序

（2）分拣子程序控制

按下停止按钮，全线复位，允许分拣；物料口物料检测延时启动，高速计数器当前值清零，如图 4-113、图 4-114 所示。

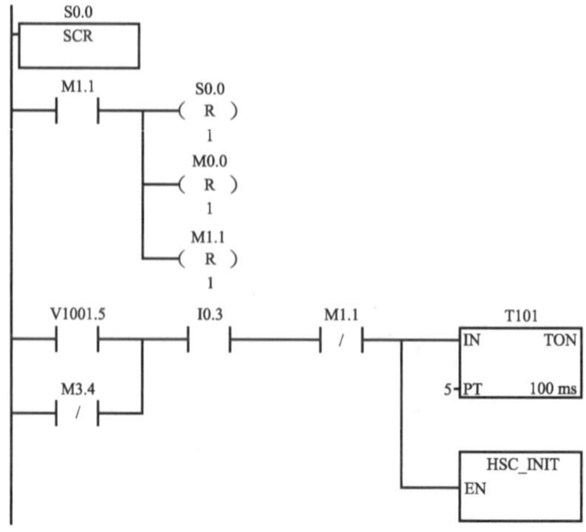

图 4-113　分拣子程序控制 1

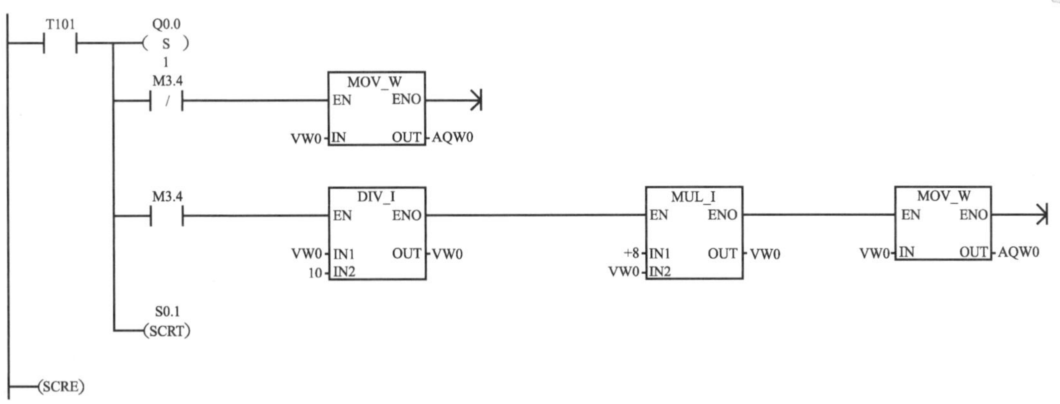

图 4–114　分拣子程序控制 2

电动机启动，传送带运行，当金属传感器检测到金属白料，到达槽 1 区，如图 4–115 所示。

电动机停止，推杆 1 推料，推到位时推料完成，转入 S0.3 并产生 1 s 周期的金属料分拣完成脉冲，如图 4–116 所示。

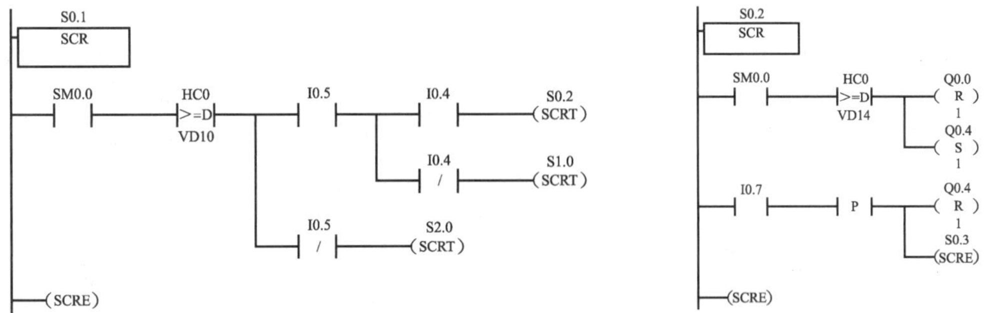

图 4–115　金属传感器检测到金属白料　　　　图 4–116　产生 1 s 周期的金属料分拣完成脉冲

传送带继续运行，物料到达槽口 2 时，光纤传感器若检测到非金属小白料，电动机停止，推杆 2 推料，推到位后，推料完成，产生 1 s 周期的白色料分拣完成脉冲，如图 4–117 所示。

传送带继续运行，物料到达槽口 3 时，电机停止，推杆 3 推料，推到位后，推料完成，产生 1s 周期的黑色料分拣完成脉冲，如图 4–118 所示。

图 4–117　产生 1 s 周期的白色料分拣完成脉冲　　图 4–118　产生 1 s 周期的黑色料分拣完成脉冲

延时 0.3 s，转至 S0.0，如图 4–119 所示。

(3) 高速计数器（HSC）指令向导

设置高速计数器的参数、初始化清零，开中断事件，启动高速计数器，执行 HSC0 指令，如图 4-120 所示。

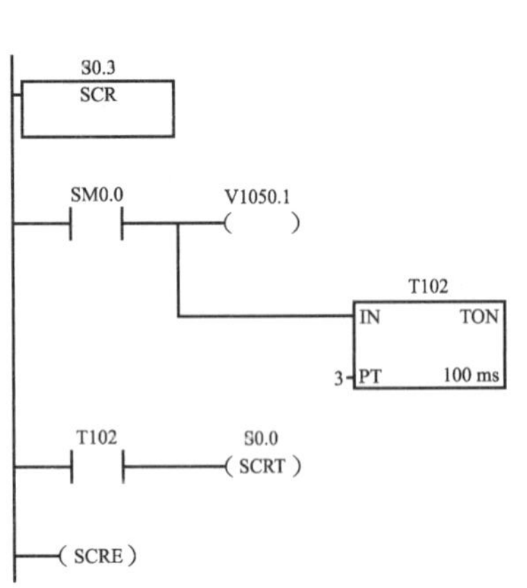

图 4-119　延长 0.3 s 并转至 S0.0 程序

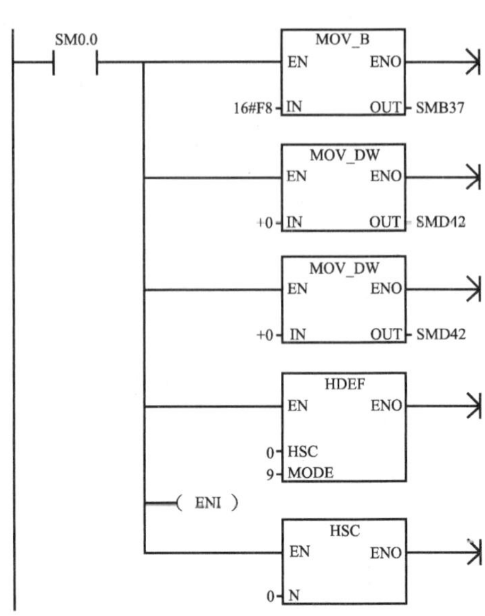

图 4-120　启动高速计数器

教师、学生可根据表 4-17 所示进行程序编写与程序调试的评分。

表 4-17　程序编写与程序调试考核技能评分表

姓名		同组		开始时间			
专业 / 班级				结束时间			
项目内容	考核要求	配分	评分标准		扣分	自评	互评
网络连接与通信	1．网络连接正确； 2．通信正常	20	网络连接造成不能通信或通信不正常，每处扣 2 分				
主站程序设计	正确设计主站程序	20	主站程序设计出错，每处扣 3 分				
各分站程序设计	正确设计各分站程序	10	各分站程序出错，每处扣 3 分				
各分站程序调试	各分站程序调试成功	10	各分站调试未成功，每处扣 5 分				
总程序调试	整体程序调试成功	20	整体调试未成功，扣 20 分				
排除故障	能够排除电路故障	10	有故障未排除，每处扣 20 分				
职业素养与安全意识	现场操作安全保护符合安全操作规程；工具摆放、包装物品、导线线头等的处理符合职业岗位的要求；团队合作有分工又合作，配合紧密；遵守赛场纪律，尊重赛场工作人员，爱惜赛场的设备和器材，保持工位的整洁	10	—				
教师点评：			成绩（教师）：	总成绩：			

(4) 检查（略）

知识、技能归纳

多个PLC控制的不同工作单元，要想实现自动控制离不开PLC网络通信。PLC网络通信的方式有多种，串行通信是工业现场常用的方式，S7—200 PLC的通信端口物理上是一个RS—485端口，默认的通信软件协议为PPI，用户在使用网络读写命令和向导程序时，必须注意两个或多个通信的PLC之间通信参数设置一致，在主从模式下只能有一个主站。

PPI是一种主从协议通信，主从站在一个令牌环网中，主站发送要求到从站，从站响应；从站不发信息，只是等待主站的要求并对要求做出响应。如果在用户程序中使能PPI主站模式，就可以在主站程序中使用网络读写指令来读写从站信息。

工程素质培养

思考一下：PLC网络连接的类型有哪些？它们分别怎么连接？通信协议有几种？怎样进行数据通信？

任务五 自动化生产线调试与故障分析

任务目标

能进行YL—335B自动化生产线手动工作模式测试。

若要获得“可编程序控制系统设计师职业资格证”，需要满足的系统调试的要求如表4—18所示。

表4—18 “可编程序控制系统设计师职业资格证”系统调试的要求

工作内容	能力要求	相关知识
检验信号	1. 能校验现场开关量输入/输出信号的连接是否正确； 2. 能校验现场模拟量输入/输出信号的连接是否正确； 3. 能检查模拟量输入/输出单元设置是否正确	1. 万用表等常用检测设备的使用方法； 2. 现场连线的检查方法； 3. 模拟量单元信号的检测方法
联机调试	1. 能利用编程工具调试梯形图等控制程序； 2. 能联机调试由数字量、模拟量组成的单机控制系统的控制程序	1. PLC控制系统的现场调试方法； 2. 工具软件的调试方法

根据系统的控制流程图，已经编制完成了YL—335B型自动化生产线各生产单元的控制程序，并通过通信电缆下载到生产单元的PLC模块中。YL—335B的每一工作单元都可自成一个独立的系统，同时也可以通过网络互连构成一个分布式的控制系统。为了确保所编制程序能够完全实现所要求的功能，需要根据不同的工作模式进行测试，系统的工作模式分为单站工作和全线运行模式。单站与全线工作模式的选择由各工作单元按钮/指示灯模块中的选择开关，并且结合人机界面触摸屏上的模式选择来实现。

全线运行 → 单站工作

① 当前工作周期完成后，人机界面中选择开关切换到单站工作模式。
② 各站的按钮/指示灯模块上的工作方式选择开关置于单站工作模式。
③ 当工作单元自成一个独立的系统时，成为手动控制模式。其设备运行的主令信号以及运行过程中的状态显示信号，都由该工作单元的按钮/指示灯模块给定或显示。

单站工作 → 全线运行

① 各工作站均处于停止状态，各站的按钮/指示灯模块上的工作方式选择开关置于全线运行模式。
② 人机界面中选择开关切换到全线运行模式，系统进入全线运行状态。
③ 自动化生产线系统运行的主令信号（复位、启动、停止等）通过触摸屏人机界面给出。同时，人机界面上也显示系统运行的各种状态信息或显示。

注意事项：

在全线运行模式下，只有输送单元按钮/指示灯模块的紧急停止按钮起作用，其他各站的按钮/指示灯模块主令信号均操作无效。

子任务一 YL-335B 型自动化生产线系统手动工作模式测试

手动工作模式（单站工作模式）可以对各单元进行分步测试，介绍如下：

1．分拣单元的手动测试

在手动工作模式下，需在分拣单元侧首先把该站模式转换开关换到单站工作模式，然后用该站的启动/停止按钮操作，单步执行指定的测试项目（测试时传送带上工件用人工放下）。要从分拣单元手动测试方式切换到全线运行方式，须待分拣单元传送带完全停止后有效。只有在前一项测试结束后，才能按下启动/停止按钮，进入下一项操作。推杆气缸活塞的运动速度通过节流阀进行调节。

2．供料单元的手动测试

在手动工作模式下，需在供料单元侧首先把该站模式转换开关换到单站工作模式，然后用该站的启动/停止按钮操作，单步执行指定的测试项目（应确保料仓中至少有三件工件）。要从供料单站运行方式切换到全线运行方式，须待供料单元停止运行，且供料单元料仓内至少有三件以上工件才有效。必须在前一项测试结束后，才能按下启动/停止按钮，进入下一项操作。顶料和推料气缸活塞的运动速度通过节流阀进行调节。

3．加工单元的手动测试

在手动工作模式下，操作人员需在加工单元侧首先把该站模式转换开关换到单站工作模式，然后用该站的启动/停止按钮操作，单步执行指定的测试项目。要从加工单元手动测试方式切换到自动运行方式，须按下停止按钮，且料台上没有工件才有效。必须在前一项测试结束后，才能按下启动/停止按钮，进入下一项操作。气动手指和冲压头气缸活塞的运动速度通过节流阀进行调节。

4．装配单元的手动测试

在手动工作模式下，操作人员需在装配单元侧首先把该站模式转换开关换到单站工作模式，然后用该站的启动/停止按钮操作，单步执行指定的测试项目（应确保料仓中至少有三件以上工件）。要从装配单元手动测试方式切换到全线运行方式，在停止按钮按下，且料台上没有装配完的工件才有效。必须在前一项测试结束后，才能按下启动/停止按钮，进入下一项操作。顶料和挡料气缸、气动手指和气动摆台活塞的运动速度通过节流阀进行调节。

5. **输送单元的手动测试**

在手动工作模式下，操作人员需在输送单元侧首先把该站模式转换开关换到单站工作模式，然后用该站的启动/停止按钮操作，单步执行指定的测试项目。要从手动测试方式切换到全线运行方式，须待按下停止按钮，且供料单元物料台上没有工件。必须在前一项测试结束后，才能按下启动/停止按钮，进入下一项操作。气动手指和气动摆台活塞的运动速度通过节流阀进行调节。步进电动机脉冲驱动计数准确。

子任务二 自动化生产线自动工作模式测试

自动化生产线全线运行模式下的运行调试

全线运行模式下各工作站部件的工作顺序以及对输送单元机械手装置运行速度的要求，与单站运行模式一致。全线运行步骤如下：

1. **复位过程**

系统加电，PPI 网络正常后开始工作。触摸人机界面上的复位按钮，执行复位操作，在复位过程中，绿色警示灯以 2 Hz 的频率闪烁。红色和黄色警示灯均熄灭。

复位过程包括：使输送单元机械手装置回到原点位置和检查各工作站是否处于初始状态。

各工作单元初始状态是指：

① 各工作单元气动执行元件均处于初始位置。

② 供料单元料仓内有足够的待加工工件。

③ 装配单元料仓内有足够的小圆柱工件。

④ 输送单元的紧急停止按钮未按下。

当输送单元机械手装置回到原点位置，且各工作站均处于初始状态，则复位完成，绿色警示灯长亮，表示允许启动系统。这时若触摸人机界面上的启动按钮，系统启动，绿色和黄色警示灯均长亮。

2. **供料单元的运行**

系统启动后，若供料单元的出料台上没有工件，则应把工件推到出料台上，并向系统发出出料台上有工件信号。若供料单元的料仓内没有工件或工件不足，则向系统发出报警或预警信号。出料台上的工件被输送单元机械手取出后，若系统仍然需要推出工件进行加工，则进行下一次推出工件操作。

3. **输送单元的运行 1**

当工件推到供料单元出料台后，输送单元抓取机械手装置应执行抓取供料单元工件的操作。动作完成后，伺服电动机驱动机械手装置移动到加工单元加工物料台的正前方，然后把工件放到加工单元的加工台上。

4. **加工单元运行**

加工单元加工台的工件被检出后，执行加工过程。当加工好的工件重新送回待料位置后，向系统发出冲压加工完成信号。

5. **输送单元的运行 2**

系统接收到加工完成信号后，输送单元机械手应执行抓取已加工工件的操作。抓取动作完成后，伺服电动机驱动机械手装置移动到装配单元物料台的正前方。然后把工件放到装配单元物料台上。

6．装配单元运行

装配单元物料台的传感器检测到工件到来后，开始执行装配过程。装入动作完成后，向系统发出装配完成信号。

如果装配单元的料仓或料槽内没有小圆柱工件或工件不足，应向系统发出报警或预警信号。

7．输送单元运行 3

系统接收到装配完成信号后，输送单元机械手应抓取已装配的工件，然后从装配单元向分拣单元运送工件，到达分拣单元传送带上方入料口后把工件放下，然后执行返回原点的操作。

8．分拣单元运行

输送单元机械手装置放下工件、缩回到位后，分拣单元的变频器即可启动，驱动传动电动机以最高运行频率的 80%（由人机界面指定）的速度运行，把工件带入分拣区进行分拣，工件分拣原则与单站运行相同。当分拣气缸活塞杆推出工件并返回后，应向系统发出分拣完成信号。

9．停止指令的处理

仅当分拣单元分拣工作完成，并且输送单元机械手装置回到原点，系统的一个工作周期才认为结束。如果在工作周期期间没有触摸过停止按钮，系统在延时 1 s 后开始下一周期工作。如果在工作周期期间曾经触摸过停止按钮，系统工作结束，警示灯中黄色灯熄灭，绿色灯仍保持长亮。系统工作结束后若再按下启动按钮，则系统又重新工作。

下面进行一些异常工作状态的测试

1．工件供给状态的信号警示

如果发生来自供料单元或装配单元的“工件不足够”的预报警信号或“工件没有”的报警信号，则系统动作如下：

① 如果发生“工件不足够”的预报警信号，警示灯中红色灯以 1 Hz 的频率闪烁，绿色和黄色灯保持长亮。

② 如果发生“工件没有”的报警信号，警示灯中红色灯以亮 1 s，灭 0.5 s 的方式闪烁；黄色灯熄灭，绿色灯保持长亮。

若“工件没有”的报警信号来自供料单元，且供料单元物料台上已推出工件，系统继续运行，直至完成该工作周期尚未完成的工作。当该工作周期工作结束，系统将停止工作，除非“工件没有”的报警信号消失，否则系统不能再启动。

若“工件没有”的报警信号来自装配单元，且装配单元回转台上已落下小圆柱工件，系统继续运行，直至完成该工作周期尚未完成的工作。当该工作周期工作结束，系统将停止工作，除非“工件没有”的报警信号消失，否则系统不能再启动。

2．急停与复位

系统工作过程中按下输送单元的急停按钮，则系统立即全线停车。在急停复位后，应从急停前的断点开始继续运行。但若急停按钮按下时，输送单元机械手装置正在向某一目标点移动，则急停复位后输送单元机械手装置应首先返回原点位置，然后再向原目标点运动。

自动生产线全线运行模式下的故障分析

1．检查通信网络系统、主控制回路和警示灯接通情况

测试状况：

① 系统控制 PPI 通信网络连接已经完成，相对应的 PLC 模块的输入/输出点的 LED 能够

正常亮起。

② 系统主令工作信号由人机界面触摸屏提供，安装在装配单元的警示灯应能显示整个系统的主要工作状态，包括加电复位、启动、停止、报警等。

2．对系统的复位功能进行检测

测试状况：

① 系统在加电后，首先执行复位操作，使输送单元机械手装置应该自动回到原点位置，此时绿色警示灯以 1 Hz 的频率闪烁。

② 输送单元机械手装置回到原点位置后，复位完成，绿色警示灯长亮，表示允许启动系统。

输送单元机械手装置不能回到原点位置，故障产生的原因主要有：

① 输送单元机械手的急停按钮没有复位。

② 各从站的初始位置不正确。

③ 各从站有急停按钮没有复位。

④ 步进电动机或驱动模块有故障。

⑤ 同步带与同步轮间有打滑现象。

⑥ 输送单元的 S7-200 PLC 模块没有发出正常脉冲。

⑦ 支撑输送单元底板运动的双直线导轨发生故障。

只有在消除以上故障产生的原因后，才能允许启动系统。

3．通过运行指示灯检测系统启动运行情况

测试状况：

按下启动按钮，系统启动，绿色和黄色警示灯均长亮。

如果系统不能够正常启动，其故障产生原因主要有：

① 输送单元复位时，没有回到原点位置。

② 原点位置检测行程开关出现故障。

③ 各从站的初始位置不正确。

④ 输送单元复位时，没有回到原点位置。

如果绿色和黄色警示灯均显示异常，其故障产生原因主要有：

① 原点位置检测行程开关出现故障。

② 装配单元料仓中工件数量不足。

③ 供料单元料仓中工件数量不足。

④ 装配单元料仓中工件自重掉落故障。

⑤ 供料单元料仓中工件自重掉落故障。

4．检测供料单元供给工件情况

测试状况：

① 系统启动后，供料单元顶料气缸的活塞杆推出，压住次下层工件；然后使推料气缸活塞杆推出，从而把最下层待加工工件推到物料台上，接着把供料操作完成信号存储到供料单元 PLC 模块的数据存储区，等待主站读取；并且推料气缸缩回，顶料气缸缩回，准备下一次推料。

② 若供料单元的料仓没有工件或工件不足，则将报警或预警信号存储到供料单元 PLC 模

块的数据存储区，等待主站读取。

③ 物料台上的工件被输送单元机械手取出后，若系统启动信号仍然为ON，则进行下一次推出工件操作。

如果顶料气缸不能够完成推料动作，或者将工件推倒，其故障产生原因主要有：

① 气缸动作气路压力不足。

② 节流阀的调节量过小，使气压不足。

③ 节流阀的调节量过大，使气缸动作过快。

④ 料仓中的工件不能够自行掉落到位。

⑤ 气缸动作电磁阀故障。

⑥ 料仓中无工件。

5．检查输送单元能否准确抓取供料单元上的工件情况

测试状况：

在工件推到供料单元物料台后，输送单元抓取机械手装置应移动到供料单元物料台的正前方，然后执行抓取供料单元工件的操作。

如果物料台上的工件没有被输送单元机械手抓取，其故障产生的原因有：

① 输送单元没有读取到供料单元的推料完成信号。

② 供料单元料台上的工件检测传感器故障。

③ 输送单元气缸动作气路压力不足。

④ 节流阀的调节量过小，使气压不足。

⑤ 输送单元各气缸动作电磁阀故障。

6．检测输送单元机械手抓取工件从供料单元输送到加工单元的情况

测试状况：

① 抓取动作完成后机械手手臂应缩回。

② 伺服电动机驱动机械手装置移动到加工单元物料台的正前方。

③ 按机械手手臂伸出→手臂下降→手爪松开→手臂缩回的动作顺序把工件放到加工单元物料台上。

如果抓取动作完成后机械手手臂不能缩回，其故障产生原因主要有：

① 输送单元手爪位置检测传感器故障。

② 输送单元气缸动作气路压力不足。

③ 节流阀的调节量过小，使气压不足。

④ 输送单元各气缸动作电磁阀故障。

7．检查加工单元对工件进行加工的情况

测试状况：

① 加工单元物料台的物料检测传感器检测到工件后，气动手指夹持待加工工件。

② 伸缩气缸将工件从物料台移送到加工区域冲压气缸冲压头的正下方，完成对工件的冲压加工。

③ 伸缩气缸伸出，气动手指把加工好的工件重新送回物料台后松开。

④ 将加工完成信号存储到加工单元PLC模块的数据存储区，等待主站读取。

如果气动手指夹持待加工工件动作不正常，其故障产生的原因有：

① 加工单元手爪位置检测传感器故障。

② 加工单元气缸动作气路压力不足。

③ 节流阀的调节量过小，使气压不足。

④ 加工单元各气缸动作电磁阀故障。

8．检查输送单元将工件从加工单元取走的情况

测试状况：

输送单元读取到加工完成信号后，输送单元机械手按手臂伸出→手爪夹紧→手臂提升→手臂缩回的动作顺序取出加工好的工件。

如果输送单元机械手动作不正常，其故障产生原因主要有：

① 输送单元机械手手爪位置检测传感器故障。

② 输送单元机械手气缸动作气路压力不足。

③ 节流阀的调节量过小，使气压不足。

④ 输送单元各气缸动作电磁阀故障。

9．检测输送单元的机械手能否将工件准确送到装配单元

测试状况：

① 伺服电动机驱动夹着工件的机械手装置移动到装配单元物料台的正前方。

② 按机械手手臂伸出→手臂下降→手爪松开→手臂缩回的动作顺序把工件放到装配单元物料台上。

如果伺服电动机驱动夹着工件的机械手装置不能准确移动到装配单元物料台的正前方，其故障产生的原因有：

① 步进电动机或驱动模块有故障。

② 同步带与同步轮间有打滑现象。

③ 输送单元的 S7-200 PLC 模块没有发出正常脉冲。

④ 支撑输送单元底板运动的双直线导轨发生故障。

10．检测装配单元的工件装配过程

测试状况：

① 装配单元物料台的传感器检测到工件到来后，料仓上面顶料气缸活塞杆伸出，把次下层的物料顶住，使其不能下落；下方的挡料气缸活塞杆缩回，物料掉入回转物料台的料盘中，然后挡料气缸复位伸出，顶料气缸缩回，次下层物料下落，为下一次分料做好准备。

② 回转物料台顺时针旋转 180°（右旋），到位后装配机械手下降→手爪抓取小圆柱→手爪提升→手臂伸出→手爪下降→手爪松开→装配机械手装置返回初始位置，把小圆柱工件装入大工件中，并将装配完成信号存储到装配单元 PLC 模块的数据存储区，等待主站读取。

③ 装配机械手单元复位的同时，回转送料单元逆时针旋转 180°（左旋）回到原位。

④ 如果装配站的料仓内没有小圆柱工件或工件不足，则发出报警或预警信号并将其存入 PLC 模块的数据存储区，等待主站读取。

如果挡料气缸或顶料气缸不正常动作，其故障产生原因主要有：

① 物料检测传感器故障。

② 气缸动作气路压力不足。

③ 节流阀的调节量过小，使气压不足。

④ 各气缸动作电磁阀故障。

11．检测输送单元从装配单元把工件运送到分拣单元的过程

测试状况：

① 输送单元机械手伸出并抓取该工件后，逆时针旋转 90°，步进电动机驱动机械手装置从装配单元向分拣单元运送工件。

② 然后按机械手臂伸出→机械手臂下降→手爪松开放下工件→手臂缩回→返回原点的顺序返回到原点→顺时针旋转 90°。

如果输送单元机械手动作不正常，其故障产生原因主要有：

① 输送单元机械手手爪位置检测传感器故障。

② 输送单元机械手气缸动作气路压力不足。

③ 节流阀的调节量过小，使气压不足。

④ 输送单元各气缸动作电磁阀故障。

如果输送单元机械手装置不能准确旋转到分拣单元的入料口，其故障产生的原因有：

① 输送单元机械手气缸动作气路压力不足。

② 节流阀的调节量过小，使气压不足。

③ 输送单元各气缸动作电磁阀故障。

④ 气动摆台动作故障。

⑤ 气动摆台定位不准。

12．测试分拣单元的分拣工件过程

测试状况：

① 当输送单元将送来工件放到传送带上并被放入料口，光电传感器检测到时，即可启动变频器，驱动三相减速电动机工作，传送带开始运转。

② 传送带把工件带入分拣区，由光纤传感器和金属传感器检测，如果工件为金属，在正对滑槽 1 中间位置准确停止，由推杆气缸 1 推到料槽 1 中。如果工件为白色，在正对滑槽 2 中间位置准确停止，由推杆气缸 2 推到料槽 2 中。

③ 如果工件为黑色，则传动带继续运行，在正对滑槽 3 中间位置准确停止，该工件被推杆气缸 3 推到 3 号料槽中。

④ 当分拣推料气缸活塞杆推出工件并返回到位后，并将分拣完成信号存入 PLC 模块的数据存储区，等待主站读取。

如果输送单元送来的工件送到入料口传送带不启动，其故障产生原因主要有：

① 入料口处工件检测传感器故障。

② 分拣单元 PLC 模块不能发出正常信号启动变频器。

③ 三相减速电动机故障。

④ 传送带故障。

如果传送带停止位置不准确，推杆气缸动作不正常，其故障产生原因主要有：

① 光纤传感器故障。

② 光纤传感器灵敏度调节不准确。

③ 变频器频率参数设置不准确。

④ 推杆气缸动作气路压力不足。

⑤ 节流阀的调节量过小，使气压不足。

⑥ 各气缸动作电磁阀故障。

⑦ 旋转编码器运行不正常。

如果不能准确按照工件颜色分拣及工件推入料槽后传送带不停止，其故障产生原因主要有：

① 光纤传感器故障。

② 光纤传感器灵敏度调节不准确。

13．检测分拣单元工作完成后，输送单元的复位过程

测试状况：

① 分拣单元分拣工作完成，并且输送单元机械手装置回到原点，则系统完成一个工作周期。

② 如果在工作周期没有按下过停止按钮，系统在延时 1 s 后开始下一周期工作。

③ 如果在工作周期曾经按下过停止按钮，则本工作周期结束后，系统不再启动，警示灯中黄色灯熄灭，绿色灯仍保持长亮。

注意事项：

① 只有分拣单元分拣工作完成，并且输送单元机械手装置回到原点，系统的一个工作周期才认为结束。如果在工作周期没有按下过停止按钮，系统在延时 1 s 后开始下一周期工作。如果在工作周期曾经按下过停止按钮，系统工作结束，警示灯中黄色灯熄灭，绿色灯仍保持常亮。系统工作结束后若再按下启动按钮，则系统又重新工作。

② 为保证生产线的工作效率和工作精度，检测要求每一工作周期不超过 30 s。

综合训练评价标准见光盘中“4.6 综合训练评价标准资料”。

知识、技能归纳

一般对整机系统进行调试时，在每个工作单元，都运用单站按钮/信号灯单元进行测试，先分别保证每一个工作单元都能正常工作，然后让系统总体运行。若不能工作，应先检查每个单元的气缸，传感器是否都处在初始位置或状态，从站料台上是否有工件，所有 PLC 都应处于运行状态，将输送机构机械手装置放到中间位置，先按复位按钮，再启动系统。根据故障现象，采取相应办法解决。

整机调试不仅要进行手动测试，还要进行自动测试。

工程素质培养

查阅资料，了解气动、传感器、PLC、变频器、步进电动机和驱动模块的知识，及故障解决方法。

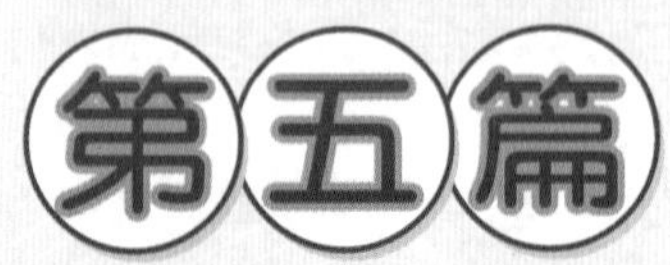

第五篇 项目挑战——自动化生产线技术拓展知识

自动化生产线发展日新月异，还需不断充实新知识，常用的PROFIBUS、组态、工控机、机器人等在自动化生产线上应用很广泛。

大赛即将开始，练就功夫，迎接新的挑战！

扫一扫

第五篇
项目挑战

“雄关漫道真如铁，而今迈步从头越”。还要加油哦！

任务一　PROFIBUS技术

任务目标

了解 PROFIBUS 的基本性能。

PROFIBUS给用户的好处

① 节省硬件和安装费用。减少硬件成分(I/O、终端块、隔离栅)，以便更容易、更快捷、低成本地安装。

② 节省工程费用、更容易组态(对所有设备只需一套工具)、更容易保养和维修、更容易和更快捷的系统启动。

③ 提供更大的灵活性。改进功能，减少故障时间，准确、可靠地诊断数据，可靠的数字传输技术。

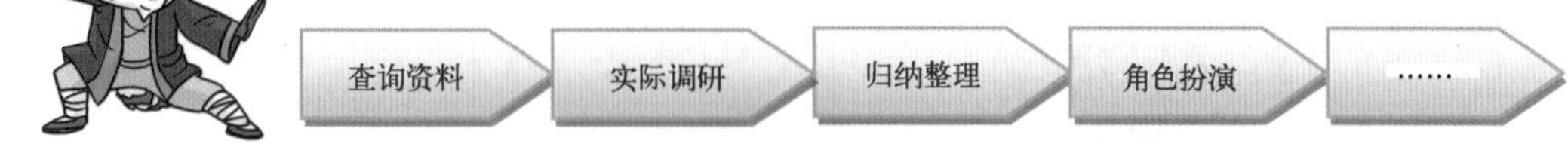

PROFIBUS 总线是目前国际认可的多种总线标准之一，已广泛应用于制造、石油、冶金、造纸、烟草、电力等行业。它按应用场合分为三个系列：PROFIBUS-DP、PROFIBUS-PA 和 PROFIBUS-FMS。

子任务一　与PROFIBUS的初次见面

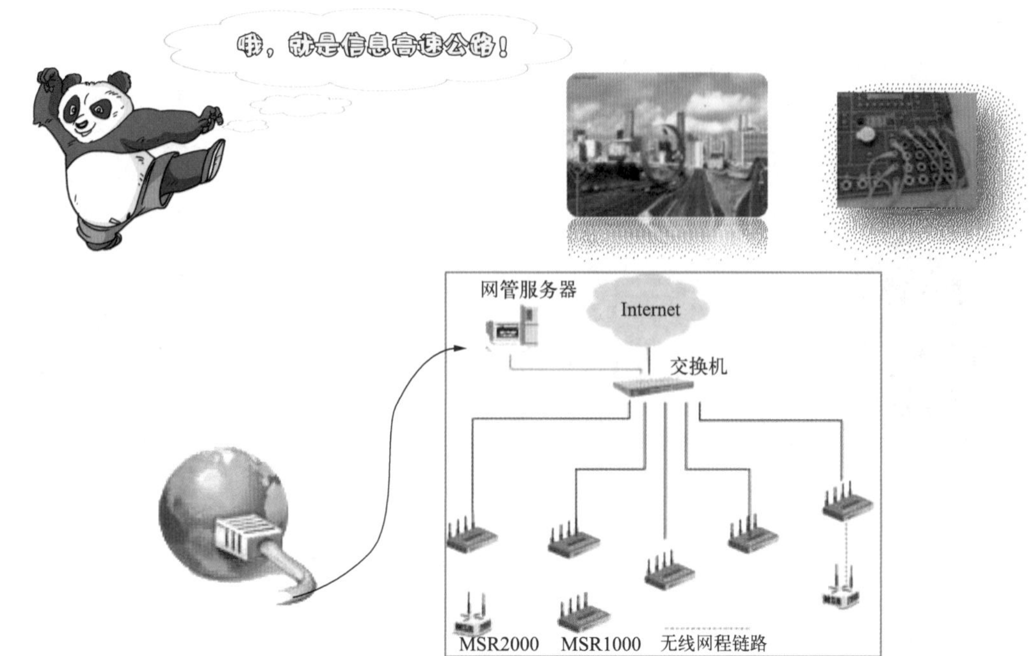

PROFIBUS 是种国际化、开放式、不依赖于设备生产商的现场总线标准。PROFIBUS 传送速率可在 9.6 kbit/s ~ 12 Mbit/s 范围内选择，且当总线系统启动时，所有连接到总线上的装置应该被设成相同的速度。它广泛适用于制造业自动化、流程工业自动化和楼宇自动化、交通电力自动化等，是工业网络系统中的一组快速通信线，相当于有规则的快速路，即信息高速公路。PROFIBUS 有很多出口，每个出口连接一台设备。图 5-1 所示是西门子 PROFIBUS 通信网络应用图。

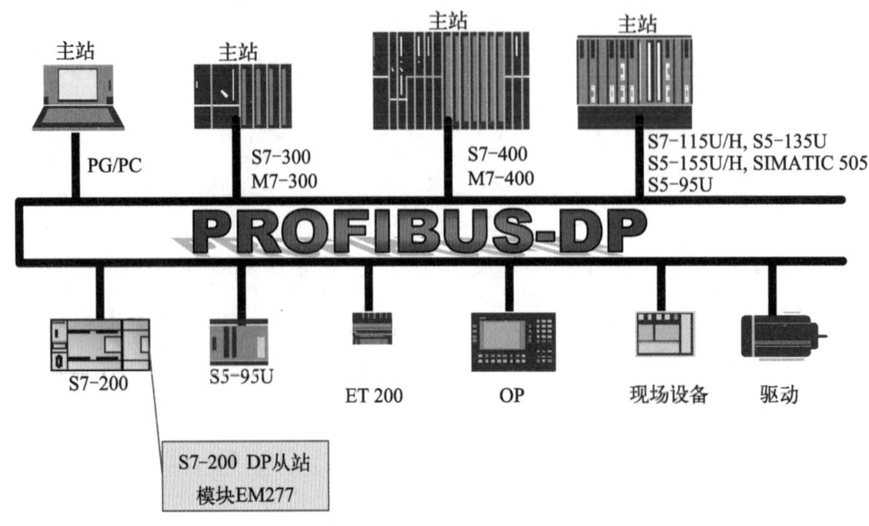

图 5-1　西门子 PROFIBUS 通信网络应用图

子任务二　了解PROFIBUS的基本性能

从查找的资料了解 PROFIBUS 的一些基本知识，下面到企业去调研一下 PROFIBUS-DP 的功能、特征等。

1. PROFIBU的组成

PROFIBUS由三个兼容部分组成

PROFIBUS-DP	主要用在主站和从站之间通信，即用在CPU和远程站之间的通信
PROFIBUS-FMS	主要用在主站和主站之间，即用在CPU和上位机之间的通信，也可以和其他厂商的设备通信
PROFIBUS-PA	直接铺设在生产现场，串行连接位于生产过程监测最前沿的各类设备和仪表

2. PROFIBUS – DP的功能

PROFIBUS-DP 用于现场层的高速数据传送。主站可以周期性地读取从站的输入信息并周期性地向从站发送输出信息。总线循环时间必须要比主站（PLC）程序循环时间短。除周期性用户数据传输外，PROFIBUS-DP 还提供了智能化设备所需的非周期性通信以进行组态、诊断和报警处理。功能：DP 主站和 DP 从站间的循环用户有数据传送；各 DP 从站的动态激活和可激活；DP 从站组态的检查。强大的诊断功能，三级诊断信息；输入或输出的同步；通过总线给 DP 从站赋予地址；通过布线对 DP 主站（DPM1）进行配置，每 DP 从站的输入和输出数据最大为 246 B。

PROFIBUS-DP 的主要功能和基本特征分别如表 5-1 和表 5-2 所示。

表 5-1　PROFIBUS-DP 的主要功能

传输技术	RS-485 双绞线、双线电缆或光缆。波特率为 9.6 kbit/s ~ 12 Mbit/s
同步	控制指令允许输入和输出同步。同步模式：输出同步；锁定模式：输入同步
运行模式	运行—清除—停止
总线存取	各主站间令牌传递，主站与从站间为主从传送。支持单主或多主系统。总线上最多站点（主从设备）数为 126
通信	点对点（用户数据传送）或广播（控制指令）。循环主从用户数据传送和非循环主主数据传送
可靠性	所有信息的传输按海明距离 HD = 4 进行。DP 从站带看门狗定时器（Watchdog Timer）。对 DP 从站的输入/输出进行存取保护。DP 主站上带可变定时器的用户数据传送监视
设备类型	第二类 DP 主站（DPM2）是可进行编程、组态、诊断的设备。第一类 DP 主站（DPM1）是中央可编程控制器，如 PLC、PC 等。DP 从站是带二进制值或模拟量输入/输出的驱动器、阀门等

表 5-2　PROFIBUS – DP 的基本特征

速率	在一个有着 32 个站点的分布系统中，PROFIBUS-DP 对所有站点传送 512 bit/s 输入和 512 bit/s 输出，在 12 Mbit/s 时只需 1 ms
同步	经过扩展的 PROFIBUS-DP 诊断能对故障进行快速定位。诊断信息在总线上传输并由主站采集。诊断信息分三级： 本站诊断操作：本站设备的一般操作状态，如温度过高、压力过低 模块诊断操作：一个站点的某具体 I/O 模块故障 通过诊断操作：一个单独输入/输出位的故障

PROFIBUS – DP 的基本类型

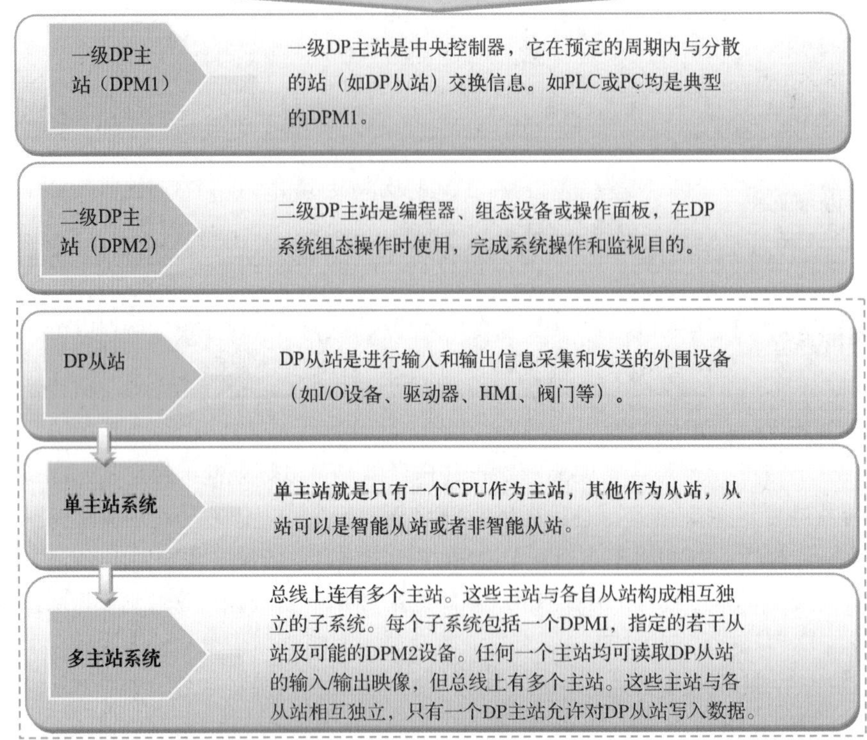

3．PROFIBUS – DP的使用行规

PROFIBUS–DP 协议明确规定了用户数据如何在总线各站之间传递，但用户数据的含义是在PROFIBUS行规中具体说明的。行规还具体规定了PROFIBUS – DP如何用于应用领域。使用行规可使不同厂商所生产的不同设备互换使用，而工厂操作人员不必关心两者之间的差异。因为与应用有关的含义在行规中均进行了明确的说明。下面是PROFIBUS–DP行规，括号中数字是文件编号。

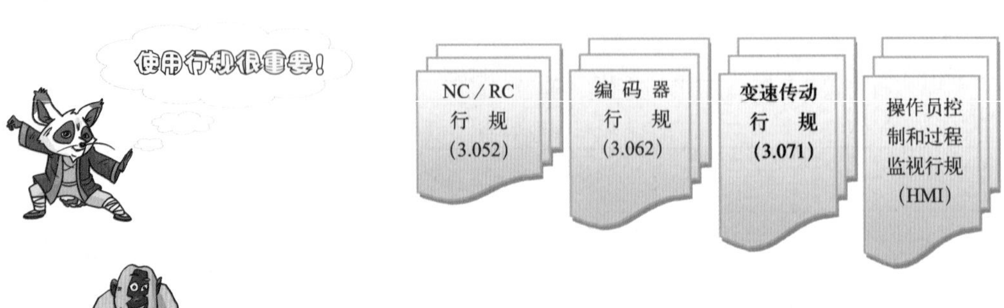

想一想，什么是PROFIBUS？它的主要任务是什么？

知识、技能归纳

PROFIBUS 是一种国际化、开放式、不依赖于设备生产商的现场总线标准。PROFIBUS 传送速率可在 9.6 kbit/s ～ 12Mbit/s 范围内选择且当总线系统启动时，所有连接到总线上的装置应该被设成相同的速度。广泛应用于制造业自动化、流程工业自动化和楼宇、交通电力等。

工程素质培养

思考一下：PROFIBUS 有哪些功能？如何分类？

任务二 工控组态

任务目标

了解 MCGS 组态软件性能。

在组态概念出现之前，要实现某一任务都是通过编写程序（如使用 BASIC、C、FORTRAN 等）来实现的。编写程序不但工作量大、周期长，而且容易犯错误，不能保证按时完成。组态软件的出现解决了这个问题。对于过去需要几个月的工作，通过组态软件几天即可完成。

子任务一 与组态的初次见面

在使用工控软件中，经常提到组态一词，组态的英文是“Configuration”，简单地讲，组态就是用应用软件中提供的工具和方法，完成工程中某一具体任务的过程。

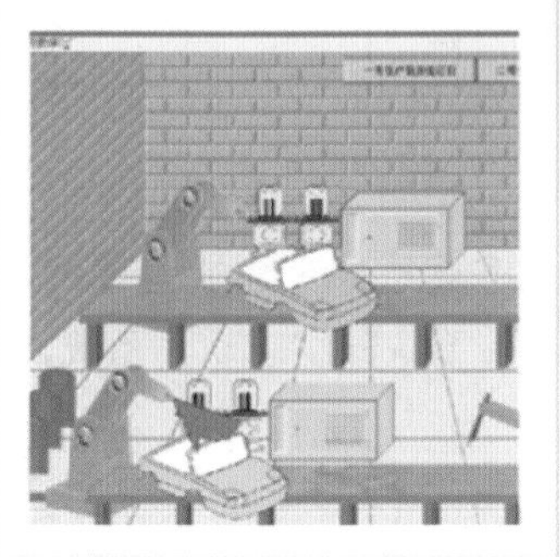

组态就好比组装一台计算机，事先提供了各种型号的主板、机箱、电源、CPU、显示器、硬盘、光驱等，然后用这些部件组装成自己需要的计算机。

当然软件中的组态要比硬件的组装有更大的发挥空间，因为它一般要比硬件中的“部件”更多，而且每个“部件”都很灵活，因为软部件都有内部属性，通过改变属性可以改变其规格（如大小、性状、颜色等）。

组态的概念最早出现在工业计算机控制中，如DCS（集散控制系统）组态、PLC（可编程控制器）梯形图组态。人机界面生成软件就称为工控组态软件。

在工控领域，有许多组态软件，如：

WinCC、InTouch	iFIX MCGS	组态王……

我来归纳：组态软件是指一些数据采集与过程控制的专用软件，它们是在自动控制系统监控层一级的软件平台和开发环境。使用灵活的组态方式，可以为用户提供快速构建工业自动控制系统监控功能的、通用层次的软件工具。

组态软件的应用领域很广，它可以应用于电力系统、给水系统、石油、化工等领域的数据采集与监视控制以及过程控制等诸多领域。

子任务二　了解MCGS组态软件性能

组态软件是有专业性的。一种组态软件只能适合某种领域的应用，下面以MCGS嵌入版组态软件为载体进行练习！

MCGS（Monitor and Control Generated System，监视与控制通用系统），是北京昆仑通态自动化软件科技有限公司研发的一套基于Windows平台的，用于快速构造和生成上位机监控系统的组态软件系统，可运行于Microsoft Windows 2000/Me/NT等操作系统。

MCGS组态功能如下：

（1）简单灵活的可视化操作界面

MCGS嵌入版采用全中文、可视化、面向窗口的开发界面，符合人们的使用习惯和要求。以窗口为单位，构造用户运行系统的图形界面，使得MCGS嵌入版的组态工作既简单直观，又灵活多变。

（2）实时性强，有良好的并行处理性能

MCGS嵌入版是真正的32位系统，充分利用了32位Windows CE操作平台的多任务、按优先级分时操作的功能，以线程为单位对在工程作业中实时性强的关键任务和实时性不强的非关键任务进行分时并行处理，使嵌入式PC广泛应用于工程测控领域成为可能。

（3）丰富、生动的多媒体画面

MCGS嵌入版以图像、图符、报表、曲线等多种形式，为操作员及时提供系统运行中的状态、品质及异常报警等相关信息；用大小变化、颜色改变、明暗闪烁、移动翻转等多种手段，增强画面的动态显示效果；对图元、图符对象定义相应的状态属性，实现动画效果。MCGS嵌入版还为用户提供了丰富的动画构件，每个动画构件都对应一个特定的动画功能。

（4）完善的安全机制

MCGS嵌入版提供了良好的安全机制，可以为多个不同级别用户设定不同的操作权限。此外，MCGS嵌入版还提供了工程密码，以保护组态开发者的成果。

（5）强大的网络功能

MCGS嵌入版具有强大的网络通信功能，支持串口通信、Modem串口通信、以太网TCP/IP通信，不仅可以方便快捷地实现远程数据传输，还可以通过Web浏览功能，在整个企业范围内浏览监测到的整个生产信息，实现设备管理和企业管理的集成。

（6）多样化的报警功能

MCGS嵌入版提供多种不同的报警方式，具有丰富的报警类型，方便用户进行报警设置，并且能够实时显示报警信息，对报警数据进行存储与应答，为工业现场安全可靠地生产运行提供有力的保障。

（7）支持多种硬件设备，实现"设备无关"

MCGS嵌入版针对外部设备的特征，设立设备工具箱，定义多种设备构件，建立系统与外部设备的连接关系，赋予相关的属性，实现对外部设备的驱动和控制。用户在设备工具箱中可方便地选择各种设备构件。不同的设备对应不同的构件，所有的设备构件均通过实时数据库建立联系，而建立时又是相互独立的，即对某一构件的操作或改动，不影响其他构件和整个系统的结构，因此MCGS嵌入版是一个"设备无关"的系统，用户不必因外部设备的局部改动，而影响整个系统。

（8）方便控制复杂的运行流程

MCGS嵌入版开辟了"运行策略"窗口，用户可以选用系统提供的各种条件和功能的策略构件，用图形化的方法和简单的类Basic语言构造多分支的应用程序，按照设定的条件和顺序，操作外部设备，控制窗口的打开或关闭，与实时数据库进行数据交换，实现自由、精确地控制运行流程，同时也可以由用户创建新的策略构件，扩展系统的功能。

（9）良好的可维护性

MCGS 嵌入版系统由五大功能模块组成，主要的功能模块以构件的形式来构造，不同的构件有着不同的功能，且各自独立。三种基本类型的构件（设备构件、动画构件、策略构件）完成了 MCGS 嵌入版系统的三大部分（设备驱动、动画显示和流程控制）的所有工作。

（10）设立对象元件库，组态工作简单方便

对象元件库，实际上是分类存储各种组态对象的图库。组态时，可把制作完好的对象（包括图形对象、窗口对象、策略对象以至位图文件等）以元件的形式存入图库中，也可把元件库中的各种对象取出，直接为当前的工程所用，随着工作的积累，对象元件库将日益扩大和丰富。这样解决了组态结果的积累和重新利用问题，组态工作将会变得越来越简单、方便。

总之，MCGS 嵌入版组态软件具有与 MCGS 通用版组态软件一样强大的功能，并且操作简单，易学易用，普通工程人员经过短时间的培训就能迅速掌握多数工程项目的设计和运行操作。同时，使用 MCGS 嵌入版组态软件能够避开复杂的嵌入版计算机软、硬件问题，而将精力集中于解决工程问题本身。根据工程作业的需要和特点，组态配置出高性能、高可靠性和高度专业化的工业控制监控系统。

MCGS 组态系统应用界面如图 5-2～图 5-4 所示。

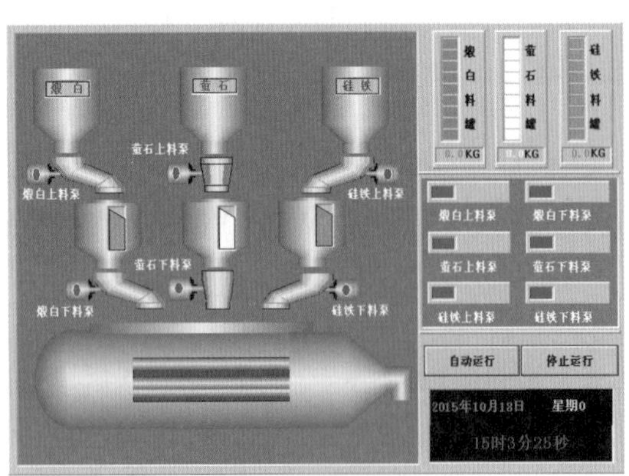

图 5-2　设备监控

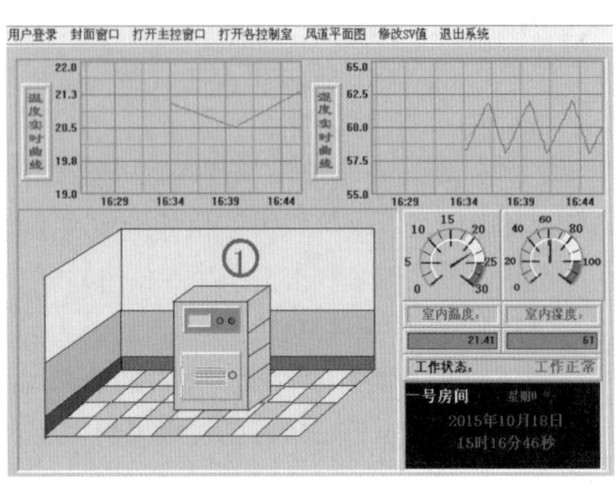

图 5-3　数据监控

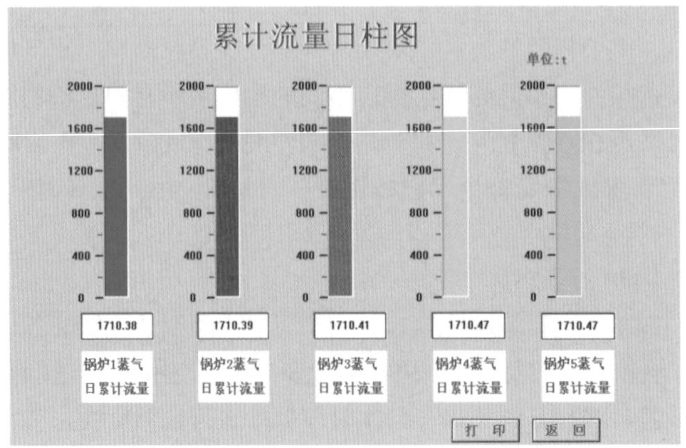

图 5-4　数据显示与分析

根据工程作业的需要和特点，组态可以配置出高性能、高可靠性和高度专业化的工业控制监控系统。MCGS 嵌入版组态软件的特点总结如表 5-3 所示。

我来调研总结特点！

表 5-3　MCGS 嵌入版组态软件的特点

项　　目	内　　容
容量小	整个系统最低配置只需要 2 MB 的存储空间，可以方便使用 DOC 等存储设备
速度快	系统的时间控制精度高，可以方便地完成各种高速采集系统，满足实时控制系统要求
成本低	系统最低配置只需要主频为 24 MB 的 386 单板计算机、2 MB DOC、4 MB 内存，大大降低了设备成本
真正嵌入	运行于嵌入式实时多任务操作系统
稳定性高	无硬盘，内置看门狗，加电重启时间短，可在各种恶劣环境下稳定长时间运行
功能强大	提供中断处理，定时扫描精度可达到毫秒级，提供对计算机串口、内存、端口的访问，并可以根据需要灵活组态
通信方便	内置串行通信功能、以太网通信功能、Web 浏览功能和 Modem 远程诊断功能，可以方便地实现与各种设备进行数据交换、远程采集和 Web 浏览
操作简便	MCGS 嵌入版和 MCGS 通用版、网络版采用的组态环境，它不但继承了 MCGS 通用版与网络版简单易学的优点，还增加了灵活的模块操作，以流程为单位构造用户控制系统，使得 MCGS 嵌入版的组态操作既简单、直观，又灵活多变
支持多种设备	提供了所有常用的硬件设备的驱动
有助于建造完整的解决方案	MCGS 嵌入版组态环境运行于具备良好人机界面的 Windows 操作系统，它具备与北京昆仑通态公司已经推出的通用版组态软件和网络版组态软件相同的组态环境界面，并可有效地帮助用户建造从嵌入式设备、现场监控工作站到企业生产监控信息网在内的完整解决方案，也有助于将用户开发的项目在这三个层次上的平滑迁移

知识、技能归纳

MCGS 嵌入版组态软件与其他相关的硬件设备结合，可以更快速、更方便地开发各种用于现场采集、数据处理的控制设备。并且兼容全系列昆仑硬件产品。

工程素质培养

思考一下：MCGS 嵌入版组态软件的特点。

任务三　工业机器人

任务目标

了解工业机器人的功能、作用及特点。

机械手技术涉及力学、机械学、电气液压技术、自动控制技术、传感器技术和计算机技术等科学领域，是一门跨学科的综合技术。当前，应用于工业领域的有三菱、库卡、ABB 等多个公司的机器人。全套系列的工业机器人和机器人系统已经涵盖了所有负载等级和机器人类型。例如，各种规格的六轴机器人、货盘堆垛机器人、龙门架机器人、净室机器人、不锈钢机器人、耐高温机器人、SCARA 机器人、焊接机器人等。标准型机器人或架装式机器人，以及重负载机器人可安装在地面或天花板上，其功能完善、应用灵活，工业机器人采用模组化构造，可以简便而迅速地进行改装，以适应其他任务的需要。所有机器人均通过一个高效可靠的微机控制平台进行工作。

机器人能和我比武吗？嗨！还是按师傅说的步骤练习吧！

子任务一　与工业机器人的初次见面

机器人能干哪些活啊？

机器人按 ISO 8373 定义为：位置可以固定或移动，能够实现自动控制、可重复编程、多功能多用处、末端操作器的位置要在三个或三个以上自由度内可编程的工业自动化设备。这里自由度就是指可运动或转动的轴。

工业机械手是近几十年发展起来的一种高科技自动化生产设备。工业机械手是工业机器人的一个重要分支。它的特点是可通过编程来完成各种预期的作业任务，在构造和性能上兼有人和机器的优点，尤其体现了人的智能和适应性。机械手作业的准确性和各种环境中完成作业的能力，在国民经济各领域有着广阔的发展前景。下面介绍常见的机器人。

1. 码堆作业机器人

对象作业：主要在产品出厂工序和仓库的储存保管时进行的作业。该作业是将几个产品放在托板或箱内，在产品出厂或仓库存储保管时使用。如果靠人工搬运数量庞大的产品，不仅任务艰巨，作业效率也会非常低。使用码堆作业机器人（见图 5-5），就能够在短时间内按照订单将各类产品大量、迅速地堆积在托板上交付。 例如，三菱电机的码堆作业机器人 RV-100TH 可搬运最重 100 kg（含机械手）的货物。

2. 密封作业机器人

对象作业：在机械手前端安装涂敷头，进行密封剂、填料、焊料涂敷等作业。密封作业机器人（见图 5-6）必须对密封部位进行连续、均匀涂敷。因此，进行示教、编程时必须考虑涂敷作业的技术。例如，须处理好涂敷开始时的行走等待时间，涂敷停止时间，从而确保轨迹精度等因素。

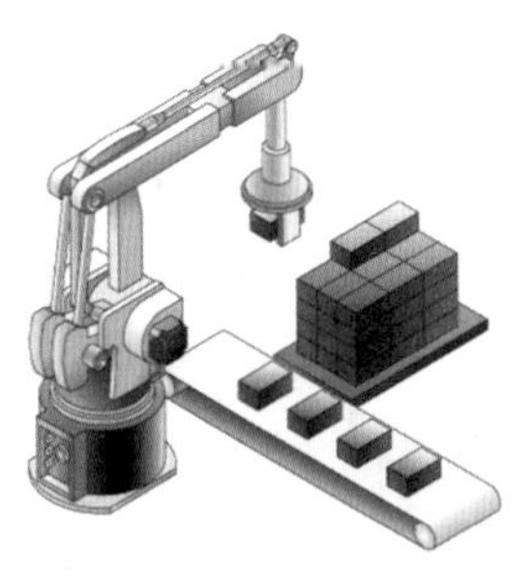

图 5-5　码堆作业机器人

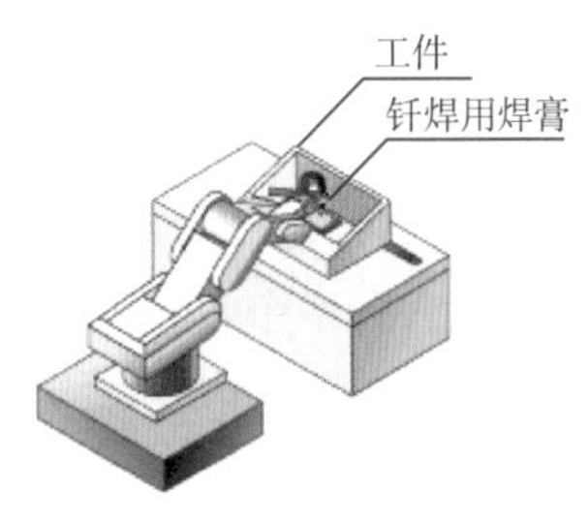

图 5-6　密封作业机器人

3. 浇口切割作业机器人

对象作业：切割塑料注塑成形时产生的浇口。在机械手前端装上切割工具（剪钳等）进行作业。为了切割位于复杂位置处的浇口，使用可适应各种姿势的具有五轴、六轴自由度垂直多关节机器人，如图 5-7 所示。

4. 工件装、卸作业机器人

对象作业：用于在机床（NC 车床）的工件夹头上安装未加工的工件，并且将加工结束后的工件取下。因为在整个工作流程中，使工件整齐排列等作业比较复杂，因此必须使用五轴、六轴自由度的机器人，并且在结构上能承受车床加工时产生的粉尘（烟雾）的机器人，如图 5-8 所示。

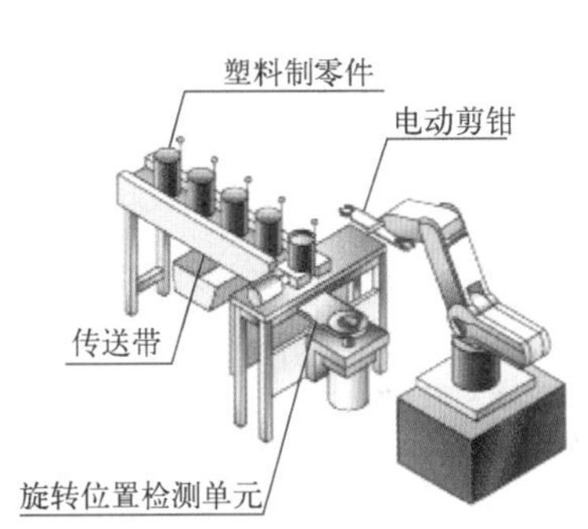

图 5-7　浇口切割作业机器人

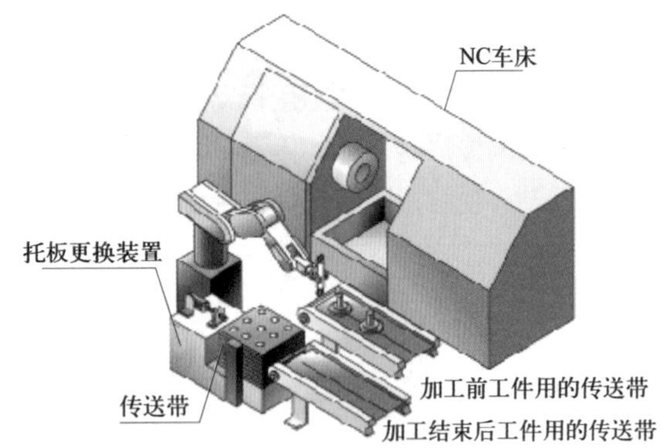

图 5-8　工件装、卸作业机器人

5. 洁净室作业机器人

对象作业：用于半导体制造工序和液晶制造工序等需要非常清洁的环境，通常在“洁净室”这个特别的空间中运行，如图 5-9 所示。简而言之，就是设计成不产生灰尘（尘埃）的机器人。为此，伺服系统全部采用 AC 伺服，旋转部分均做了密封处理。此外，还通过真空装置将机器人内部的粉尘排放到洁净室的外部。

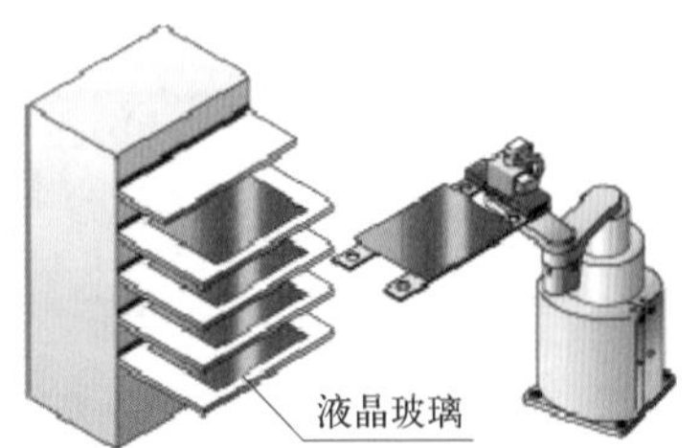

图 5-9　洁净室作业机器人

子任务二　了解工业机器人的性能

1．工业机械手的功能

机械手是一种能自动定位，并可重新编程进行控制的多功能机器。它有多个自由度，可用来搬运物体以完成在不同环境中的工作。

机械手由五部分组成：执行机构、驱动－传动机构、控制系统、智能系统、远程诊断监控系统。

机械手的设计构想是以人的手为基础，以机械设备为载体来实现人的动作，其动作由以下四部分来实现：

① 自由度的旋转；

② 肩的前后动作；

③ 肘的上下动作；

④ 腕（手）的动作。

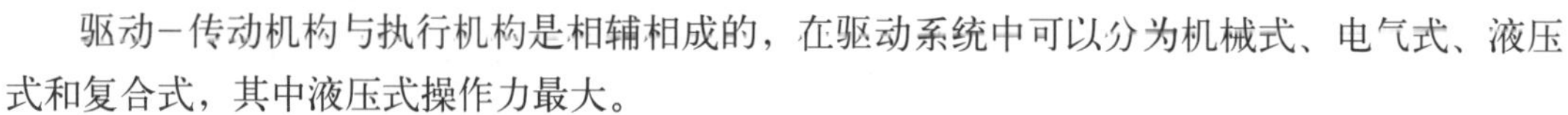

驱动－传动机构与执行机构是相辅相成的，在驱动系统中可以分为机械式、电气式、液压式和复合式，其中液压式操作力最大。

2．工业机器人的分类

工业机器人按其结构形式及编程坐标系主要分为直角坐标机器人、圆柱坐标机器人、极坐标机器人和关节机器人等；按主要功能特征及应用分为移动机器人、水下机器人、洁净机器人、焊接机器人、手术机器人和军用机器人等。机器人学涉及机器人结构、机器人视觉、机器人运动规划、机器人传感器、机器人通信和人工智能等许多方面，不同用处的机器人涉及不同的学科。工业机器人按结构形式及编程坐标系分类介绍如下：

直角坐标机器人	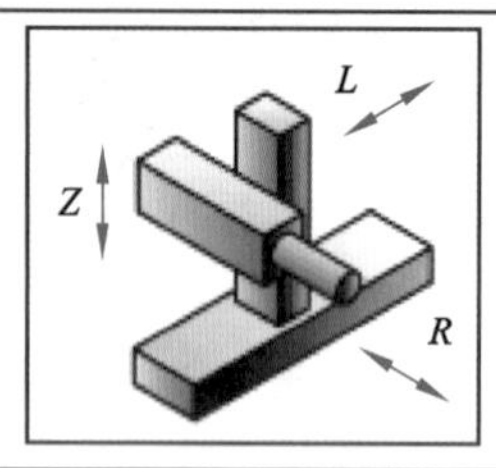 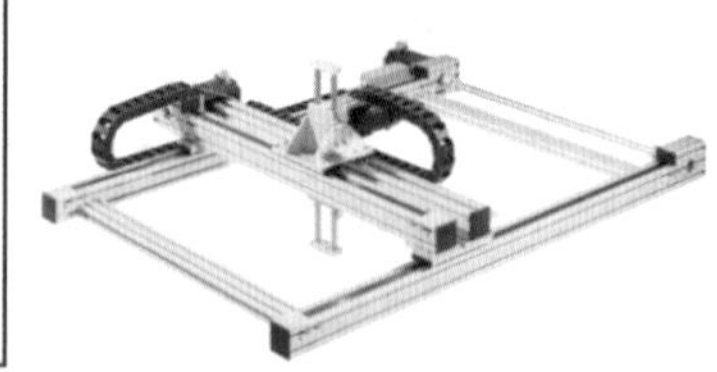
特点：刚性、定位精度优异，便于控制；移动速度不快；作业范围小于占地面积；适用于需要在流水线加工机械上装卸工件，X、Y轴定位的作业、码垛堆积作业、高精度作业	
圆柱坐标机器人	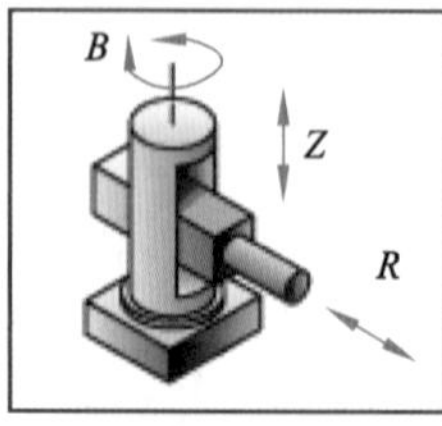 
特点：动作范围不再局限于正面，而是扩展到两个侧面，但向上倾斜、向下倾斜的移动有所限制，迂回等复杂动作难以执行。刚性、定位精度优异，操作也方便。具有回转功能，因此前端部的线速度很快。适用于机械上的工件安装、装箱作业等装卸作业	

极坐标机器人	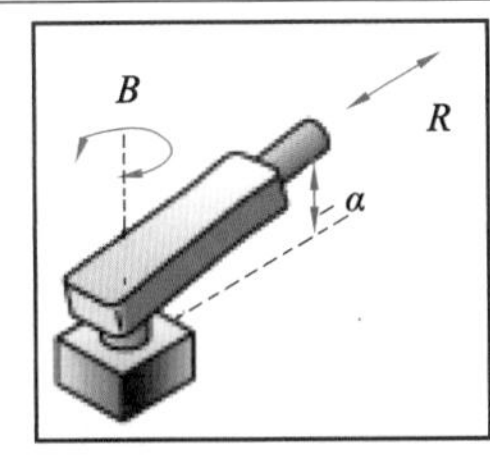 
特点：作业空间向上、下方扩展，在低于或高于机器人躯体的位置处进行作业时，机械臂可上下回转。可进行某种程度的迂回作业。可搬运的工件质量小于其他形态的机器人。适用于点焊、喷涂等空间位置较复杂的作业及曲面仿形加工作业。（目前，这种结构的机器人几乎不被采用）	
关节机器人	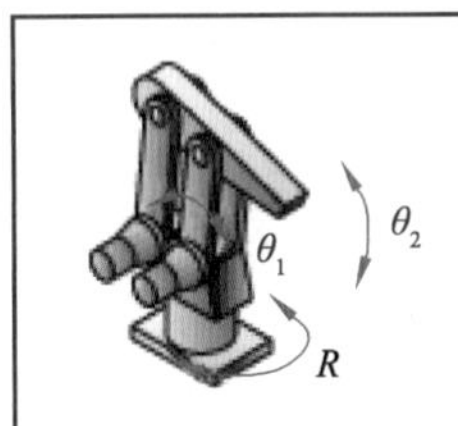 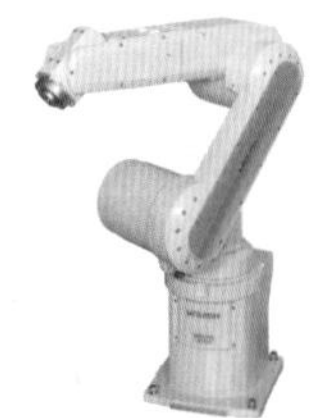
特点：迂回运动性能优良；机械手可绕到物体后方作业；可完成复杂动作；活动面积大于占地面积。各机械臂均做圆周运动，适用于高速作业；精度、刚性、可搬运质量较差，操作比较复杂；适用于组装作业和复杂的曲面随动等作业	

知识、技能归纳

工业机器人由主体、驱动系统和控制系统三个基本部分组成。主体即机座和执行机构，包括臂部、腕部和手部，有的机器人还有行走机构。大多数工业机器人有 3 ～ 6 个运动自由度，其中腕部通常有 1 ～ 3 个运动自由度；驱动系统包括动力装置和传动机构，用以使执行机构产生相应的动作；控制系统是按照输入的程序对驱动系统和执行机构发出指令信号，并进行控制。

具有触觉、力觉或简单视觉的工业机器人，能在较为复杂的环境下工作；如具有识别功能或进一步增加自适应、自学习功能，即可成为智能型工业机器人。

工程素质培养

查阅相关公司的工业机器人的资料。思考一下，如何将工业机器人应用到自动化生产线中？并且如何选型、安装调试？

任务四 柔性生产线技术的展望

任务目标

1. 认识柔性生产线；
2. 了解柔性生产线工艺设计的主要原则。

传统生产工艺的特点是：品种单一、批量大、设备专用、工艺稳定、效率高。

随着人类对产品的功能与质量的要求越来越高，产品更新换代的周期越来越短，产品的复杂程度也随之增高，传统的大批量生产方式受到了挑战。为缩短产品生产周期，降低产品成本，最终使中小批量生产能与大批量生产抗衡，柔性自动化系统便应运而生。

子任务一　柔性生产线简介

柔性生产线是将微电子学、计算机和系统工程等技术有机地结合起来。也是一种技术复杂、高度自动化的系统。

柔性生产线是保证企业生产适应市场变化的有效手段，可根据需要调整设备组合和适应多种加工工艺，这种生产线能使多品种、小批量的产品生产速度与单一品种大批量的产品生产速度相似，使劳动生产率大幅度提高，生产成本下降，产品质量更有保证，因而能够增强企业的市场适应能力。柔性是相对刚性而言的，现在通过下面的案例，体会和理解柔性生产线技术的概念。

案例：推土机和挖掘机都是工程机械的主要机种，二者的设计要求、结构、生产工艺等都有很大区别。按传统工艺，无法使二者在同一生产线上混合生产。液压挖掘机本身也有很多规格，结构也不尽相同。过去，按大、中、小规格分别由不同工厂生产。日本小松制作所在20世纪80年代初期进行了设备更新，大量采用柔性生产线，可在一个工厂按需要灵活地组织生产，所生产的液压挖掘机容量从0.25 m^3到10 m^3，差别相当悬殊，公司的利润有了较大的增长。

柔性生产线技术是典型机电一体化技术的应用。在此我们了解一下有关柔性生产线的基本知识。

1．机械制造业柔性生产线的构成

我们已经知道柔性生产线技术的概念，现在以机械制造业柔性生产线为例，说明柔性生产线的构成与作用，如表 5-4 所示。

表 5-4　柔性生产线的构成与作用

构　成	作　用
自动加工系统	以成组技术为基础，把外形尺寸（形状不必完全一致）、质量大致相似、材料相同、工艺相似的零件集中在一台或数台数控机床或专用机床等设备上加工的系统
物流系统	由多种运输装置构成（如传送带、机械手等），完成工件、刀具等的供给与传送的系统，它是柔性生产线主要的组成部分
信息系统	指对加工和运输过程中所需各种信息的收集、处理和反馈，并通过电子计算机或其他控制装置（如液压、气压装置等）对机床或运输设备实行分级控制的系统
软件系统	指保证柔性生产线用电子计算机进行有效管理的必不可少的组成部分。它包括设计、规划、生产控制和系统监督等软件

柔性生产线适合于年产量 1 000 ~ 100 000 件之间的中小批量生产。

2．机械制造业柔性生产线的形式

柔性生产线的三种形式：柔性制造单元（FMC）（见图 5-10）、柔性制造系统（FMS）（见图 5-11）、独立制造岛（AMI），它们的构成如表 5-5 所示。

表 5-5　柔性生产线的三种形式

形　式	构　成
柔性制造单元（FMC）	FMC 形式通常由 1 ~ 2 台加工中心构成，并具有不同形式的刀具交换和工件的装卸、输送及存储功能。除了机床的数控装置外，还有一个单元计算机来进行程序和外围设备的管理。FMS 适于小批量生产、形状比较复杂、工序不多而加工时间较长的零件
柔性制造系统（FMS）	FMS 形式由 2 台以上的加工中心及清洗、检测设备组成，具有较完善的刀具和工件的输送和存储系统。除调度管理计算机外，还配有过程控制计算机和分布式数控终端等，形成多级控制系统组成的局部网络
独立制造岛（AMI）	AMI 形式是以成组技术为基础，由若干台数控机床和普通机床组成的制造系统，其特点是将工艺技术装备、生产、组织管理和制造结合在一起，借助计算机进行工艺设计、数控程序管理、作业计划编制和实时生产调度等。其使用范围广、投资相对较少、柔性较高

图 5-10　柔性制造单元（FMC）

图 5-11　柔性制造系统（FMS）

3．柔性生产线的主要优点

柔性生产线的主要优点，如表 5-6 所示。

表 5-6　柔性生产线的主要优点

优　点	具 体 说 明
利用率高	一组机床编入柔性生产线后，产量比这组机床在分散单机作业时的产量提高数倍
产品质量高	自动加工系统由一或多台机床组成，发生故障时，有降级运转的能力，物料传送系统也有自行绕过故障机床的能力

续表

优　点	具 体 说 明
形式稳定	零件在加工过程中，装卸一次完成，加工精度高，加工形式稳定
运行灵活	有些柔性生产线的检验、装卡和维护工作可在第一班完成，第二、第三班可在无人照看下正常生产。在理想的柔性生产线中，其监控系统还能处理诸如刀具的磨损调换、物流的堵塞疏通等运行过程中不可预料的问题
应变能力大	刀具、夹具及物料运输装置具有可调性，且系统平面布置合理，便于增减设备，满足市场需要

子任务二　了解柔性生产线工艺设计的主要原则

柔性生产线工艺设计的主要原则如表 5–7 所示。

表 5–7　柔性生产线工艺设计的主要原则

主 要 原 则	具 体 说 明
计算生产节拍(Take Time)	生产节拍(T.T)= 每日有效的工作时间(s)/ 每日顾客的需求量(件)× 产品模数 每日有效的工作时间(s)= 每天工作小时数 – 工间休息 – 其他延误
确定每一操作工位的加工元素	单个加工元素被逻辑地组织在一起构成一系列操作。基于机器周期时间(包括装载、夹紧、定位、更换刀具、排出、卸载等)不可能长于计划周期时间的事实，在这一步骤提供了所需设备数目的原始指标。必要时压缩加工设备，尽可能多地将零件放于同一工位上加工，减少浪费
操作描述	将每一个工序分步描述，并确定其是属于加工、操作、检验、耽搁还是存放，所谓加工是指零件的合成，是有价值的操作，而零件的取放、零部件的检验、工序间的耽搁、零件的存放都被视为无价值的操作，并对有价值和无价值的操作考核、记录
确定每一操作工位的人工操作时间	将分步描述的内容归类，确定成为瓶颈环节的操作工位，以作潜在的工艺改进
确定所需工人的大致人数	为确定计划周期时间下所需工人的大致人数，可采用下式计算：工人的大致人数(MIN)= 总的人工操作时间(s)/ 计划周期时间(s)。由于在总的人工操作时间中没有考虑行走和测量时间，因此，在计算所需工人的大致人数时，一定要把所得数向上计为整数
确定每个工人负责的操作数	研究设备的布局，确定机器的组合，以便使每一个工人在计划周期时间内完成分派的操作任务。这里，机器的操作时间未考虑，因为工人可以在工艺与工艺装备之间进行其他工作，而工人行走时间在这一步骤必须被计入。在这里也要对工作量进行重新均衡，均衡是要提高某一个工人的工作负荷，最终使所有的闲置时间都推至最后操作工位的工人那里，使他可以再去完成一些额外的工作，如果做进一步的改进工作，通过工人的重新配置从而提高生产能力
为每一台机器完成一份任务组合表	机器平衡图是机器加工过程的时间序列图，用于识别、加工流程中无价值的工作(浪费)。人工时间栏用于增值的项目，诸如夹紧、卸下、自动排出和机加工。行走时间栏用于无价值的项目，诸如刀具更换、定位和快速移动等
制订以人为中心的图表(PFP)	用于为每一名工人安排最佳的操作方案；通过把生产过程中必需的库存量控制在最小，实现生产与需求的匹配；测定并不断提高劳动生产率
选择机器	机器应尽可能简单，并具备工艺装备快速更换能力来满足产品多型号生产的要求
完成布置	将上面所述的各项细节综合起来，形成 U 形、L 形或 T 形的单元布置方案

柔性生产线的设计目标：用最少的加工设备、最少的人员配置，为全面满足顾客的需求而设计出的一个制造流程。设计这样一个制造流程必须能够适应需求的变化，缩短生产周期、缩减库存、实现低的结构成本、具备多型号生产能力、从停机中尽快恢复的能力。

柔性生产线的设备选用原则：好用、够用、适用。

指设备要先进、成熟、可靠，更要经过市场检验，获得用户认可。

指立足于产品精度和生产纲领，满足需要即可。

指要适用于所加工的产品、工作环境、习惯（操作习惯、设备维修习惯、备件选用习惯）等。

配置决定精度、质量、效率和寿命，高质量的配置造就了设备的高精度、高质量、高效率、高寿命。如机床的主轴采用电主轴、高速精密轴承、高速伺服系统、优秀的 CNC 控制系统等。当确定好机床设备后，就要着手进行刀具的选择。刀具选择的一个重要原则就是要充分发挥高效机床的性能和效率，避免机床在低速、低效状态下工作。选用高速、高效、高寿命的刀具单件产品，其综合生产成本可能更低。同时，注意以下问题：

唉！要考虑的问题真多，没经验可不行！

1．物流及工位容器

生产线的物流应简洁、流畅，确保生产节拍，不出现物流中的产品损伤。生产线的物流包括三种，如图 5-12 所示。

为确保物流可靠，应配有必要的工位容量，工位容器的容量要适当、结实可靠、方便装卸、利于物流，并适当地配置智能料架和料盒。

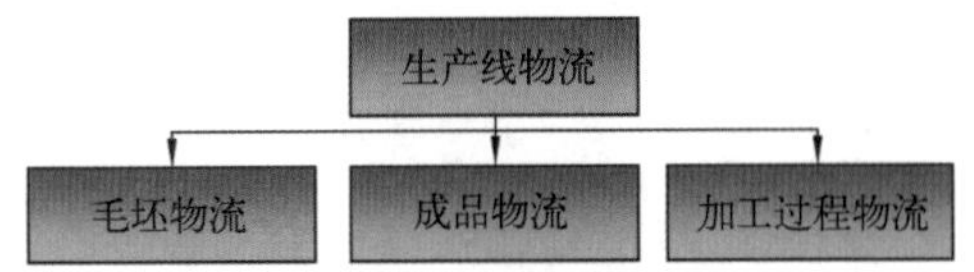

图 5-12　生产线的物流

2．全过程的质量控制

生产线的质量控制主要是在加工过程中由设备进行控制，也就是说，好产品是加工出来的，而不是检验出来的，生产线的质量控制过程如图 5-13 所示。

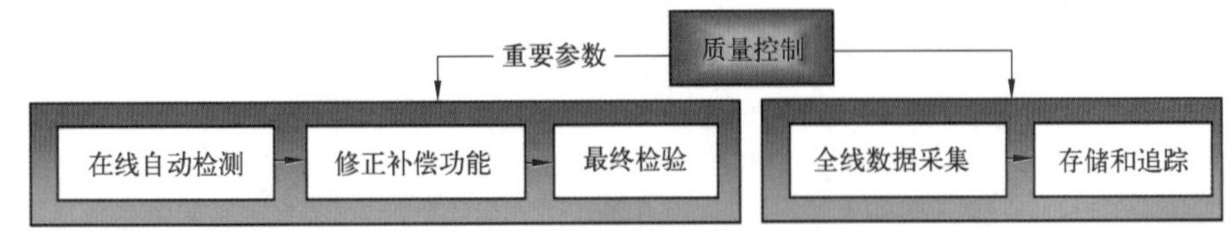

图 5-13　生产线的质量控制过程

3．生产线的平面布置

生产线在厂房内的平面布置，通常是装配线同机加线垂直布置。布局应间距合理、疏密得当、方便操作、有利物流、适于维修、便于管理。

装配线一般是环形或一字形布局，而机加线常按 U 形、S 形或一字形布局，还要根据生产线的大小、长短、产量、厂房的格局等具体情况而定。

柔性生产线技术将随着计算机技术、光学与传感器技术等多个学科技术的发展，在低成本、高柔性、智能化、环保化、系列化、模块化、管理现代化等方面取得突破。其发展趋势大致有两个方面。一方面是与计算机辅助设计和辅助制造系统相结合，利用原有产品系列的典型工艺资料，组合设计不同模块，构成各种不同形式的具有物料流和信息流的模块化柔性系统。另一方面是实现从产品决策、产品设计、生产到销售的整个生产过程自动化，特别是管理层次自动化的计算机集成制造系统。在这个大系统中，柔性生产线只是它的一个组成部分。

想一想，柔性制造系统主要由哪些技术组成？适用范围是什么？你会选择设备了吗？

知识、技能归纳

柔性生产技术渗透在工业、农业、轻工业、第三产业等多个领域。

随着计算机技术、光学与传感器技术等多个学科技术的发展，在低成本、高柔性、智能化、环保化、系列化、模块化、管理现代化等方面取得突破。其发展趋势大致有两个方面：

一方面是与计算机辅助设计和辅助制造系统相结合，利用原有产品系列的典型工艺资料，组合设计不同模块，构成各种不同形式的具有物料流和信息流的模块化柔性系统。另一方面是实现从产品决策、产品设计、生产到销售的整个生产过程自动化，特别是管理层次自动化的计算机集成制造系统。在这个大系统中，柔性生产线只是它的一个组成部分。

工程素质培养

思考一下：柔性生产线的优点有哪些？其工艺设计的主要原则是什么？如何对柔性生产线的设备进行选择？